大学物理实验

（第4版）

许罗鹏　杨繁荣　主　编

西南交通大学出版社
·成　都·

图书在版编目（CIP）数据

大学物理实验 / 许罗鹏，杨繁荣主编. —4 版. —成都：西南交通大学出版社，2023.4（2024.1 重印）
ISBN 978-7-5643-8719-8

Ⅰ. ①大… Ⅱ. ①许… ②杨… Ⅲ. ①物理学 – 实验 – 高等学校 – 教材 Ⅳ. ①O4-33

中国版本图书馆 CIP 数据核字（2022）第 096360 号

Daxue Wuli Shiyan
大学物理实验
（第 4 版）

许罗鹏　杨繁荣　**主编**

责任编辑　姜锡伟
封面设计　GT 工作室

出版发行　西南交通大学出版社
（四川省成都市金牛区二环路北一段 111 号
西南交通大学创新大厦 21 楼）
发行部电话　028-87600564　028-87600533
邮政编码　610031
网　　址　http://www.xnjdcbs.com

印　　刷　成都中永印务有限责任公司
成品尺寸　185 mm × 260 mm
印　　张　20.5
字　　数　512 千
版　　次　2004 年 8 月第 1 版
2010 年 9 月第 2 版
2016 年 1 月第 3 版
2023 年 4 月第 4 版
印　　次　2024 年 1 月第 16 次
书　　号　ISBN 978-7-5643-8719-8
定　　价　49.00 元

课件咨询电话：028-81435775
图书如有印装质量问题　本社负责退换

第 4 版前言 Preface

实验物理课程是教育部确定的六门主要基础课之一，是高等学校工科学生进行科学实验基本训练的一门独立的必修课程。本书是根据全国工科物理课程指导组制定的《高等工业学校物理实验课程教学基本要求》，并结合中国民航飞行学院已使用多年的实验教材和现有的实验条件而编写的。

自 2016 年第 3 版教材出版发行后，至今已有 6 年时间，其间部分实验设备完成了项目更新，原有教材无法适应现行实验项目教学工作。教材编写团队在第 3 版的基础上，更新了部分实验项目教材内容，对教材内容进行了全方位的修改、校正，增加了科技综合实验内容。

本教材的主要特色有：

① 教材主体部分设置为基础性实验、综合及应用性实验和设计性实验三个不同的层次，有利于培养学生的科学实验能力和创新思维能力，有利于因材施教，适应个体化教育。

② 在实验数据的处理及实验结果的表述上，强调了“不确定度”概念，测量结果的最终表示形式用总不确定度或相对不确定度表达，符合国家颁布的计量技术规范《测量误差及数据处理（试行）》（JJG 1027—91）的规定。

③ 在实验内容、实验技能、技术的选择及其设备匹配上，充分考虑了中国民航飞行学院的实际，较好地处理了我校各专业对实验要求的不一致性。

本书第 1 版由中国民航飞行学院郝邦元主编。2004 年参加编写的有郝邦元（第 1 章、第 2 章，实验 8、29、31、32，统稿、审稿）、吴晓轩（实验 4、5、20、21、30、33）、杨繁荣（实验 22、28、34、35、36、37、38）、但有全（实验 7、9、13、14、15）、赵忠芹（实验 1、2、11）、程敏（实验 3、10、18）、安康（实验 6、12、16、17、23、24、25、26、27）、吴小娟（实验 19）。

根据教学实际，参加本书第 2 版（2010 年）修订工作的有郝邦元（第 1 章，实验 8、29、31、32，统稿、审稿）、吴晓轩（实验 30、33）、杨繁荣（第 2 章，实验 6、13、21、22、28、34、35、36、37、38）、但有全（实验 7、9、14、15）、赵忠芹（实验 2）、程敏（实验 1、3、4、10、18）、安康（实验 12、16、17、23、24、25、26、27）、吴小娟（实验 11、19、20）、吴华（实验 5）。其中实验 12、18、19、22 为 2010 年新增实验项目。

根据教学实际，参加本书第 3 版（2015 年）编写工作的有郝邦元（第 1 章，实验 8、29、31、32）、杨繁荣（第 2 章，实验 13、17、21、22、34、35、36、37、38）、安康（实验 12、23、24、25、26、27）、程敏（实验 1、3、4、10、16、18）、吴小娟（实验 6、11、19、20、28）、但有全（实验 7、9、14、15）、吴晓轩（实验 30、33）、赵忠芹（实验 2）、吴华（实验 5）。其中实验 16、17、27 为 2015 年新增实验项目。

根据教材编写实际情况，参与本书第 4 版（2022 年）编写工作的有许罗鹏（第 1 章，第 2 章，实验 1、2、3、4、5、6、7、8、9、10、11、12、13、14、16、17、18、19、20、21、22、23、24、25、26、27、28，设计性实验，科技综合）、杨繁荣（第 1 章，第 2 章，实验 2、4、6、13、17、20、22、24）、安康（实验 12、24、27）、程敏（实验 4、16、18）、吴小娟（第 1 章，第 2 章，实验 6、11、16、19、20、22）、李尚俊（实验 20）、梁振宇（实验 10、17、22）、史悦（实验 10、13、16）、史晨辉（实验 10、17、18、21）、文军（第 1 章，第 2 章，实验 2、11、19、24，科技综合）、毛欣（实验 10、16，科技综合）、李志欣（实验 12，科技综合）、江琴（第 1 章，第 2 章，实验 18、20、28，科技综合）、刘祥（实验 11、13、24）、王璐（实验 11、17、22、19）。文军、江琴、吴小娟完成了课后习题的编写和校订工作，江琴在实验项目内容汇总方面做了大量的工作。

本书第 4 版由许罗鹏和杨繁荣主编，安康、程敏、吴小娟、李尚俊、梁振宇、史悦、史晨辉、文军、毛欣、李志欣、江琴、刘祥、王璐为副主编。

本书的编写是全体从事实验教学的教师和实验技术人员共同辛勤劳动的成果，是历年来实验教学工作的经验总结。在编写本书时，参阅了大量兄弟院校的相关教材，在此表示衷心的感谢。

由于编者知识水平和教学经验有限，书中难免存在不足之处，望读者提出宝贵意见和建议。

编　者

2022 年 5 月于中国民航飞行学院

第3版前言 Preface

实验物理课程是教育部确定的六门主要基础课之一，是高等学校工科学生进行科学实验基本训练的一门独立的必修课程。本书是根据全国工科物理课程指导组制定的《高等工业学校物理实验课程教学基本要求》,并结合中国民航飞行学院已使用多年的实验教材和现有的实验条件而编写的物理实验教材。

教材编写团队在第2版的基础上，对该教材进行了修改、校正和补充，并适当增加了部分设计性实验项目，使其更加完善。该教材的主要特色有：

① 教材主体部分设置为基础性实验、综合及应用性实验和设计性实验三个不同的层次，有利于培养学生的科学实验能力和创新思维能力，有利于因材施教，适应个体化教育。

② 在实验数据的处理及实验结果的表述上，强调了“不确定度”概念，测量结果的最终表示形式用总不确定度或相对不确定度表达，符合国家颁布的计量技术规范《测量误差及数据处理（试行）》（JJG 1027—91）的规定。

③ 在实验内容、实验技能、技术的选择及其设备匹配上，充分考虑了中国民航飞行学院的实际，较好地处理了我校各专业对实验要求的不一致性。

本书第1版由中国民航飞行学院郝邦元主编。2004年参加编写的有郝邦元（第1章、第2章，实验8、29、31、32，统稿、审稿）、吴晓轩（实验4、5、20、21、30、33）、杨繁荣（实验22、28、34、35、36、37、38）、但有权（实验7、9、13、14、15）、赵忠芹（实验1、2、11）、程敏（实验3、10、18）、安康（实验6、12、16、17、23、24、25、26、27）、吴小娟（实验19）。

根据教学实际，参加本书第2版（2010年）修订工作的有郝邦元（第1章，实验8、29、31、32，统稿审稿）、吴晓轩（实验30、33）、杨繁荣（第2章，实验6、13、21、22、28、34、35、36、37、38）、但有权（实验7、9、14、15）、赵忠芹（实验2）、程敏（实验1、3、4、10、18）、安康（实验12、16、17、23、24、25、26、27）、吴小娟（实验11、19、20）、吴华（实验5）。其中实验12、18、19、22为2010年新增实验项目。

根据教学实际，参加本书第 3 版（2015 年）编写工作的有郝邦元（第 1 章，实验 8、29、31、32）、杨繁荣（第 2 章，实验 13、17、21、22、34、35、36、37、38）、安康（实验 12、23、24、25、26、27）、程敏（实验 1、3、4、10、16、18）、吴小娟（实验 6、11、19、20、28）、但有权（实验 7、9、14、15）、吴晓轩（实验 30、33）、赵忠芹（实验 2）、吴华（实验 5）。其中实验 16、17、27 为 2015 年新增实验项目。

本书第 3 版由杨繁荣主编、统稿，由吴小娟、安康、程敏任副主编，由郝邦元教授主审。

实验教材的编写是全体从事实验教学的教师和实验技术人员共同辛勤劳动的成果，是历年来实验教学工作的总结。同时在编写本书时参阅了许多兄弟院校的有关教材，在此我们表示衷心的感谢。

由于编者的知识水平和教学经验有限，书中难免有不足之处，望读者提出宝贵意见和建议。

编　者

2015 年 9 月于中国民航飞行学院

第2版前言 Preface

物理实验课程是教育部确定的六门主要基础课之一，是高等学校工科学生进行科学实验基本训练的一门独立的必修课程。本教材是根据全国工科物理课程教学指导委员会制定的《高等工业学校物理实验课程教学基本要求》，并结合中国民航飞行学院已使用多年的实验教材和现有的实验条件而编写的物理实验教材。

本教材在第1版的基础上，进行了修改、校正和补充，并适当增加了部分设计性实验项目，使教材更加完善。本教材的主要特色有:

① 教材主体部分设置为基础性实验、综合及应用性实验和设计性实验三个不同的层次，有利于培养学生的科学实验能力和创新思维能力，有利于因材施教，适应个性化教育。

② 在实验数据的处理及实验结果的表述上，强调了“不确定度”概念，测量结果的最终表示形式用总不确定度或相对不确定度表达，符合国家颁布的计量技术规范《测量误差及数据处理（试行）》（JJG 1027—91）的规定。

③ 在实验内容、实验技能技术的选择以及设备匹配上，充分考虑了中国民航飞行学院的实际，较好地协调了我校各专业对实验要求的不一致性。

本书由中国民航飞行学院郝邦元主编。2004年参加第1版编写的有郝邦元（第1章、第2章、实验8、29、31、32，统稿审稿）、吴晓轩（实验4、5、20、21、30、33）、杨繁荣（实验22、28、34、35、36、37、38）、但有权（实验7、9、13、14、15）、赵忠芹（实验1、2、11）、程敏（实验3、10、18）、安康（实验6、12、16、17、23、24、25、26、27）、吴小娟（实验19）。

根据教学实际，参加2010年第2版编写工作的有郝邦元（第1章、实验8、29、31、32，统稿审稿）、吴晓轩（实验30、33）、杨繁荣（第2章、实验6、13、21、22、28、34、35、36、37、38）、但有权（实验7、9、14、15）、赵忠芹（实验2）、程敏（实验1、3、4、10、18）、安康（实验12、16、17、23、24、25、26、27）、吴小娟（实验11、19、20）、吴华（实验5）。其中，实验12、18、19、22为2010年新增实验项目。

实验教材的编写是全体从事实验教学的教师和实验技术人员共同辛勤劳动的成果，是历年来实验教学工作的总结。在编写本书过程中参阅了许多兄弟院校的相关教材，在此我们表示衷心的感谢。

由于编者的知识水平和教学经验有限，书中难免有疏漏之处，望读者提出宝贵意见和建议。

编　者

2010 年 5 月

第 1 版前言 Preface

实验物理课程是教育部确定的六门主要基础课之一，是高等学校工科学生进行科学实验基本训练的一门独立的必修课程。本教材是根据全国工科物理课程指导组制定的《高等工业学校物理实验课程教学基本要求》,并结合中国民航飞行学院已使用多年的实验教材和现有的实验条件而编写的物理实验教材。

本教材在 2002 年 6 月成稿试用 3 年的基础上，进行了修改、校正和补充，并适当增加了部分设计性实验项目，使教材更加完善。该教材的主要特色有：

① 教材主体部分设置为基础性实验、综合及应用性实验和设计性实验三个不同的层次，有利于培养学生的科学实验能力和创新思维能力，有利于因材施教，适应个体化　　教育。

② 在实验数据的处理及实验结果的表述上，强调了“不确定度”概念，测量结果的最终表示形式用总不确定度或相对不确定度表达，符合国家颁布的计量技术规范《测量误差及数据处理（试行）》（JJG 1027—91）的规定。

③ 在实验内容，实验技能、技术的选择及其设备匹配上，充分考虑了中国民航飞行学院的实际，较好地处理了我院各专业对实验要求的不一致性。

本书由中国民航飞行学院郝邦元主编。参加编写的有郝邦元（第 1 章、第 2 章、实验 9、27、29、30，统稿审稿）、吴晓轩（实验 4、5、6、18、19、28、31）、杨繁荣（实验 25、26、32、33、34、35、36）、但有权（实验 8、10、13、14、15）、赵忠芹（实验 1、2、12）、程敏（实验 3、6、11）、安康（实验 7、16、17、20、21、22、23、24）。

实验教材的编写是全体从事实验教学的教师和实验技术人员共同辛勤劳动的成果，是历年来实验教学工作的总结。同时在编写本书时参阅了许多兄弟院校的有关教材，在此我们表示衷心的感谢。

由于编者的知识水平和教学经验有限，加之编写时间仓促，书中难免有谬误之处，望读者提出宝贵意见和建议。

编　者

2004 年 3 月于中国民航飞行学院

目 录

Contents

1

绪　论

1.1　物理学对社会的重要性

1999 年 3 月在美国亚特兰大市召开的第 23 届国际纯粹物理和应用物理联合会（IUPAP）代表大会的决议指出：

物理学是研究物质、能量和它们的相互作用的学科，也是一项国际事业，它对人类的进步起着关键的作用。对物理教育的支持和研究，在所有国家都是重要的，这是因为：

（1）物理学是一项激动人心的智力探险活动，它鼓舞着年轻人，并扩展着我们关于大自然知识的疆界。

（2）物理学发展提供未来技术进步所需的基本知识，而技术进步将持续驱动“世界经济发动机的转动”。

（3）物理学有助于技术的基本建设，它为科学进步和新发明的利用，提供所需的训练有素的人才。

（4）物理学在培养化学家、工程师、计算机科学家以及其他物理科学和生物医学科学工作者的教育中，是一个重要的组成部分。

（5）物理学扩展和提高了我们对其他科学的理解，诸如地球科学、农业科学、化学、生物学、环境科学以及天文学和宇宙学——这些学科对世界上所有民族都是至关重要的。

（6）物理学提供了发展应用于医学的新设备和新技术所需的基本知识，如计算机层析术（CT）、磁共振成像、正电子层析术、超声波成像和激光手术等，提高了我们的生活质量。

20 世纪，物理学与技术发展的史实为 IUPAP 的决议提供了有力的例证。在此仅举几例献给读者。

肖克利（W. Shockly）、巴丁（J. Bardeen）和布拉顿（W. Brattain）通过研究不同条件下电流流过半导体的方式，发现了晶体管效应，为集成电路、微电子学和整个计算机革命开辟了道路。他们因此获得了 1956 年诺贝尔物理学奖。

1958 年，肖洛（A. schawlow）和汤斯（G. Townes）在研究光子和固体作用的基础上，提出了制造光波受激发射放大器的具体建议，为研制激光器奠定了基础。1960 年，梅曼（T. H. Maiman）成功研制了世界上第一台激光器，它的发明是光学发展史上的伟大里程碑，也是科学史上一个伟大的里程碑。激光器让许多原子、分子同时在同一方向发光，光束在颜色上的纯度比以往可能产生的高 100 万倍，在月球上可以看到地球上仅为几瓦的激光。激光一经问世就获得了迅速发展，应用极其广泛。

物理学家利用激光技术在一种磁性材料上记录各种数据，它提供了一种存储和取用信息的技术，可以将 74 卷（近 5 万幅图片、1.257 亿字）的《中国大百科全书》（第 1 版）刻录在 4 张光盘内。

激光的光脉冲宽度窄，持续时间仅为几个飞秒（10^{-15} s）。飞秒激光可用来拍摄瞬间的照片，如拍摄化学反应中分子的影片等。新的计算机技术与飞秒激光脉冲技术相结合，可实现接近 1 拍次（10^{15}次）的逻辑运算。未来新型的高速计算机可能采用短的光脉冲代替现在使用的较缓慢的电子来传递信息。物理学家借助光学双稳态现象能够用一光束将另一个光束接通或切断，这展现了制造一种光学型晶体管的可能，它为光学计算机的出现开辟了技术之路。

由于玻璃纤维比金属导体密度小、价格低、抗干扰能力强，因而光纤通信发展迅速。一对头发丝粗细的光纤可传递近 200 万路电话。时至今日，光纤已成为互联网的重要技术支撑，光纤通信已进入千家万户，融入我们的生活。光子能够传输的信息量是电子传输的几百万倍。可以预言，光技术最终可能比电子学对人类社会的影响更大，如果说 20 世纪是电子的时代，那么 21 世纪就可能是光子的时代。

1895 年，德国物理学家伦琴（W. C. Rortgen）发现了 X 射线。其后，X 射线透视术逐渐成为医生诊断疾病的一种重要手段。20 世纪 70 年代，医学专家利用物理学原理发明了计算机辅助 X 射线层析摄影（CT）等新技术，借助它们可以确定人体内部结构而无须将器械插入人体。CT 技术可以给医生显示一幅人体内部器官的三维图像，它是用一连串 X 射线束穿透人体，每一束射线给出人体的一个线条，利用这些线条数据借助计算机可以重构出人体的一个断层影像，几幅这样影像就构成一幅三维图像。

2001 年 4 月 7 日，美国发射了“奥德赛”火星探测器，上面配备了高能中子探测器，对火星表面进行水的探测。探测器的原理是：当宇宙射线撞击火星时，火星的地表会释放出强度很高的中子流，这些中子流穿越火星近地表层时会与地层中可能存在于冰中的氢原子核发生碰撞，中子动能降低，同时释放出一定的热能，探测器测出火星地表中子流的动能差，并测出中子释放的热能，进而判断火星上是否存在大量的水资源。图 1.1.1 为“奥德赛”传回的数据经计算机成像后火星上的冰层图。探测火星地表层的水，这项技术是物理学中力学、高能粒子等若干物理原理的综合应用。

图 1.1.1　火星上的冰层

20 世纪，量子力学和相对论是物理学乃至整个人类科学技术史上杰出的发现。相比较而言，量子力学在现实生活中的应用更为广泛，可是它的理论往往让人匪夷所思，甚至就连专家都感到困惑。如：薛定谔的猫态，若是把微观世界中量子态叠加原理应用于经典世界，便会出现同时处于死亡与存活相叠加状态的猫，可是就是量子态叠加原理导致了量子不可克隆原理，使得量子密码安全性得到充分保证；量子纠缠是量子世界与经典世界的重要区别，如若我们操作其中一个体系，与这个体系纠缠的体系便会发生瞬间改变，为信息传递提供了理论依据。如今，众多国家正在努力发展量子通信，我国著名的科学家潘建伟院士为中国乃至世界量子通信做出了杰出贡献。

20 世纪也是通信领域蓬勃发展的时期，一位华人科学家为光纤通信做出了杰出贡献，这位科学家就是高锟。在高锟之前，并非没有科学家关心光通信，只是光通信的损耗十分严重，令科学家不得不另辟蹊径。1966 年，高锟提出了光导纤维在通信领域的应用原理，描述了长程光通信所需要的光纤结构与材料特性。1971 年，1 km 长的光纤问世，历经近 20 年的发展，20 世纪 90 年代光纤通信网络形成，弥补了卫星通信的某些技术短板，如：卫星通信难以企及 32TB 的带宽、信号不稳定及通信损耗较高等问题被光纤通信解决。鉴于高锟在光纤通信领域的贡献，2009 年他与另外两位科学家一起被授予诺贝尔物理学奖。

大量事实说明，高新技术的出现和发展与基本粒子物理学、原子核物理学、原子/分子物理学、光学、等离子体、流体、凝聚态物理学以及引力、宇宙学和宇宙射线物理学等物理学领域及其交叉学科有着密切的关系。可以说，物理学是高新技术的源泉，是有生命力和富有成果的学科，它对社会发展具有极大的影响。

1.2 物理实验课的目的和任务

大学物理实验是理工科大学生进行科学实验、训练研究能力的一门基础课程，也是素质教育的重要环节。它的主要任务是：

（1）通过实验，学习运用理论知识指导实验、分析和解决问题的科学方法。在学习物理实验的一些典型方法时，尤其要注重学习它的思想方法，以有助于培养科学思维和创新能力。

（2）使学生获得必要的实验知识和操作技能训练，培养学生初步具有以下各方面的科学实验能力，即正确使用仪器进行测量、数据处理、分析结果以及撰写实验报告等。在此基础上，着重培养学生的探索精神、创新精神、自主学习能力和科学研究方法。

（3）培养学生严格、细致、实事求是、刻苦钻研、一丝不苟的科学态度以及爱护国家财产的道德品质，培养学生善于动脑、乐于动手、讲究科学方法、遵守操作规程、注意实验安全等科学习惯。

总之，教学的重点应放在培养学生的科学实验能力和提高学生科学实验素养方面，使学生在获取知识的自学能力、运用知识的综合分析能力、动手实践能力、设计创新能力以及严肃认真的工作作风、实事求是的科学态度等方面得到训练和提高。

1.3 物理实验课的学习特点

实验课与理论课不同，它的特点是学生在教师的指导下自己动手，独立完成实验任务。通常，完成每个实验项目都要经历如下三个阶段：

1. 实验准备

实验前必须认真阅读教材，做好必要的预习，才能按时、高质量完成实验。同时，预习也是培养读书能力的重要环节。

在学生预习实验教材的基础上，为了进一步做好实验准备工作，在教学计划中安排“实验准备课”。其目的有两个：一是在同学们自学教材的基础上，教师重点讲解有关实验理论，使学生更好地理解实验原理，体会实验方法的思路和适用条件，以及教学的具体要求等；二是教师对仪器设备进行介绍，讲解操作规范，让学生在正式做实验之前，有机会了解实验装置，学会仪器的使用方法，以便进一步考虑如何做好实验。

上课前，需根据实验课的具体内容，带上实验相关资料，如实验教材、数据记录单、空白实验报告等。

2. 实验过程

内容包括：实验相关原理和操作过程学习，安装和调试仪器，选择测试条件和观察实验现象，读数和记录数据，计算和分析实验结果，以及估算误差等。

进入实验室后，要注意遵守实验规则（见 1.5 节）。实验过程中，对观察到的现象和测得的数据要及时进行分析，判断它们是否合理。实验过程中可能会出现各种各样的问题，应在教师的指导下，分析问题产生的原因，解决实验过程中遇到的各类问题。实验完成后，需要整理实验仪器。

实验过程中遇到挫折不是坏事，坚持理论联系实际，认真分析研究，找出原因，解决问题，才能收获更多，这也是实验项目开展的魅力所在。

3. 撰写实验报告

撰写实验报告要求学生对实验原理、实验步骤、实验结果和实验结论进行分析总结，是学生再学习、再巩固、再提炼的过程，最终以书面形式提交实验相关成果。该部分是实验教学的重要组成部分，对培养学生科学思维和解决困难问题的能力均大有裨益。

实验报告中应附上相应实验的数据记录单，以便后续的数据处理。

1.4 怎样写实验报告

通常，实验报告分为三部分。

1. 预习报告

作为正式报告的预习部分，要求在做实验前完成。预习报告是实验报告的一部分，具体内容包括：

（1）填写实验项目名称。

（2）填写实验目的。

（3）填写实验原理摘要：在理解的基础上，用简短的文字扼要地阐述实验原理，切忌整篇照抄。力求做到图文并茂，可包括实验原理图、电路图、光路图等。写出实验所用的主要公式，做好记录数据的准备。

2. 实验记录

原始数据需记录在专用的“数据记录单”上，实验数据需经任课老师检查无误，完成签字后才视为有效“数据记录单”。“数据记录单”由实验中心制定统一标准和提供模板，其主要内容包括：

（1）基本信息：姓名、学号、专业班级、实验日期。

（2）所需实验仪器记录：记录实验所用主要仪器的名称、型号和编号。不同型号的仪器通常在测量方法、仪器功能甚至是测量精度方面有较大差异。记录仪器的型号和编号是一个很好的学习习惯，便于后期对实验数据正确性进行复查。

（3）实验内容和现象观测记录。

（4）数据：将实验数据记录到“数据记录单”相应表格中，要求数据记录整洁清晰。数据记录需注意测量数据是否与要求单位一致。

数据记录单中的数据不得随意涂改。因测错而无用的数据，需在旁边注明“作废”字样，不能随意划去。

3. 实验报告

实验完成后，需要撰写实验报告。实验报告各部分需手写、签字并拍照，然后在相应实验模板中粘贴手写报告，之后将实验报告上传至报告系统。具体内容包括：

（1）实验仪器：仪器名称、型号、编号、台（套）数。

（2）实验内容和步骤：写出自己的实际操作步骤，切忌照抄。

（3）数据及处理：

① 将记录的原始数据附在原始数据粘贴区域（包括图、表等原始数据照片）。

② 数据记录和计算：包括作图、计算结果和不确定度计算。按图解法要求绘制图线（详见 2.9 节数据处理方法中的图解法），测量结果要按照计算结果的标准形式书写。若任课教师有额外实验数据处理要求，请按照任课教师的要求书写实验报告。写实验报告时，需参照实验实测数据进行数据处理，若存在实验实测数据和计算使用数据不一致的情况，该实验报告按零分计。

（4）分析和结论：结合计算结果，用总结性的语言对实验结果进行分析和讨论，做到有理有据，切忌仅写实验心得或抄袭讲义内容、建议等。

学生需统一使用实验中心规定的实验报告单书写实验报告，实验报告要求书写清晰，字迹端正，数据记录整洁，图表合格，文字通顺，内容简明扼要。

1.5 实验规则

为了保障实验正常进行，培养实验者严肃认真的工作作风和良好的实验工作习惯，特制定学生实验守则①，望实验者遵守执行。

① 摘自民航飞行学院文件〔1998〕122 号。

一、实验室是开发学生智力、培养独立工作能力的重要场所。学生要以严格、严谨、严肃的态度和作风，遵守实验室的各项规章制度，认真上好实验课。

二、遵守纪律、尊重师长、讲究文明、衣着整洁。保持实验场所清洁、安静，禁止打闹、说笑、吸烟、吃零食、随地吐痰、乱扔杂物等。

三、实验前，学生应按实验教材（或指导书）规定的内容做好预习，仔细阅读教材，明确实验原理、目的、内容和方法步骤，做好实验前的准备工作。

四、听从教师的指导和安排，不得自行其是。实验中要严格遵守操作规程，正确使用仪器设备，细心观察、认真记录，不擅离岗位，不抄袭别人的数据，独立完成实验报告。实验中若有创见，实施前应请示指导教师，经同意后方能进行。

五、爱护国家财产，不得动用与实验室无关的设备。仪器设备发生故障或异常时，应立即关闭电源，停止实验，并向指导教师报告。实验中要注意实验材料的节约，减少浪费。因擅自动用或违反操作规程造成仪器设备、器材损坏时，按规定予以赔偿。

六、实验结束时，必须对仪器、设备、工具、材料进行整理，并轮流值日打扫卫生，关闭电源、水源，经指导教师检查合格后方可离开。

2

误差分析和数据处理方法

2.1 测量与误差

2.1.1 测　量

测量指的是将待测的物理量与选作标准的同类量进行比较的过程。通过比较得出它们的倍数关系，进而认识待测物理量的未知属性。因此，可以认为测量就是一种研究方法。选作标准的同类量称为单位，倍数称为测量数值。由此可见，一个物理量的测量值等于测量数值与单位的乘积。一个物理量的大小是客观存在的，选择不同的单位，相应的测量数值就有所不同。单位越大，测量数值越小，反之亦然。

测量可分为两类。一类是直接测量，如用米尺量长度，用钟表计时间，用天平称质量，用温度计量温度等，这些测量过程的共同特点是测量工具或者仪器直接给出待测物体的物理属性特征。另一类是间接测量，是根据直接测量所得的数据，根据一定的公式，通过运算，得出所需要的结果，例如：直接测出单摆的长度 l 和周期 T，应用公式 $g=4\pi/T^2$，求出重力加速度 g。必须指出，区分直接测量与间接测量的依据是测量的过程，而不是所测量的量。例如：对于一个三角形，第三边的长度既可以通过长度测量工具直接测量得到，也可以通过测量其他两边长度和它们之间夹角的方法算出。前者是直接测量，后者是间接测量。在物理测量中，绝大部分是间接测量，但直接测量是一切间接测量的基础。不论直接测量还是间接测量，都需要满足一定的实验条件，按照严格的方法并正确地使用仪器，才能得出应有的结果。因此，在实验过程中，一定要明白实验目的，正确地使用仪器，细心地进行操作、读数和记录，以达到巩固理论知识和加强实验技能训练的目的。

2.1.2 误　差

物理量在客观上有着确定的数值，称为真值。然而，在实际测量时，由于实验条件、实验方法和仪器精度等的限制或者不够完善，以及实验人员技术水平和经验等原因，测量值与客观存在的真值之间有一定的差异。测量值 x 与真值 T_x 的差值称为测量误差 δ，简称误差，即 $\delta=x-T_x$。

任何测量都不可避免地存在误差，因此，一个完整的测量结果应该包括测量值和误差两部分。既然测量不能得到真值，那么怎样才能最大限度地减小测量误差并估算出误差的范围呢？要回答这些问题，首先要了解误差产生的原因及其性质。

测量误差按其产生原因和性质可分为系统误差、随机误差和过失误差三大类。

1. 系统误差

系统误差的特点是有规律性，测量结果都大于真值或小于真值，或在测量条件改变时，误差会按一定规律变化。

系统误差的产生有以下几方面的原因：

（1）由于测量仪器不完善、仪器不够精密或安装调整不妥，如刻度不准、零点不对、砝码未经校准、天平臂不等长、应该水平放置的仪器未放水平等。

（2）由于实验理论和实验方法的不完善，所引用的理论与实验条件不符，如在空气中称质量而没有考虑空气浮力的影响，测微小长度时没有考虑温度变化使尺长改变，量温度时没有考虑热量的散失，测量电压时未考虑电压表内阻对电压的影响，测标准电池的电动势未作温度校正等。

（3）由于实验者生理或心理特点、缺乏经验等而产生误差。例如，有些人习惯侧坐斜视读数、眼睛辨色能力较差等，使测量值偏大或偏小。

减小系统误差是实验技能问题，应尽可能采取各种措施将它减小到最低程度。例如，将仪器进行校正，改变实验方法或者在计算公式中列入一些修正项以消除某些因素对实验结果的影响，纠正不良习惯等。

能否识别或降低系统误差与实验者的经验和实际知识有密切的关系。学生在实验过程中要逐步积累这方面的感性知识，结合实验的具体情况对系统误差进行分析和讨论。因为在设计实验仪器和实验原理时，系统误差已被减小到最低程度，所以大学物理实验课中不要求学生对实验系统进行修正。

2. 随机误差（又称偶然误差）

在相同条件下，对同一物理量进行重复多次测量，使系统误差减小到最低程度，但测量值仍然出现一些难以预料和无法控制的起伏，并且测量值误差的绝对值和符号在随机地变化着，这种误差称为随机误差。

随机误差主要来源于人们视觉、听觉和触角等感觉能力的限制，以及实验环境偶然因素的干扰，如温度、湿度、电源电压的起伏、气流波动以及振动等因素的影响。从个别测量值来看，它的数值带有随机性，似乎杂乱无章。但是，如果测量次数足够多的话，就会发现随机误差遵循一定的统计规律，可以用概率理论进行估算。

3. 过失误差

在测量中还可能出现错误，如读数错误、记录错误、估算错误、操作错误等因素引起的误差，称为过失误差。过失误差已不属于正常的测量工作范畴，应当尽量避免。克服错误的方法，除了端正工作态度、严格工作方法外，可用与另一次测量结果相比较的办法发现并纠正，或者运用异常数据剔除准则来判别因过失而引入的异常数据，并加以剔除。

2.1.3 正确度、精密度和准确度

正确度、精密度和准确度是评价测量结果优劣的三个术语。

（1）测量结果的正确度是指测量值与真值的接近程度。正确度高，说明测量值接近真值程度好，即系统误差小。可见，正确度是反映测量结果系统误差大小的术语。

（2）测量结果的精密度是指重复测量所得结果相互接近的程度。精密度高，说明重复性好，各个测量误差的分布密集，即随机误差小。可见，精密度是反映测量结果随机误差大小的术语。

（3）测量结果的准确度是指综合评定测量结果重复性与接近真值的程度。准确度高，说明精密度和正确度都高。可见，准确度反映随机误差和系统误差的综合效果。

在实验中，系统误差已被减小到最低程度，所以误差计算主要是估算随机误差，往往不再严格区分精密度和准确度，而泛称精度。

2.1.4 绝对误差、相对误差和百分差

根据表示形式不同，误差可分为绝对误差和相对误差。绝对误差$\pm\Delta x$表示测量结果x与真值T_x之间的差值以一定的可能性（概率）出现的范围，即真值以一定可能性（概率）出现在$(x-\Delta x,\ x+\Delta x)$区间内。仅仅根据绝对误差的大小还难以评价一个测量结果的可靠程度，还需要看测量值本身的大小，为此引入相对误差的概念。

相对误差可表示为：$E=\dfrac{\Delta x}{T_x}\approx\dfrac{\Delta x}{x}\times 100\%$，表示为绝对误差在整个物理量测量中所占的比例，一般用百分比表示。例如，一长度测量值为 1 000 m，而绝对误差为 1 m。另一长度测量值为 100 cm，而绝对误差为 1 cm。前者的相对误差为 0.1%，后者的相对误差为 1%，所以，前者较后者更可靠。

如果待测量值有理论值或公认值，也可用百分差（E_0）表示测量的好坏，即

$$E_0=\frac{|\text{测量值}\ x-\text{公认值}\ x'|}{\text{公认值}\ x'}\times 100\%$$

绝对误差、相对误差和百分差通常只取 1 ~ 2 位有效数字来表示。

2.2 随机误差的高斯分布与标准误差

随机性是随机误差的特点。也就是说，在相同条件下，对同一物理量进行多次重复测量，每次测量值的误差时大时小。对某一次测量值来说，其误差的大小和正负都无法预先知道，纯属偶然。但是，如果测量次数足够多的话，随机误差服从一定的统计规律。根据实验情况的不同，随机误差出现的分布规律有高斯分布（即正态分布）、t分布、均匀分布以及反正弦分布等。按大纲要求，本书仅介绍随机误差的高斯分布。

2.2.1 高斯分布的特征和数学表述

遵从高斯分布规律的随机误差具有下列四大特征：

（1）单峰性。绝对值小的误差出现的可能性（概率）大，大误差出现的可能性小。

（2）对称性。大小相等的正误差和负误差出现的机会均等，对称分布于真值的两侧。

（3）有界性。非常大的正误差或负误差出现的可能性几乎为零。

（4）抵偿性。当测量次数非常多时，正误差和负误差相互抵消，于是，误差的代数和趋于 0。

高斯分布的特征可以用高斯分布曲线形象地表示出来，见图 2.2.1（a）。横坐标为误差 δ，纵坐标为误差的概率密度分布函数 $f(\delta)$。根据误差理论可以证明函数的数学表述式为

$$f(\delta)=\frac{1}{\sqrt{2\pi}\sigma}\mathrm{e}^{-\frac{\delta^2}{2\sigma^2}} \tag{2.2.1}$$

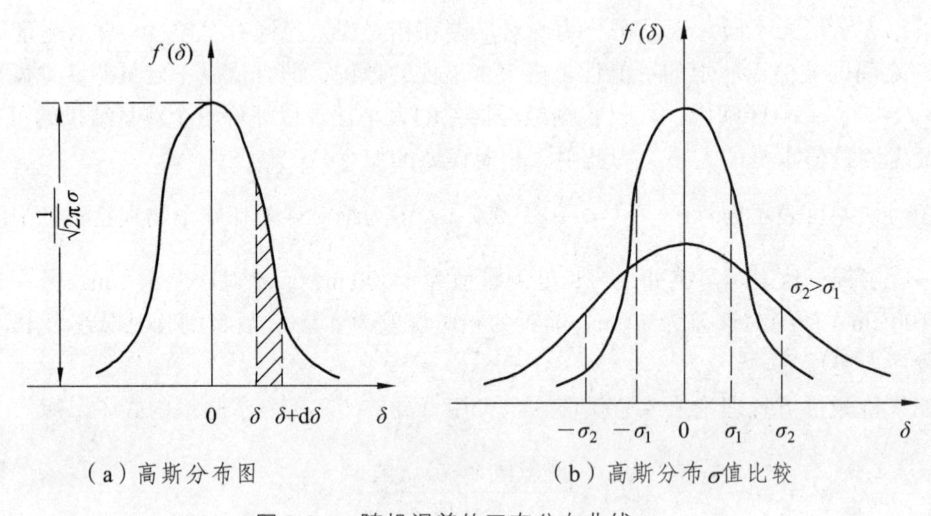

（a）高斯分布图　　（b）高斯分布 σ 值比较

图 2.2.1 随机误差的正态分布曲线

测量值的随机误差出现在 $(\delta,\ \delta+\mathrm{d}\delta)$ 区间内的可能性（概率）为

$$\mathrm{d}P=f(\delta)\mathrm{d}\delta \tag{2.2.2}$$

即图 2.2.1（a）中阴影线所包含的面积元。式（2.2.2）中的 σ 是一个与实验条件有关的常数，称为标准误差。其值为

$$\sigma=\lim_{n\to\infty}\sqrt{\frac{\sum_{i=1}^{n}\delta_i^2}{n}} \tag{2.2.3}$$

式中，n 为测量次数，各次测量值的随机误差为 δ_i，$i=1$，2，3，…，n。

可见标准误差是将各个误差的平方取平均值，再开方得到。所以，标准误差又称为均方根误差。

2.2.2 标准误差的物理意义

由式（2.2.1）可知，随机误差正态分布曲线的形状取决于σ值的大小，如图 2.2.1（b）所示。σ值越小，分布曲线越陡，峰值$f(\delta)$越高，说明绝对值小的误差占多数，且测量值的重复性好，分散小；反之，σ值越大，曲线越平坦，峰值越低，说明测量值的重复性差，分散大。标准误差反映了测量值的离散程度。

由于$f(\delta)\mathrm{d}\delta$是测量值随机误差出现在小区间($\delta$, $\delta+\mathrm{d}\delta$)的可能性（概率），那么，测量值误差出现在区间$(-\sigma,\sigma)$内的可能性（概率）就是

$$
\begin{aligned}
P(-\sigma,\sigma) &= \int_{-\sigma}^{\sigma} f(\delta)\mathrm{d}\delta \\
&= \int_{-\sigma}^{\sigma} \frac{1}{\sqrt{2\pi}\sigma} \mathrm{e}^{-\frac{\delta^2}{2\sigma^2}} \mathrm{d}\delta = 68.3\%
\end{aligned} \tag{2.2.4}
$$

这说明对任意一次测量，其测量值误差出现在$(-\sigma,\sigma)$区间内的可能性（概率）为 68.3%。也就是说，假如我们对某一物理量在相同条件下进行了 1 000 次测量，那么，测量值误差可能有 683 次落在$(-\sigma,\sigma)$区间内。注意标准误差的统计意义，它并不表示任一次测量值的误差就是$\pm\sigma$，也不表示误差不会超出$\pm\sigma$的界限。标准误差只是一个具有统计性质的特征量，用以表征测量值离散程度的一个特征量。

2.2.3 极限误差

与上述相仿，同样可以计算在相同条件下对某一物理量进行多次测量，其任意一次测量值的误差落在（-3σ, 3σ）区域之间的可能性（概率）。其值为

$$
\begin{aligned}
P(-3\sigma,3\sigma) &= \int_{-3\sigma}^{3\sigma} f(\delta)\mathrm{d}\delta \\
&= \int_{-3\sigma}^{3\sigma} \frac{1}{\sqrt{2\pi}\sigma} \mathrm{e}^{-\frac{\delta^2}{2\sigma^2}} \mathrm{d}\delta = 99.7\%
\end{aligned} \tag{2.2.5}
$$

也就是说，在 1 000 次测量中，可能有 3 次测量值的误差绝对值会超过3σ。在通常的有限次测量情况下，测量次数很少超过几十次，因此测量值的误差超出$\pm3\sigma$范围的情况几乎不会出现，所以把3σ称为极限误差。

在测量次数相当多的情况下，若出现测量值误差的绝对值大于3σ的数据，可以认为这是由于过失而引起的异常数据而加以剔除。但是，对于测量次数较少的情况，这种判别方法就不可靠，而需要采用另外的判别准则。

2.3 近真值——算术平均值

尽管一个物理量的真值是客观存在的，然而，即使对测量值已进行了系统误差的修正，也会由于随机误差的存在，使我们想得到真值的愿望不能实现。那么，是否能够得到一个测量结果的最佳值，或者说得到一个最接近真值的数值（近真值）呢？这个近真值又如何来求得？根据随机误差具有抵偿性的特点，利用误差理论可以证明，如果对一个物理量测量了相当多次，那么算术平均值就是接近真值的最佳值。

设在相同条件下对一个物理量进行了多次测量，测量值分别为 x_1，x_2，x_3，…，x_n，各次测量值的随机误差分别为 δ_1，δ_2，δ_3，…，δ_n，并用 T_x 表示该物理量的真值。根据误差的定义有

$$\delta_1 = x_1 - T_x,\ \delta_2 = x_2 - T_x,\ \delta_3 = x_3 - T_x, \cdots, \delta_n = x_n - T_x$$

将以上各式相加，得

$$\sum_{i=1}^{n} \delta_i = \sum_{i=1}^{n} x_i - nT_x$$

或

$$\frac{1}{n}\sum_{i=1}^{n} \delta_i = \frac{1}{n}\sum_{i=1}^{n} x_i - T_x \tag{2.3.1}$$

用 $\overline{x}$ 代表算术平均值，即

$$\overline{x} = \frac{1}{n}(x_1 + x_2 + \cdots + x_n) = \frac{1}{n}\sum_{i=1}^{n} x_i \tag{2.3.2}$$

式（2.3.1）可改写为

$$\frac{1}{n}\sum_{i=1}^{n} \delta_i = \overline{x} - T_x \tag{2.3.3}$$

根据随机误差的抵偿性特征，当测量次数 n 足够多时，由于正、负误差相互抵消，各个误差的代数和趋近于零，即

$$\lim_{n\to\infty}\sum_{i=1}^{n} \delta_i = 0 \tag{2.3.4}$$

于是有

$$\overline{x} \to T_x \tag{2.3.5}$$

由此可见，测量次数越多，算术平均值接近真值的可能性越大。当测量次数足够多时，算术平均值是真值的最佳值，即近真值。

2.4 标准误差的估算——标准偏差

2.4.1 任意一次测量值的标准偏差

某一次测量值 x_i 的误差 δ_i 是测量值 x_i 与真值 T_x 的差值。由于真值不知道，误差 δ_i 计算不出。因而，按照式（2.2.3），标准误差 σ 也无从估算。根据算术平均值是近真值的结论，在实际估算时采用算术平均值 $\bar{x}$ 代替真值，用各次测量值与算术平均值的差值

$$v_i = x_i - \bar{x} \tag{2.4.1}$$

来估算各次误差。差值 v_i 称为残差。

利用误差理论可以证明，当测量次数 n 有限，用残差来估算标准误差时，其计算式为

$$\sigma_x = \sqrt{\frac{\sum_{i=1}^{n} v_i^2}{n-1}} = \sqrt{\frac{1}{n-1}\sum_{i=1}^{n}(x_i - \bar{x})^2} \tag{2.4.2}$$

σ_x 称为任意一次测量值的标准偏差，它是测量次数有限多时，标准误差 σ 的一个估计值。其代表的物理意义是：如果多次测量的随机误差遵从高斯分布，那么，任意一次测量，测量值误差落在 $(-\sigma,+\sigma)$ 区域的可能性（概率）为 68.3%；或者说，它表示这组数据的误差有 68.3% 的概率出现在 $(-\sigma,+\sigma)$ 区间内。

2.4.2 平均值的标准偏差

利用误差理论可以证明，平均值 $\bar{x}$ 的标准偏差为

$$\sigma_{\bar{x}} = \frac{\sigma_x}{\sqrt{n}} = \sqrt{\frac{\sum_{i=1}^{n}(x_i - \bar{x})^2}{n(n-1)}} \tag{2.4.3}$$

上式说明，平均值的标准偏差是 n 次测量中任意一次测量值标准偏差的 $1/\sqrt{n}$ 倍。$\sigma_{\bar{x}}$ 小于 σ_x，这个结果的合理性是显而易见的。因为算术平均值是测量结果的最佳值，它比任意一次测量值 x_i 更接近真值，误差更小。$\sigma_{\bar{x}}$ 的物理意义是，在多次测量的随机误差遵从高斯分布的条件下，真值处于 $\bar{x} \pm \sigma_{\bar{x}}$ 区间内的概率为 68.3%。

值得注意的是，用 σ_x 和 $\sigma_{\bar{x}}$ 来估算随机误差，理论上都要求测量次数相当多。但实际上，往往受教学时间的限制，重复测量的次数不可能很多，所以，用它们来估算的随机误差带有相当程度的近似性。另外，在测量次数较少时（$n<10$），σ_x 随着测量次数 n 的增加而明显地减小，以后，随着测量次数 n 的继续增加，σ_x 的减小越来越不明显而趋近于恒定值。由此可

见，过多地增加测量次数，其价值并不太大。根据实际情况，如果需要多次重复测量，一般测量次数取 5 ~ 10 次为宜。

2.5 误差传递公式

直接测量值不可避免地存在误差，显然由直接测量值根据一定的函数关系，经过运算得到的间接测量值也必然存在误差。估算间接测量值的误差，实质上是要解决一个误差传递的问题，即求得估算间接测量值误差的公式，该公式称为误差传递公式。

2.5.1 误差的一般传递公式

设待测量 N 是 n 个独立直接测量量 A，B，C，…，H 的函数，即

$$N=f(A, B, C, \cdots, H) \tag{2.5.1}$$

设各直接测量值的绝对误差分别为 ΔA，ΔB，ΔC，…，ΔH，间接测量值 N 的绝对误差为 ΔN，下面介绍具体计算方法。

将式（2.5.1）求全微分，得

$$\mathrm{d}N=\frac{\partial f}{\partial A}\mathrm{d}A+\frac{\partial f}{\partial B}\mathrm{d}B+\frac{\partial f}{\partial C}\mathrm{d}C+\cdots+\frac{\partial f}{\partial H}\mathrm{d}H \tag{2.5.2}$$

由于 ΔA，ΔB，ΔC，…，ΔH 分别相对于 A，B，C，…，H 是一个很小的量，将式（2.5.2）中的 $\mathrm{d}A$，$\mathrm{d}B$，$\mathrm{d}C$，…，$\mathrm{d}H$ 用 ΔA，ΔB，ΔC，…，ΔH 代替，则

$$\Delta N=\frac{\partial f}{\partial A}\Delta A+\frac{\partial f}{\partial B}\Delta B+\frac{\partial f}{\partial C}\Delta C+\cdots+\frac{\partial f}{\partial H}\Delta H \tag{2.5.3}$$

由于式（2.5.3）右端各项分误差的符号正负不定，为谨慎起见，作最不利情况考虑，各项分误差进行累加。因此，将式（2.5.3）右端各项分别取绝对值相加，也即

$$\Delta N=\left|\frac{\partial f}{\partial A}\right|\cdot\Delta A+\left|\frac{\partial f}{\partial B}\right|\cdot\Delta B+\left|\frac{\partial f}{\partial C}\right|\cdot\Delta C+\cdots+\left|\frac{\partial f}{\partial H}\right|\cdot\Delta H \tag{2.5.4}$$

很明显，这样做会导致测量结果误差偏大，在实际工程设计中也常常必须这样处理，其相对误差为

$$E=\frac{\Delta N}{N}=\frac{1}{f(A,B,C,\cdots,H)}\cdot\left(\left|\frac{\partial f}{\partial A}\right|\cdot\Delta A+\left|\frac{\partial f}{\partial B}\right|\cdot\Delta B+\left|\frac{\partial f}{\partial C}\right|\cdot\Delta C+\cdots+\left|\frac{\partial f}{\partial H}\right|\cdot\Delta H\right) \tag{2.5.5}$$

式（2.5.4）和式（2.5.5）称为误差的一般传递公式，或称为误差的算术合成。根据以上

两式计算出的常用误差公式列在表 2.5.1 中，以供参考。

表 2.5.1　几种常用误差传递公式

函数关系	误差的一般传递公式	标准误差传递公式
$N=A+B$ 或 $N=A-B$	$\Delta N=\Delta A+\Delta B$	$\sigma_N=\sqrt{\sigma_A^{\ 2}+\sigma_B^{\ 2}}$
$N=A\cdot B$ 或 $N=A/B$	$\dfrac{\Delta N}{N}=\dfrac{\Delta A}{A}+\dfrac{\Delta B}{B}$	$\dfrac{\sigma_N}{N}=\sqrt{\left(\dfrac{\sigma_A}{A}\right)^2+\left(\dfrac{\sigma_B}{B}\right)^2}$
$N=k\cdot A$	$\Delta N=k\cdot\Delta A$	$\sigma_N=k\cdot\sigma_A$
$N=\dfrac{A^p\cdot B^q}{C^r}$	$\dfrac{\Delta N}{N}=p\dfrac{\Delta A}{A}+q\dfrac{\Delta B}{B}+r\dfrac{\Delta C}{C}$	$\dfrac{\sigma_N}{N}=\sqrt{\left(\dfrac{p\sigma_A}{A}\right)^2+\left(\dfrac{q\sigma_B}{B}\right)^2+\left(\dfrac{r\sigma_C}{C}\right)^2}$
$N=\sqrt[p]{A}$	$\dfrac{\Delta N}{N}=\dfrac{1}{p}\cdot\dfrac{\Delta A}{A}$	$\dfrac{\sigma_N}{N}=\dfrac{1}{p}\cdot\dfrac{\sigma_A}{A}$
$N=\sin A$	$\Delta N=\lvert\cos A\rvert\cdot\Delta A$	$\sigma_N=\lvert\cos A\rvert\cdot\sigma_A$
$N=\ln A$	$\Delta N=\dfrac{1}{A}\cdot\Delta A$	$\sigma_N=\dfrac{1}{A}\cdot\sigma_A$

2.5.2　标准误差的传递公式

若各个独立的直接测量值绝对误差分别为标准偏差 σ_A，σ_B，σ_C，…，σ_H 等，则间接测量值 N 的误差估算需要用误差的方和根合成，即绝对误差为

$$\sigma_N=\sqrt{\left(\frac{\partial f}{\partial A}\sigma_A\right)^2+\left(\frac{\partial f}{\partial B}\sigma_B\right)^2+\left(\frac{\partial f}{\partial C}\sigma_C\right)^2+\cdots+\left(\frac{\partial f}{\partial H}\sigma_H\right)^2} \tag{2.5.6}$$

相对误差为

$$E_N=\frac{\sigma_N}{N}=\frac{1}{f(A,B,C,\cdots,H)}\cdot\sqrt{\left(\frac{\partial f}{\partial A}\sigma_A\right)^2+\left(\frac{\partial f}{\partial B}\sigma_B\right)^2+\left(\frac{\partial f}{\partial C}\sigma_C\right)^2+\cdots+\left(\frac{\partial f}{\partial H}\sigma_H\right)^2} \tag{2.5.7}$$

以上两式称为标准误差的传递公式，或称为误差的方和根合成。几种常用的标准误差传递公式列于表 2.5.1 中，供需要时查用。

从表 2.5.1 中可见：

（1）对于和或差函数关系，函数 N 的绝对误差是直接测量值标准误差的“方和根”。所以，应先计算出 N 的绝对误差，即 σ_N，然后再按 $E_N=\sigma_N/N$ 计算 N 的相对误差 E_N。

（2）对于乘或除函数关系，函数 N 的相对误差 E_N 是各直接测量值相对误差的“方和根”。所以，应先计算出 N 的相对误差 E_N，再按 $\sigma_N=N\cdot E_N$ 计算函数 N 的绝对误差，即 σ_N。

误差传递公式除了可以用来估算间接测量值 N 的误差之外，还有一个重要的功能，就是用它来分析各直接测量值的误差对最后结果误差影响的大小。对于那些影响大的直接测量值，可预先考虑措施以减小它们的影响，为合理选用仪器和实验方法提供依据。

2.6　不确定度与测量结果表述

用标准误差来评估测量结果的可靠程度，这种做法不尽完善，往往有可能遗漏影响测量结果准确性的因素，例如未定的系统误差、仪器误差等。鉴于上述原因，为了更准确地表述测量结果的可靠程度，提出了不确定度（误差总和）的概念。

2.6.1　不确定度概念

一个完整的测量结果不仅要给出测量值的大小（即数值和单位），同时还应给出其不确定度。不确定度可用来表征测量结果的可信赖程度，因此，测量结果应写为下列标准形式：

$$X = x \pm U \text{（单位）}, \quad U_r = \frac{U}{x} \times 100\% \tag{2.6.1}$$

式中，x 为测量值。对等精度多次测量而言，x 为测量的算术平均值，U 为不确定度，U_r 为相对不确定度。

"不确定度"（Uncertainty）一词是指可疑、不能肯定或测不准的意思。不确定度是测量结果所携带的一个必要参数，以表征测量值的分散性、准确性和可靠程度。

严格的测试报告在给出测量结果的同时，应有详尽的测试参数，并给出相应的不确定度。不确定度越小，表示对测量对象属性的了解越透彻，测量结果的可信度越高，使用价值也越高。测量结果标准形式如下示例：

普朗克常量：$h=(6.626\,077\,5 \pm 0.000\,000\,4) \times 10^{-34}\ \mathrm{J \cdot s}$，$U_r=0.60\times10^{-7}$

基本电荷：$e=(1.602\,177\,3 \pm 0.000\,000\,4) \times 10^{-19}\ \mathrm{C}$，$U_r=0.25\times10^{-6}$

2.6.2　实验物理中测量量不确定度的处理

1. 直接多次测量量的不确定度

通常情况下，测量量的不确定度由几个分量构成，按数值的估算方法不同可将分量分为两类：

A 类：在一系列重复测量中，用统计方法计算的分量。它的表征值用标准偏差表示，即

$$S = \sqrt{\frac{1}{n-1}\sum_{i=1}^{n}(x_i - \overline{x})^2} \tag{2.6.2}$$

需要指出，另外还有一个表征值，称为自由度，此处从略。

B 类：用其他方法计算的分量。

在仅考虑仪器误差的情况下，B 类分量的表征值为 $u=\Delta_{\text{inst}}/C$。

式中，Δ_{inst} 是指计量器具的示值误差；C 是一个大于 1，且与误差分布特性有关的系数。若仪器误差的概率密度函数遵循均匀分布规律，$C=\sqrt{3}$。本课程所用计量器具和仪表多数属于这种情况，即

$$u = \Delta_{\text{inst}} / \sqrt{3} \tag{2.6.3}$$

而对于未给定 Δ_{inst} 的情况，可按下列方法进行估算：

（1）标有准确度等级的仪表（如电表等工业仪器），Δ_{inst} 可用测量值与准确度等级百分数进行计算，即

Δ_{inst}=量程（或测量值）×（仪表准确度等级%）。

（2）对具有游标和非连续不可估读的仪表（如游标卡尺、电子秒表、数字仪表等），Δ_{inst} 取最小分度值。

（3）连续读数可以估读的仪表（如米尺、千分尺、读数显微镜等），Δ_{inst} 取最小分度的一半，例如：用米尺测长度，Δ_{inst} =0.5 mm。

实际上，B 类分量考虑的因素很多，很复杂，如用统计方法无法发现的固有系统误差，这要通过对测量过程的仔细分析，根据经验和有关信息来估算。有关信息包括过去测量的数据，对仪器性能的了解，仪表的技术指标，仪器调整不垂直、不水平或对不准等因素引入的附加误差，检定书提供的数据以及技术手册查到的参考数据的不确定度等，式（2.6.3）只是一种简化处理。

A 类和 B 类分量采用方和根合成，得到合成的不确定度为

$$U = \sqrt{S^2 + u^2} \tag{2.6.4}$$

若 A 类分量 S_i 有 n 个，B 类分量 u_j 有 m 个，则用方和根合成得到的合成不确定度为

$$U = \sqrt{\sum_{i=1}^{n} S_i^2 + \sum_{j=1}^{m} u_j^2} \tag{2.6.5}$$

2. 直接单次测量量的不确定度估计

实验时，常常由于条件不许可，或者某一量的不确定度对整个测量的总不确定度影响甚微，因而测量只进行一次。这时，对于测量的不确定度只能根据仪器误差、测量方法、实验条件以及实验者技术水平等实际情况，进行合理估计，不能一概而论。一般简单的做法是采用仪器误差或其倍数的大小作为单次测量量不确定度的估计值，我们约定：

$$U_{\text{单}} = \Delta_{\text{inst}} \tag{2.6.6}$$

3. 间接测量量的不确定度

不确定度的传递公式与标准误差的传递公式形式上完全相同，它们同样是方和根合成。只要将式（2.5.6）和式（2.5.7）中的标准误差改写成不确定度，即可得到间接测量量 N 不确定度的计算式

$$U_N = \sqrt{\left(\frac{\partial f}{\partial A} U_A\right)^2 + \left(\frac{\partial f}{\partial B} U_B\right)^2 + \left(\frac{\partial f}{\partial C} U_C\right)^2 + \cdots + \left(\frac{\partial f}{\partial H} U_H\right)^2} \tag{2.6.7}$$

相对不确定度计算式

$$U_r = \frac{U_N}{N} = \frac{1}{f(A,B,C,\cdots,H)} \cdot \sqrt{\left(\frac{\partial f}{\partial A}U_A\right)^2 + \left(\frac{\partial f}{\partial B}U_B\right)^2 + \cdots + \left(\frac{\partial f}{\partial H}U_H\right)^2} \tag{2.6.8}$$

式中，$N=f(A, B, C, \cdots, H)$，N 是几个相互独立的直接测量量 A，B，C，…，H 的函数。它们的不确定度分别为 U_A，U_B，U_C，…，U_H，$\frac{\partial f}{\partial A}$，$\frac{\partial f}{\partial B}$，$\frac{\partial f}{\partial C}$，…，$\frac{\partial f}{\partial H}$ 称为各直接测量量的不确定度传递系数。

根据以上式（2.6.7）和式（2.6.8）计算出的常用函数不确定度传递公式列在表 2.6.1 中，以供参考。

表 2.6.1　常用函数不确定度传递公式

函数关系	标准误差传递公式	不确定度传递公式
$N=A+B$ 或 $N=A-B$	$\sigma_N = \sqrt{\sigma_A^2 + \sigma_B^2}$	$U_N = \sqrt{U_A^2 + U_B^2}$
$N=A \cdot B$ 或 $N=A/B$	$\frac{\sigma_N}{N} = \sqrt{\left(\frac{\sigma_A}{A}\right)^2 + \left(\frac{\sigma_B}{B}\right)^2}$	$\frac{U_N}{N} = \sqrt{\left(\frac{U_A}{A}\right)^2 + \left(\frac{U_B}{B}\right)^2}$
$N=k \cdot A$	$\sigma_N = k \cdot \sigma_A$	$U_N = k \cdot U_A$
$N = \frac{A^p \cdot B^q}{C^r}$	$\frac{\sigma_N}{N} = \sqrt{\left(\frac{p\sigma_A}{A}\right)^2 + \left(\frac{q\sigma_B}{B}\right)^2 + \left(\frac{r\sigma_C}{C}\right)^2}$	$\frac{U_N}{N} = \sqrt{\left(\frac{pU_A}{A}\right)^2 + \left(\frac{qU_B}{B}\right)^2 + \left(\frac{rU_C}{C}\right)^2}$
$N = \sqrt[p]{A}$	$\frac{\sigma_N}{N} = \frac{1}{p} \cdot \frac{\sigma_A}{A}$	$\frac{U_N}{N} = \frac{1}{p} \cdot \frac{U_A}{A}$
$N=\sin A$	$\sigma_N = \lvert\cos A\rvert \cdot \sigma_A$	$U_N = \lvert\cos A\rvert \cdot U_A$
$N = \ln A$	$\sigma_N = \frac{1}{A} \cdot \sigma_A$	$U_N = \frac{1}{A} \cdot U_A$

从表 2.6.1 中可见：

（1）对于和或差函数关系，函数 N 的不确定度是直接测量值不确定度的方和根。所以，应先计算出 N 的绝对不确定度，即 U_N，然后再按 $U_{rN} = U_N / N$ 计算 N 的相对不确定度 U_{rN}。

（2）对于乘或除函数关系，函数 N 的相对不确定度 U_{rN} 是各直接测量值相对不确定度的方和根。所以，应先计算出 N 的相对不确定度 U_{rN}，再按 $U_N = N \cdot U_{rN}$ 计算函数 N 的绝对不确定度 U_N。

4．计算示例

例 1　在室温 23 °C 下，用共振干涉法测量超声波在空气中传播时的波长λ，数据见表

2.6.2。用列表法计算超声波波长的平均值和不确定度。

表 2.6.2　测量数据记录

i	λ_i /cm	$v_i=\lambda_i-\bar{\lambda}$ /10^{-4} cm	v_i^2/10^{-8} cm^2
1	0.687 2	10	100
2	0.685 4	− 8	64
3	0.684 0	− 22	484
4	0.688 0	18	324
5	0.682 0	− 42	1764
6	0.688 0	18	324
7	0.685 2	− 10	100
8	0.686 8	6	36
9	0.688 0	18	324
10	0.687 0	14	196
	$\bar{\lambda}$=0.686 2		$\sum_{i=1}^{n}v_i^2$=3 716

解：波长平均值为

$$\bar{\lambda}=\frac{1}{10}\sum_{i=1}^{n}\lambda_i=0.686\ 2\ (\text{cm})$$

任意一次波长测量值标准偏差为

$$\sigma_\lambda=\sqrt{\frac{\sum_{i=1}^{n}(\lambda_i-\bar{\lambda})^2}{(10-1)}}=\sqrt{\frac{3.7\times10^3\times10^{-8}}{9}}\approx0.002\ (\text{cm})$$

实验装置的游标精度值$\Delta=0.002$ cm。

波长不确定度U_λ的 A 类分量$S_\lambda=\sigma_\lambda$=0.002 cm，B 类分量$u_\lambda=\Delta/\sqrt{3}$=0.001 2（cm）。于是波长的不确定度为

$$U_\lambda=\sqrt{S_\lambda{}^2+u_\lambda{}^2}=\sqrt{(2.0\times10^{-3})^2+(1.2\times10^{-3})^2}=0.0023\approx0.003\ (\text{cm})$$

相对不确定度为

$$U_{r\lambda}=\frac{U_\lambda}{\bar{\lambda}}=0.002\ 3/0.686=0.334\%\approx0.4\%$$

结果：在室温 23 °C 下，用共振干涉法测量超声波在空气中传播时的波长

$$\lambda = (0.686 \pm 0.003)\ \text{cm},\quad U_{r\lambda} = 0.4\%$$

例 2 上题中，如果已测得超声波频率为

$$f = (5.072 \pm 0.005) \times 10^4\ \text{Hz},\quad U_{rf} \approx 0.1\%$$

试计算超声波在 23 °C 空气中的传播速度及其不确定度。

解：

（1）超声波在 23 °C 空气中的传播速度为：

$$v = f \cdot \lambda = 0.068\,62 \times 10^{-2} \times 5.072 \times 10^4 = 348.0\ \text{（m/s）}$$

（2）间接测量量 v 的不确定度 U_v：

$$U_v = \sqrt{\left(\frac{\partial v}{\partial f} U_f\right)^2 + \left(\frac{\partial v}{\partial \lambda} U_\lambda\right)^2} = \sqrt{(\lambda + U_f)^2 + (f \times U_\lambda)^2} \approx 2\ (\text{m} \cdot \text{s}^{-1})$$

（3）相对不确定度：

$$U_{rv} = \frac{U_v}{v} = 0.354\% \approx 0.4\%$$

结果：超声波在 23 °C 空气中的传播速度为

$$v = (348 \pm 2)\ \text{m} \cdot \text{s}^{-1},\quad U_{rv} = 0.4\%$$

说明：

（1）不确定度只能在数量级上对测量结果的可靠程度作出一个恰当的评价，因此它的数值没有必要计算得过于精确。通常约定不确定度和误差最多有两位有效数字，在运算过程中只需取两位（或最多取三位）数字计算即可满足要求。

（2）不确定度的历史发展。长期以来，全世界对不确定度的表述，方法颇多，存在分歧和混乱。为寻求统一，有利于国际交流，1978 年国际计量大会（CIPM）委托国际计量局（BIPM）联合各国国家计量标准实验室共同研究，制定了一个表述不确定度的指导性文件。国际计量局在调查和征求意见的基础上，1978 年召集专家会议，制定出《实验不确定度的规定建议书 INC-1（1980）》，简明扼要地叙述不确定度的表述，以此作为各国计算不确定度的共同依据。该建议书 1981 年被 CIPM 采纳，并于 1986 年再次被肯定和充实。在此基础上，国际标准化组织（ISO）牵头，国际法制计量组织（OIML）、国际电工委员会（IEC）和国际计量局等一起参与，制定出了一个更详细、更实用、具有国际指导性的文件——《测量不确定度表达指南》。1993 年，除上述四个组织外，还有国际理论与应用物理联合会（IUPAP）、国际理论与应用化学联合会（IUPAC）等一些国际组织批准实行此指南，作为制定检定规程和技术标准必须遵循的文件。《测量不确定度表达指南》对一些基本概念和不确定度表达给予了新的、具有发展性的定义和计算方法，是国际和国内各行各业表述不确定度最具权威的依据。

1986 年，我国计量科学院发出了采用不确定度作为误差数字指标名称的通知。1992 年 10 月 1 日，我国开始执行国家计量技术规范《测量误差及数据处理（试行）》（JJG 1027—91），规定测量结果的最终表示形式用总不确定度或相对不确定度表述。

需要指出的是，有关不确定度的概念、理论和应用规范还在不断地发展和完善。因此，在本课程教学中要准确地用不确定度来评定测量结果目前尚有困难。但是，为了执行国家技术规范又易于初学者接受，我们在保证科学性的前提下，对不确定度的计算方法作了适当的简化处理，把教学重点放在建立必要的概念上，使学生对不确定度概念有一个初步的认识。若有更深入的研究需求，可以参考文献[3]。

2.7 有效数字

实验处理的数值有两种，一种是不确定度为零的准确值（如测量的次数、公式中的纯数等），另一种是测量值。测量值总有不确定度，因此其数字就不应无止境地写下去。例如，测量值 ρ=1.194 23 g · cm^{-3}，其不确定度 U_ρ = 0.003 g · cm^{-3}。可见测量值小数点后第三位数字已是可疑，我们认为该位数字“4”是不可靠的，在它后面的数字就没有再表示出来的必要，该结果应写成 ρ = (1.194 ± 0.003) g · cm^{-3}。我们把这个测量值中前面的三位数字“1”“1”和“9”称为可靠数字，而最后一位与不确定度对齐的数字“4”称为可疑数字。又如，在直接测量中，如图 2.7.1 所示，用最小刻度为 1 mm 的直尺去测量一块铝板的宽度，其值为 26.3 mm。这三位数字中，前两位“2”“6”是准确读出来的，是“可靠数字”，最后一位“3”是估读出来的，换一个人也可能估读为“2”或“4”，这类估读出来的数字就称为“可疑数字”。

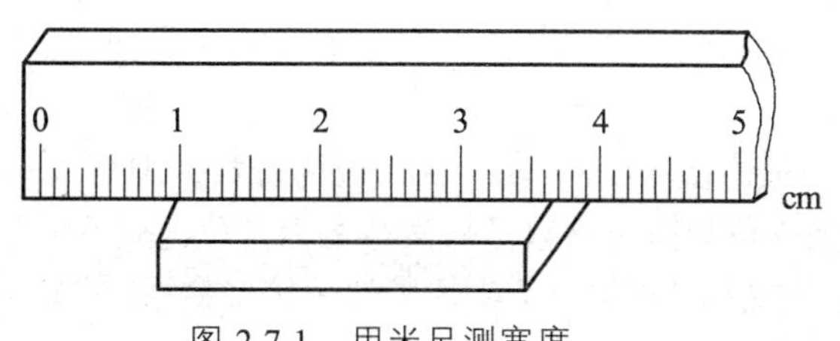

图 2.7.1　用米尺测宽度

通常将数值中的可靠数字与所保留的一位可疑数字统称为有效数字。上述的第一个例子中，测量值 ρ 为四位有效数字，第二个例子为三位有效数字。

如果用游标卡尺（游标精度值为 0.02 mm）去测量上述铝板的宽度，得到的测量值为 26.30 mm。从数学的观点看，26.30 和 26.3 是相等的数值，似乎前者小数点最后的“0”没有保留的必要。然而从测量误差的观点看，它表示测量可以进行到 10^{-2} mm 级，只不过它的读数刚好是零而已。同样一个测量对象，用米尺测量其宽度为 26.3 mm，为三位有效数字；而用游标卡尺测量，其宽度为 26.30 mm，为四位有效数字。所以，决不能把测量值 26.30 mm 和 26.3 mm 等同，前者比后者准确。由此可见，在直接测量中，测量仪器的最小刻度（或仪器精度）与测量值的有效数字位数有着密切的关系。对同一测量对象而言，仪器精度越高，测量值的有效数字位数越多。切记，在记录实验数据的时候，第一位不为“0”的数字后面的“0”是有效数字，不能任意删除或添加。

必须注意，十进制单位变换只涉及小数点位置改变，而不允许改变有效数字的位数。例如，1.3 m为两位有效数字，在换算成km或mm时，应采用科学记数法（用10的不同次幂表示，一般书写时，小数点前有且只有一位不为零的数字）写为：

$$1.3\ \text{m}=1.3\times10^{-3}\ \text{km}=1.3\times10^{3}\ \text{mm}$$

如果把1.3 m写成0.001 3 km，它仍然是两位有效数字，所以，第一位不为零的数字前面的“0”不是有效数字。但是，1.3 m绝不能写成1 300 mm，因为后者是四位有效数字。

由于不确定度是根据概率理论估算得到的，它只是在数量级上对实验结果恰当的评价。因此，把它们的结果计算得十分精确是没有意义的。基于这一点，我们规定不确定度的最后结果只用一位有效数字表示，而运算过程中取两位有效数字。当不确定度算出来以后，根据测量值的最后一位数字应与不确定度数位对齐的原则，决定测量值的有效数字，写出测量结果。示例可见上节。

2.8 数字取舍规则和简算方法

2.8.1 数字取舍规则

对于测量值真值的处理，数字的取舍采用“四舍六入五凑偶”规则，具体方法如下：

（1）欲舍去数字的最高位为“4”或“4”以下的数字，则“舍”；若为“6”或“6”以上的数字，则“入”。

（2）欲舍去数字的最高位为“5”时，前一位为奇数，则“入”；为偶数，则“舍”。即通过这种取舍，总是把前一位数凑成偶数。故又称之为“单进双不进”规则。这样可以使“入”和“舍”的机会均等，避免用“四舍五入”规则处理较多数据时，因入多舍少而引入计算误差。

举例说明如下，将下列数据取舍到小数后第二位：

$$5.066\ 1\longrightarrow 5.07$$
$$5.064\ 5\longrightarrow 5.06$$
$$5.065\ 0\longrightarrow 5.06$$
$$5.055\ 4\longrightarrow 5.06$$

2.8.2 不足进位规则

根据误差“宁大勿小”的原则，对不确定度的最后结果取一位有效数字，采用不足进位规则，即只要第二位有效数字不为零就进位。为了更为直观地说明这个规则，我们以例子说明。假设我们计算两个电阻的串联电阻值时，计算所得的不确定度为$U_R=0.710\ \Omega$，保留一位有效数字为$U_R=0.8\ \Omega$；若是不确定度为$U_R=0.709\ \Omega$，按规则，其结果为$U_R=0.7\ \Omega$。

总结数据取舍规则，可知：

（1）真值有效数字（测量值的最后结果）："四舍六入五凑偶"。

（2）不确定度，即 U：①只取一位不为零的数；②只入不舍。

（3）相对不确定度，即 U_r：① 当 $U_r>1\%$时，保留两位有效数字；② 当 $U_r<1\%$时，保留一位有效数字；③只入不舍。

（4）测量值最后一位数字与不确定度数位对齐。

2.8.3 简算方法

在数据运算中，首先应保证结果的准确程度，在此前提下，尽可能节省运算时间，以免浪费精力。运算时应使结果具有足够的有效数字，不要少算，也不要多算。少算会带来附加误差，降低结果的准确程度。多算是没有必要的，算的位数很多，但绝不可能减少误差。

有效数字运算取舍的原则是运算结果保留一位可疑数字。

1. 加减运算

几个数相加减时，最后结果的可疑数字数位与各数值中的可疑数字最高数位对齐。下面示例中数字下加下划线的是可疑数字。

例 1 已知 $Y=A+B-C$，式中 $A=(103.3\pm0.5)$ cm，$B=(13.561\pm0.012)$ cm，$C=(1.652\pm0.005)$ cm。试问，计算结果 Y 值应保留几位有效数字？

解：先观察具体的运算过程。

$$\begin{array}{r} 103.\underline{3} \\ +\quad 13.5\underline{61} \\ \hline 116.\underline{861} \end{array} \quad \xrightarrow{\text{可简化为}} \quad \begin{array}{r} 103.\underline{3} \\ +\quad 13.5\underline{61} \\ \hline 116.\underline{9} \end{array}$$

可见各数相加，和的有效数字与最先出现的可疑数字 $0.\underline{3}$ 对齐。

$$\begin{array}{r} 116.\underline{9} \\ -\quad 1.65\underline{2} \\ \hline 115.\underline{248} \end{array} \quad \xrightarrow{\text{可简化为}} \quad \begin{array}{r} 116.\underline{9} \\ -\quad 1.65\underline{2} \\ \hline 115.\underline{2} \end{array}$$

可见，一个可疑数字与一个数字相加减，其结果必然是可疑数字。本例各数值中可疑数字最高数位为小数点后第一位（即 $103.\underline{3}$）。按照运算结果只保留一位可疑数字的原则，简算方法为

$$Y=103.3+13.56-1.65=115.21=115.2\ (\text{cm})$$

这里由于已知 A、B、C 的不确定度，最好是按照间接测量的传递公式先计算 Y 的不确定度。

$$U_Y=\sqrt{\left(\frac{\partial Y}{\partial A}U_A\right)^2+\left(\frac{\partial Y}{\partial B}U_B\right)^2+\left(\frac{\partial Y}{\partial C}U_C\right)^2}=\sqrt{U_A^{\ 2}+U_B^{\ 2}+U_C^{\ 2}}=0.5$$

而 $\quad Y=103.3+13.561-1.652=115.209$

结果表示为

$$Y=(115.2\pm0.5)\ \text{cm},\quad U_{rY}=0.5\%$$

2. 乘除运算

几个数相乘除，计算结果的有效数字位数与各数值中有效数字位数最少的一个相同。

例 2 $1.111\,\underline{1}\times 1.1\underline{1}=?$ 试问计算结果应保留几位有效数字？

解： 用计算器计算可得：$1.111\,\underline{1}\times 1.1\underline{1}=1.233\,321$，但是此结果究竟应取几位有效数字才合理，看一下具体运算过程便一目了然。见下式：

$$\begin{array}{r} 1.\,1\,1\,1\,\underline{1} \\ \times \qquad 1.\,1\,\underline{1} \\ \hline \underline{1}\,\underline{1}\,\underline{1}\,\underline{1}\,\underline{1} \\ 1\,1\,1\,1\,\underline{1} \\ 1.\,1\,1\,1\,\underline{1} \\ \hline 1.\,2\,\underline{3}\,\underline{3}\,\underline{3}\,\underline{2}\,\underline{1} \end{array}$$

因为一个数字与一个可疑数字相乘，其结果必然是可疑数字。所以，由上面的运算过程可见，小数点后面第二位的“3”及以后的数字都是可疑数字。按照保留一位可疑数字的原则，计算结果应写成 1.23，三位有效数字，这与上述的乘除简算法则是一致的。即在此例中，五位有效数字与三位有效数字相乘，计算结果为三位有效数字。

除法是乘法的逆运算，在此不再专门说明。

对于一个间接测量量，如果它是由几个直接测量值相乘除而计算得到的，那么，在进行测量时应考虑各个直接测量值的有效数字位数基本相同，或者说它们的相对不确定度要比较接近。如果相差悬殊，那么精度过高的测量就失去意义。

例 3 在长度测量中，用米尺、游标卡尺和螺旋测微计分别测量得一个长方体的三个边长为 $A=(13.79\pm 0.02)$ cm，$B=(3.635\pm 0.005)$ cm，$C=(0.491\,5\pm 0.000\,5)$ cm。试计算长方体的体积 V。

解：

（1）长方体体积为：

$$V=A\cdot B\cdot C=13.79\times 3.635\times 0.4915=24.637\,248\,475\ (\text{cm}^3)$$

（2）计算体积的不确定度：

由不确定度传递公式得不确定度为

$$U=\sqrt{\left(\frac{\partial V}{\partial A}U_A\right)^2+\left(\frac{\partial V}{\partial B}U_B\right)^2+\left(\frac{\partial V}{\partial C}U_C\right)^2}=\sqrt{(B\cdot C\cdot U_A)^2+(A\cdot C\cdot U_B)^2+(A\cdot B\cdot U_C)^2}$$

$$=\sqrt{(3.635\times 0.491\,5\times 0.02)^2+(13.79\times 0.491\,5\times 0.005)^2+(13.79\times 3.635\times 0.000\,5)^2}$$

$$=0.055\,372\,2\ (\text{cm}^3)\approx 0.06\ (\text{cm}^3)$$

（3）相对不确定度：

$$U_{rV}=\frac{U}{V}\times 100\%=\frac{0.055\ 372\ 2}{24.64}\times 100\%=0.224\ 725\%\approx 0.3\%$$

（4）用标准形式表示长方体的体积：

$$V=（24.64\pm 0.06）\text{cm}^3，\ U_{rV}=0.3\%$$

从上例可见，用简算方法与利用不确定度传递公式计算得到的测量结果是一致的。实验中测量三个边长分别采用不同精度的量具，其目的是使三个边长测量值有相同的有效数字位数，相对不确定度很接近。

3. 乘方运算

乘方运算的有效数字位数与其底数有效位数相同。

4. 对数、三角函数和开 n 次方运算

上面所述的简算方法已不适用。它们的计算结果必须按照不确定度传递公式计算出函数值的不确定度，然后根据测量结果最后一位有效数字与不确定度对齐的原则来决定有效数字。

例 4 $A=3\ 000\pm 2$，计算：$y=\ln A$，$Z=\sqrt[3]{A}$。

解:（1）由计算器计算得

$$y=\ln A=\ln 3\ 000=8.006\ 367\ 6$$

按照传递公式，

$$U_y=\sqrt{\left(\frac{\partial y}{\partial A}U_A\right)^2}=U_A/A=2/3\ 000=0.000\ 7$$

结果：

$$y=\ln A=8.006\ 4\pm 0.000\ 7，\ U_{ry}=0.009\%$$

（2）由计算器计算得

$$Z=\sqrt[3]{A}=\sqrt[3]{3\ 000}=14.422\ 496$$

$$U_Z=\frac{1}{3}A^{-\frac{2}{3}}U_A=\frac{1}{3}\frac{1}{\sqrt[3]{3\ 000^2}}\times 2=0.003$$

结果：

$$Z=14.422\pm 0.003,\ U_{rZ}=0.02\%$$

例 5　$\theta = 60.00° \pm 0.030°$，计算 $x = \sin\theta$。

解： 由计算器计算得

$$x = \sin\theta = \sin 60.00° = 0.866\ 025\ 4$$

按照传递公式

$$U_x = |\cos\theta| U_\theta = 0.5 \times 0.03 \times \frac{2\pi}{360} = 0.000\ 3$$

结果：

$$x = (0.866\ 0 \pm 0.000\ 3),\ U_{rx} = 0.03\%$$

值得指出的是，上述的简算方法不是绝对的。一般来讲，为了避免在运算过程中数字的取舍而引入计算误差，在运算过程中应多保留一位，但最后结果仍应删去，以间接测量值最后一位数字与不确定度对齐的原则为准。

数据运算是实验数据处理的一个中间过程，采用简算方法和数字取舍规则，目的是保证测量结果的准确度不因数字取舍不当而受影响。当今人们已普遍使用计算器计算数据，计算结果可以给出 8 ~ 10 位数字，但是实验者必须会正确地判别实验结果有几位有效数字，怎样用标准形式来表示实验结果。

2.9　数据处理方法

实验必然要采集大量数据，实验者需要对实验数据进行记录、整理、计算和分析，从而寻找出测量对象的内在规律，正确地给出实验结果。所以说，数据处理是实验工作不可缺少的一部分，下面介绍处理实验数据常用的四种方法。

2.9.1　列表法

对一个物理量进行多次测量，或者测量几个量之间的函数关系，往往借助于列表法把实验数据列成表格。它的好处是，使大量数据表达清晰醒目、条理化，易于检查数据和发现问题，避免差错，同时有助于反映出物理量之间的关系。

列表格没有统一的格式，但在设计表格时要求能充分反映上述优点。注意以下几点：

（1）表头必须注明表格名称和相应物理量的单位。

（2）表内各栏目的顺序应充分注意数据间的联系和计算顺序，力求简明、齐全、有条理。

（3）反映测量值函数关系的数据表格，应按自变量由小到大或由大到小的顺序排列。

2.9.2　图解法

图线能够直观地表示实验数据的关系，并且通过它可以找出两个量之间的数学关系，图解法是处理实验数据的重要方法之一，其在科学技术上应用广泛。用图解法处理数据，要求画出合乎规范的图线，为此要注意如下几点：

（1）作图纸选择。

作图纸有直角坐标纸（即毫米方格纸）、对数坐标纸、半对数坐标纸和极坐标纸等，根据作图需要进行选择。在物理实验中比较常用的是毫米方格纸（每厘米为1大格，其中又分成10小格）。由于图线中直线最易绘画，而且直线方程的两个参数——斜率和截距也较易算得，因此对于两变量之间的函数关系是非线性的情况，如果它们之间的函数关系是已知的或者准备用某种关系式去拟合曲线时，尽可能通过变量变换将非线性的函数曲线转变成线性函数的直线。下面是几种常见的变换方法：

① $PV=C$（C为常数），令$u=1/V$，则$P=Cu$，可见P与u为线性关系。

② $T=2\pi\sqrt{\frac{l}{g}}$，令$y=T^2$，则$y=4\pi^2\frac{l}{g}$，y与l为线性关系，斜率为$\frac{4\pi^2}{g}$。

③ $y=ax^b$，a和b为常数，等式两边取对数得$\lg y=\lg a+b\lg x$。于是$\lg y$与$\lg x$为线性关系，b为斜率，$\lg a$为截距。

（2）坐标比例选取和标度。

作图时通常以自变量为横坐标（x轴），以因变量为纵坐标（y轴），并标明坐标轴所代表的物理量（或相应的符号）和单位。坐标比例的选取，原则上要做到数据中的可靠数字在图上应是可靠的。坐标比例选得不恰当，过小会损害数据的准确度，过大会夸大数据的准确度，并且使点过于分散对确定图线的位置造成困难。对于直线，其倾斜率最好为$40°\sim60°$，以免图线偏于一方。坐标比例的选取应以便于读数为原则，常用比例为1∶1，1∶2，1∶5等系列（包括1∶0.1，1∶10），切勿采用复杂的比例关系，如1∶3，1∶7，1∶9，1∶11，1∶13等。这样不但绘制不便，而且读数困难，易出差错。纵横坐标的比例可以不同，并且标度也不一定从零开始。可以用小于实验数据最小值的某一数作为坐标轴的起始点，用大于实验数据最高值的某一数据作为终点，这样图纸就能被充分利用。

坐标轴上每隔一定间距（如$2\sim5$ cm）应均匀地标出分度值，标记所用的有效数字位数应与实验数据的有效数字位数相同。

（3）标出数据点。

实验数据点用“+”符号标出，符号的交点正是数据点的位置。同一张图上如有几条实验曲线，各条实验曲线的数据点可用不同的符号（如×、⊙等）标出，以示区别。

（4）描绘曲线。

由实验数据点描绘出平滑的实验曲线，连线要用透明直尺或三角板、曲线板等连接，要尽可能使所描绘的曲线通过较多的测量点。对于那些严重偏离曲线的个别点，应检查标点是否错误。若没有错误，在连线时可舍去不予考虑。其他不在图线上的点应均匀分布在曲线两旁。对于仪器仪表的校正曲线和定标曲线，连接时应将相邻的两点连成直线，整个曲线呈折线形状。

（5）注解和说明。

在图纸上要写明图线的名称、作图者姓名、日期以及必要的简单说明（如实验条件、温度、压力等）。

直线图解法首先求出斜率和截距，进而得出完整的线性方程。其步骤如下：

（1）选点。用两点法，因为直线不一定通过原点，所以不能采用一点法。在直线上取相距较远的两点 A（x_1，y_1）和 B（x_2，y_2），此两点不一定是实验数据点，并用与实验数据点不同的记号表示，在记号旁注明其坐标值。如果所选两点相距过近，计算斜率时会减少有效数字的位数。不能在实验数据范围以外选点，因为它已无实验依据。

（2）求斜率。直线方程为 $y=a+bx$，将 A 和 B 两点坐标值代入，便可算出斜率，即

$$b=\frac{y_2-y_1}{x_2-x_1}\ （单位）$$

（3）求截距。若横坐标起点为零，则可将直线用虚线延长得到与纵坐标轴的交点，便可求出截距，即

$$a=\frac{x_2y_1-x_1y_2}{x_2-x_1}\ （单位）$$

下面介绍用图解法求两物理量线性关系的实例。

例 1　用惠斯通电桥测定铜丝在不同温度下的电阻值，数据记录见表 2.9.1。求铜丝的电阻与温度的关系。

表 2.9.1　铜丝的电阻与温度的关系

t/°C	R/Ω	t/°C	R/Ω
15.5	2.807	40.3	3.059
24.0	2.897	45.0	3.107
26.5	2.919	49.7	3.155
31.1	2.969	54.9	3.207
35.0	3.003	60.0	3.261

解：以电阻 R 为纵坐标，温度 t 为横坐标，纵坐标选取 2 mm 代表 0.010 Ω，横坐标 2 mm 代表 1.0 °C，绘制铜丝的电阻与温度的关系曲线（图 2.9.1）。由图中数据点分布可知，铜丝电阻与温度为线性关系，满足下面的线性方程

$$R=\alpha+\beta t$$

在图线上取两代表点（t_1，R_1）和（t_2，R_2）代入上式，得

$$\begin{cases}R_1=\alpha+\beta t_1\\R_2=\alpha+\beta t_2\end{cases}$$

从而可以计算出线性方程的斜率β和截距α，即

$$\beta=\frac{R_2-R_1}{t_2-t_1}$$

和
$$\alpha=\frac{R_1t_2-R_2t_1}{t_2-t_1}$$

代表点的选取应考虑到它们之间的距离尽可能大些。这样不至于在两数相减（R_2-R_1）和（t_2-t_1）时，有效数字减少，而使得结果准确度降低。为此，取 t_1=20.0 °C，R_1=2.853 Ω 和 t_2=60.0 °C，R_2=3.255 Ω，代入得

$$\beta=0.010\ \Omega\cdot°\mathrm{C}^{-1},\quad \alpha=2.652\ \Omega$$

所以，铜丝电阻与温度的关系为

$$R=(2.652+0.010\,t)\ \Omega$$

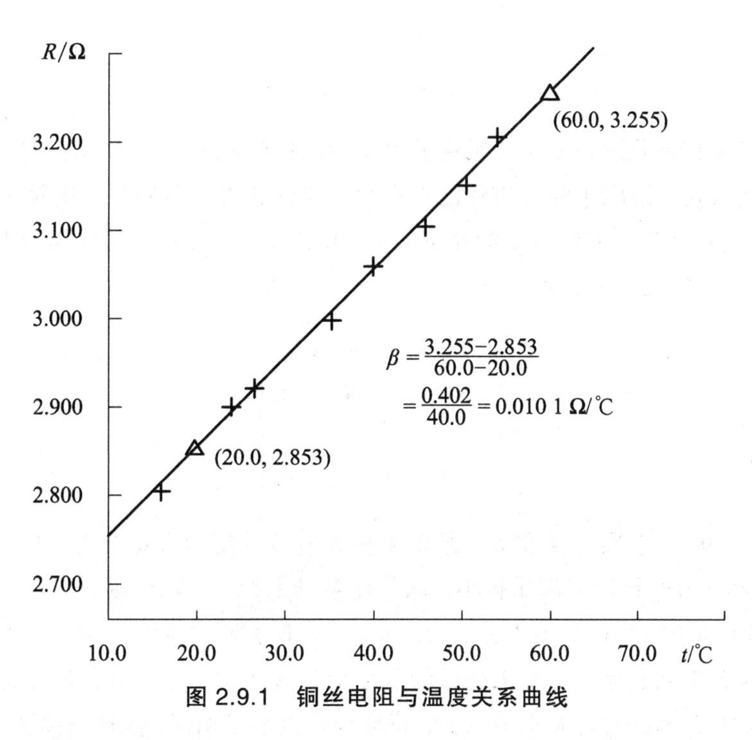

图 2.9.1　铜丝电阻与温度关系曲线

2.9.3　最小二乘法（线性回归）

将实验结果画成图线，可以形象地表示出物理规律，但图线的表示往往不如函数表示那样明确和定量化。另外，用图解法处理数据，由于绘制图线有一定的主观随意性，同一组数据用图解法可能得出不同的结果。为此，下面介绍一种利用最小二乘法来确定一条最佳直线的方法，从而准确地求得两个测量值之间的线性函数关系（即经验方程）。由实验数据求经验方程，称之为方程的回归。

回归法首先要确定函数的形式，函数形式的确定一般是根据理论推断或者从实验数据的变化趋势推测出来。如果推断物理量 x 和 y 之间是线性关系，则可把函数形式写成

$$y = A + Bx \tag{2.9.1}$$

式（2.9.1）中自变量只有 x，故称为线性回归，这是方程回归中最简单、最基本的问题。回归法就是利用实验数据来确定方程中的待定系数，在一元线性回归中确定 A 和 B，相当于作图法中求直线的截距和斜率。

我们讨论最简单的情况，即每个测量值都是等精度的，且假定 x 和 y 值中只有 y 有明显的测量随机误差。如果 x 和 y 均有误差，只要把相对来说误差较小的变量作为 x 即可。

设实验得到的数据

$$x = x_1, x_2, x_3, \cdots, x_n$$

相对应的

$$y = y_1, y_2, y_3, \cdots, y_n$$

若方程(2.9.1)是物理量 y 和 x 服从的规律，在 A, B 确定后，如果实验没有误差，把(x_1, y_1)，(x_2, y_2)，$\cdots$ 代入式（2.9.1）时，方程的左右两边应该相等。但实际情况是，测量总伴随着测量误差。我们把这些误差归结为 y 的测量偏差，并记作 $\varepsilon_1, \varepsilon_2, \cdots, \varepsilon_n$。这样，把实验数据$(x_1, y_1)$，$(x_2, y_2)$，$\cdots$ 代入式（2.9.1），得到

$$\left.\begin{array}{l} y_1 - A - Bx_1 = \varepsilon_1 \\ y_2 - A - Bx_2 = \varepsilon_2 \\ \quad\vdots \\ y_n - A - Bx_n = \varepsilon_n \end{array}\right\} \tag{2.9.2}$$

利用式（2.9.2）来确定 A 和 B，那么 A 和 B 应该满足什么要求呢？显然，比较合理的 A 和 B 是使 $\varepsilon_1, \varepsilon_2, \cdots, \varepsilon_n$ 数值上都比较小。从几何意义来看，$y = A + Bx$ 是直线（图 2.9.1），A 和 B 决定了直线的取向，（x_1, y_1），（x_2, y_2），$\cdots$，（x_n, y_n）是实验所得的点，$\varepsilon_1, \varepsilon_2, \cdots, \varepsilon_n$ 是这些实验点跟直线纵坐标的偏差，要求选取的点尽量与这些实验点接近，但是每次测量的误差不会一样。反映在 $\varepsilon_1, \varepsilon_2, \cdots, \varepsilon_n$ 大小不一上，而且符号也不尽相同，因此只能要求总的偏差最小，即 $\sum_{i=1}^{n} \varepsilon_i^2$ 最小。由于处理数据的方法要满足偏差的平方和最小，故称最小二乘法。把式（2.9.2）中各式平方相加得

$$S = \sum_{i=1}^{n} \varepsilon_i^2 = \sum_{i=1}^{n} (y_i - A - Bx_i)^2 \tag{2.9.3}$$

为求 $\sum_{i=1}^{n} \varepsilon_i^2$ 的最小值，应使 $\dfrac{\partial S}{\partial A} = 0$，$\dfrac{\partial S}{\partial B} = 0$，$\dfrac{\partial^2 S}{\partial A^2} \cdot \dfrac{\partial^2 S}{\partial B^2} > (\dfrac{\partial^2 S}{\partial A \partial B})^2$，若 $\dfrac{\partial^2 S}{\partial A^2} > 0$ 且 $\dfrac{\partial^2 S}{\partial B^2} > 0$，函数取极小值（此定理见同济第五版《高等数学》教材下册 53 页）。

分别对式（2.9.3）中的 A 和 B 求偏导数，得

$$
\left.
\begin{aligned}
\frac{\partial \sum_{i=1}^{n} \varepsilon_i^2}{\partial A} &= -2\sum_{i=1}^{n}(y_i - A - Bx_i) \\
\frac{\partial \sum_{i=1}^{n} \varepsilon_i^2}{\partial B} &= -2\sum_{i=1}^{n}(y_i - A - Bx_i)x_i
\end{aligned}
\right\}
\tag{2.9.4}
$$

令式（2.9.4）=0，得

$$
\left.
\begin{aligned}
\sum_{i=1}^{n} y_i - nA - B\sum_{i=1}^{n} x_i = 0 \\
\sum_{i=1}^{n} x_i y_i - A\sum_{i=1}^{n} x_i - B\sum_{i=1}^{n} x_i^2 = 0
\end{aligned}
\right\}
\tag{2.9.5}
$$

令 $\overline{x}$ 表示 x 的平均值，即

$$
n\overline{x} = \sum_{i=1}^{n} x_i
$$

令 $\overline{y}$ 表示 y 的平均值，即

$$
n\overline{y} = \sum_{i=1}^{n} y_i
$$

令 $\overline{x^2}$ 表示 x^2 的平均值，即

$$
n\overline{x^2} = \sum_{i=1}^{n} x_i^2
$$

令 $\overline{xy}$ 表示 xy 的平均值，即

$$
n\overline{xy} = \sum_{i=1}^{n} x_i y_i
$$

代入式（2.9.5）得

$$
\left.
\begin{aligned}
\overline{y} - A - B\overline{x} = 0 \\
\overline{xy} - A\overline{x} - B\overline{x^2} = 0
\end{aligned}
\right\}
\tag{2.9.6}
$$

解方程得

$$
\left.\begin{aligned}
A &= \overline{y} - B\overline{x} \\
B &= \frac{\overline{xy} - \overline{x}\cdot\overline{y}}{\overline{x^2} - \overline{x}^2}
\end{aligned}\right\} \tag{2.9.7}
$$

式中，A 为直线 $y = A+Bx$ 的截距，B 为斜率。

式（2.9.7）根据一阶导数为 0 的条件给出线性回归方程的斜率和截距，为了更加严谨地证明公式（2.9.7）给出的结论，使其误差取最小值，我们可以根据二阶导数进行判定，

$$
\frac{\partial^2 S}{\partial A^2} = 2n > 0, \frac{\partial^2 S}{\partial B^2} = 2\sum_{i=1}^{n} x_i^2 > 0, \frac{\partial^2 S}{\partial A \partial B} = 2\sum_{i=1}^{n} x_i
$$

$$
\frac{\partial^2 S}{\partial A^2}\cdot\frac{\partial^2 S}{\partial B^2} - \left(\frac{\partial^2 S}{\partial A \partial B}\right)^2 = 4n^2(\overline{x^2} - \overline{x}^2) > 0
$$

此时，可以确信式（2.9.7）给出的方程满足误差最小这一要求。

用回归法处理数据最困难的问题在于函数形式的选取，函数形式的选取主要靠理论分析，在理论还不清楚的情况下，只能靠实验数据的趋势来推测。这样，对同一组实验数据，不同的人可能取不同的函数形式，得出不同的结果。为了判断所得结果是否合理，在待定常数确定后，还需要计算相关系数 R。对于一元线性回归，R 的定义为

$$
R = \frac{\overline{xy} - \overline{x}\cdot\overline{y}}{(\overline{x^2} - \overline{x}^2)(\overline{y^2} - \overline{y}^2)} \tag{2.9.8}
$$

可以证明，R 的值总是在 -1 和 1 之间。R 值大于 0，表明斜率为正，反之，斜率为负。R 绝对值越接近 1，说明实验数据点密集地分布在所得直线旁，用线性函数回归是合适的（图 2.9.2）。相反，如果 R 的绝对值远小于 1 而接近 0（图 2.9.3），说明实验数据对求得的直线很分散，即线性回归不妥，必须用其他函数重新计算。

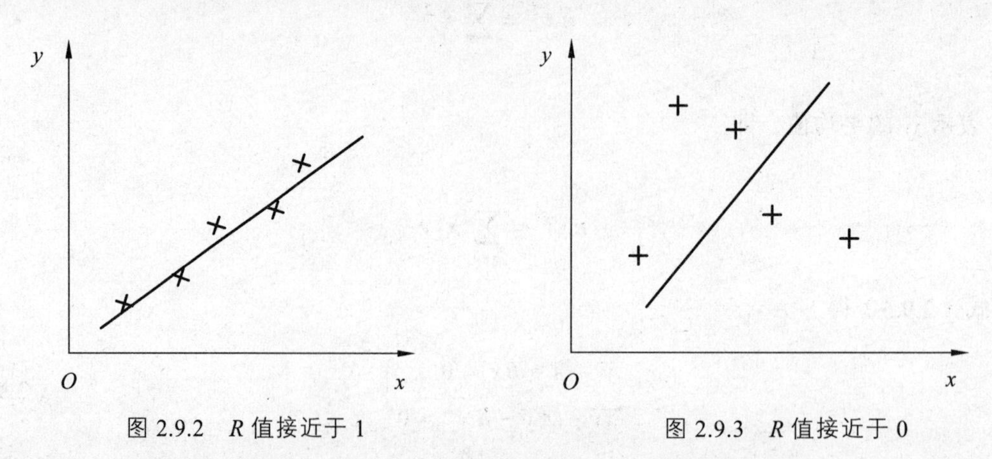

图 2.9.2　R 值接近于 1　　　图 2.9.3　R 值接近于 0

对于回归合理的情形，应当求出 B、A 的不确定度，下面略作推导。

如前所述，我们假定误差只出现在 y 的测量上，x 的测量是精确的。

由 $\sum_{i=1}^{n}\varepsilon_i^2=\sum_{i=1}^{n}(y_i-A-Bx_i)^2$ 可得任一 y 值的 A 类不确定度分量为

$$S_y=\sqrt{\frac{\sum_{i=1}^{n}(y_i-Bx_i-A)^2}{n-2}} \tag{2.9.9}$$

任一 y 值的不确定度为

$$U_y=\sqrt{s_y^2+u_y^2} \tag{2.9.10}$$

令

$$D=\overline{x^2}-\overline{x}^2 \tag{2.9.11}$$

则由式（2.9.7）得 $B=\dfrac{\overline{xy}-\overline{x}\cdot\overline{y}}{D}$，$B$ 是 $y_1,y_2,y_3,\cdots,y_i,\cdots,y_n$ 的函数。

$\dfrac{\partial B}{\partial y_i}=\dfrac{x_i-\overline{x}}{nD}$，由传递公式得

$$U_B=\sqrt{\sum_{i=1}^{n}\left(\frac{\partial B}{\partial y_i}U_y\right)^2}=U_y\sqrt{\sum_{i=1}^{n}\left(\frac{x_i-\overline{x}}{nD}\right)^2}=U_y\sqrt{\frac{1}{nD}} \tag{2.9.12}$$

同理，由 $A=\overline{y}-B\overline{x}$ 可得

$$U_A=\sqrt{\sum_{i=1}^{n}\left(\frac{\partial A}{\partial y_i}U_y\right)^2+\left(\frac{\partial A}{\partial B}U_B\right)^2}=U_y\sqrt{1+\frac{\overline{x}^2}{nD}} \tag{2.9.13}$$

下面举一实例说明应用最小二乘法解题的步骤。

例 3 测得实验数据如表 2.9.2 所示，试用最小二乘法求 U_s-ν 的经验公式，并判断该方法是否合理。

表 2.9.2 实验数据记录

ν /10^{14} Hz	8.22	7.41	6.88	5.49	5.20
U_s/V	1.852	1.553	1.326	0.732	0.610

解：设

$$U_s=A+B\nu$$

由表 2.9.2 的数据可求得

$$\overline{\nu}=6.640\times10^{14}\ \text{Hz}$$

$$\overline{U_s}=1.214\ 6\ \text{V}$$

$$\overline{\nu^2}=45.398\times10^{28}\ \text{Hz}^2$$

$$\overline{U_s \nu} = 8.608\ 9 \times 10^{14}\ \text{V} \cdot \text{Hz}$$

$$\overline{U_s^2} = 1.701\ 6\ \text{V}^2$$

由最小二乘法公式得到

$$B = \frac{\overline{U_s \nu} - \overline{U_s} \cdot \overline{\nu}}{\overline{\nu^2} - \overline{\nu}^2} = \frac{8.608\ 90 \times 10^{14} - 1.241\ 6 \times 6.640 \times 10^{14}}{45.398 \times 10^{28} - 6.640 \times 6.640 \times 10^{28}}$$

$$= \frac{0.544\ 0}{1.308} \times 10^{-14} = 0.415\ 9 \times 10^{-14}\ (\text{V} \cdot \text{Hz}^{-1})$$

$$A = \overline{U_s} - B\overline{\nu} = 1.214\ 6 - 0.415\ 9 \times 6.640 = -1.55\ \ (\text{V})$$

求相关系数 R

$$R = \frac{\overline{\nu U_s} - \overline{\nu} \cdot \overline{U_s}}{\sqrt{(\overline{\nu^2} - \overline{\nu}^2)(\overline{U_s^2} - \overline{U_s}^2)}} \approx 1$$

R 接近于 1，故该方法是合理的。说明 U_s 与 ν 成线性关系，方程为

$$U_s = -1.55 + 0.416 \times 10^{-14} \nu$$

在实际应用中，用 Excel 可以快速方便地完成上述拟合，如图 2.9.4 所示。具体步骤为：

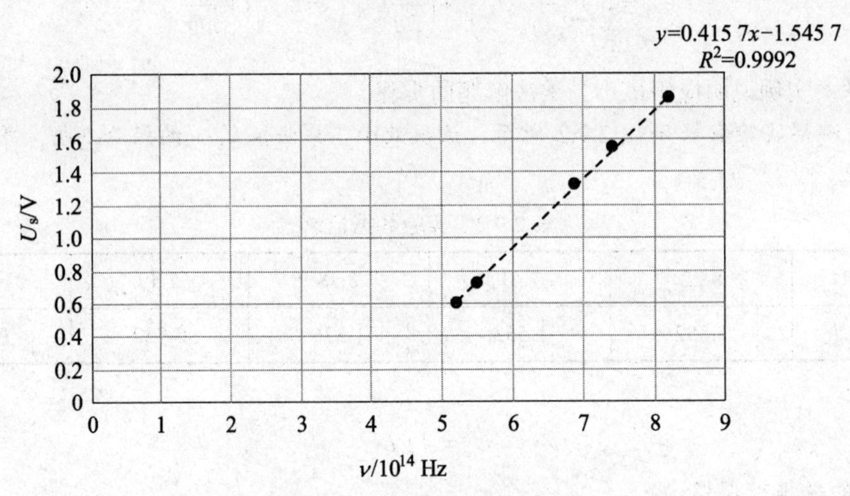

图 2.9.4　U_s-ν 的经验公式拟合

① 将测量数据填写到 Excel 表格中（两行）；

② 选中数据；

③ 点击“插入”“图表”；

④ 选择“散点图”并点击图形；

⑤ 在“图表标题”框中写明图线名称，在“数值轴”下方写明坐标轴符号和单位；

⑥ 右键点击图中任一数据点，选择“添加趋势线”；

⑦ 在“趋势线选项”下方选择“显示 R 平方值”和“显示公式”，方程和 R^2 即显示在图中；

⑧ 利用 R^2 判断线性拟合的合理性，若 R 趋近于 1，则线性拟合合理。

以上题为例，其拟合方程为：

$$U_s = -1.545\,7 + 0.415\,7 \times 10^{-14} \nu$$

（注意 x 轴所代表的频率 ν 有单位，为 10^{14} Hz，最后的经验公式中频率需要转换数量级）

R^2=0.999 2，R=0.999 6，线性关系成立。

$$D = 1.308 \times 10^{28}\,,\quad n=5$$

U_s 不确定度的 B 类分量略去，其不确定度为

$$U_{U_s} = \sqrt{\frac{\sum_{i=1}^{5}(U_{si} - \beta\nu_i - A)^2}{5-2}} = 1.74 \times 10^{-2}$$

由于 $D = \overline{x^2} - \bar{x}^2 = 1.308 \times 10^{28}$，因此

$$U_B = U_{U_s}\sqrt{\frac{1}{nD}} = 1.74 \times 10^{-2}\sqrt{\frac{1}{5 \times 1.308 \times 10^{28}}} = 6.8 \times 10^{-17}\ \text{V} \cdot \text{Hz}^{-1}$$

$$U_A = U_{U_s}\sqrt{1 + \frac{\bar{x}^2}{nD}} = 1.74 \times 10^{-2}\sqrt{1 + \frac{6.640 \times 6.640 \times 10^{28}}{5 \times 1.308 \times 10^{28}}} = 0.05\ \text{V}$$

故

$$B = (0.416 \pm 0.007) \times 10^{-14}\ \text{V} \cdot \text{Hz}^{-1}$$

$$A = (-1.54 \pm 0.05)\text{V}$$

2.10 习 题

1. 用仪器误差为 0.004 mm 的螺旋测微计测量一根直径为 D 的钢丝，其直径的 10 次测量值如表 2.10.1 所示。

表 2.10.1　螺旋测微计测直径数据记录

次数 i	直径 D_i/mm	$v_i^2=(D_i-\bar{D})^2$/mm^2
1	2.050	
2	2.055	
3	2.057	
4	2.051	
5	2.053	
6	2.053	
7	2.051	
8	2.056	
9	2.055	
10	2.059	

计算直径 D 的平均值、不确定度（用 U_D 表示）和相对不确定度（用 U_{rD} 表示），并用标准形式表示测量结果。

2. 指出下列测量值为几位有效数字，哪些数字是可疑数字，并计算相对不确定度。

（1）$g=(9.794\pm0.002)$ m · s^{-2}

（2）$e=(1.612\ 10\pm0.000\ 07)\times10^{-19}$ C

（3）$m_e=(9.109\ 1\pm0.000\ 4)\times10^{-32}$ kg

（4）$\eta=(2.925\pm0.012)$ Pa · s

3. 以毫米为单位表示下列各测量值：

0.15 km=　　　　　　mm

2.34 m=　　　　　　mm

8.00 μm=　　　　　　mm

4. 根据可疑数字保留一位的原则，将下列测量值写成标准形式。

（1）$f=(12.063\ 1\pm0.02)$ cm

（2）$M=(618\ 600\pm600)$ g

（3）$R=4\ 011\ \Omega$，$U_R/R=1\%$

5. 试求下列间接测量值的不确定度和相对不确定度，并把结果写成标准形式。

（1）$X=A-B$，其中 $A=(25.3\pm0.2)$ cm，$B=(9.0\pm0.2)$ cm;

（2）$R=\dfrac{U}{I}$，其中，$U=(10.5\pm0.2)$ V，$I=(100.0\pm1.5)$ mA;

（3）$S=LH$，其中，$L=(10.005\pm0.005)$ cm，$H=(0.100\pm0.005)$ cm。

6. 用物理天平称得 100 颗同样规格的铅粒，质量为 m=（114.57 ± 0.05）g。试求每颗铅粒的质量 m_1，计算其不确定度，结果用标准形式表示。

7. 用简算法则计算下列各式。

（1）98.754+1.6=

（2）156.0 − 0.002 5=

（3）545×0.100 001=

（4）$\dfrac{100.0}{25.00-5.0}=$

（5）$\dfrac{50.00\times(19.72-9.7)}{(100+2.00\times10^{2})\times(5.00+1.0\times10^{-4})}=$

8. 写出下列间接测量量的不确定度传递公式。

（1）$V=\dfrac{\pi}{4}(D^2H-d^2h)$

（2）$K=4\pi^2 I/T^2$

（3）$\rho=\dfrac{m_3}{m_3+m_4-m_5}\rho_0$ （ρ_0 为常数，$U_{m_3}=U_{m_4}=U_{m_5}=U_m$）

（4）$R_x=\sqrt{R_0R_0'}$

（5）$V_Z=\dfrac{l_1-l_2}{D_1-D_2}$

（6）$V_Z=\dfrac{2(l_1-l_2)(V_h-V_L)}{T(V_1-V_2)}$

9. 实验测得铅球的直径 d=（4.00 ± 0.02）cm，质量 m=（382.34 ± 0.05）g，求铅球的密度ρ，计算不确定度，用标准形式写出 ρ 的结果。

10. 实验室常用电阻箱各数位仪表等级如表 2.10.2 所示。

表 2.10.2　电阻箱各数位仪表等级

数位	万位	千位	百位	十位	个位	十分位
等级	0.1	0.1	0.2	0.5	1	5

现用此种电阻箱测得两阻值 $R_0=2\,152.5\ \Omega$，$R_0'=8\,610.0\ \Omega$。求：

（1）R_0、R_0'的仪器误差为多少？

（2）若是单次测量，求 U_{R_0}、$U_{R_0'}$的值。

（3）若 $R_x=\sqrt{R_0R_0'}$，求 R_x的大小及不确定度，写出标准形式。

11. 分光计游标装置的最小分度为 1 分，则其仪器误差和不确定度 B 类分量各为多少？

12. 示波管或示波器屏幕上一大格的长度定义为 1 div，每 1 div 被 5 等分，则最小分度、仪器误差、单次测量不确定度各为多少？

13. 测试热敏电阻的电阻-温度特性的实测数据如表 2.10.3 所示。

表 2.10.3　热敏电阻的电阻-温度关系测量数据记录　　　　单位：kΩ

t/°C	25.0	30.0	35.0	40.0	45.0	50.0	55.0	60.0	65.0
升温 R_t	2.34	2.00	1.70	1.46	1.26	1.10	0.94	0.82	0.72
降温 R_t	2.33	2.01	1.72	1.49	1.29	1.12	0.97	0.84	0.74
平均 $\overline{R}_t$									

已知 T=273+t。要求：以 ln（R_t/R_{25}）为纵坐标，以 $\dfrac{1}{T}$ 为横坐标，用最小二乘法拟合该直线。若线性关系成立，写出 R_t 的表达式。

14. 牛顿环数据如表 2.10.4 所示。

表 2.10.4　牛顿环数据记录

（钠光波长 $\lambda = 589.3$ nm）

环数	30	28	26	24	22
x_k /mm	29.002	28.875	28.605	28.461	28.461
x'_k /mm	21.695	21.866	22.013	22.199	22.399
$D_m = \lvert x_k - x'_k \rvert$ /mm					
环数	20	18	16	14	12
x_k /mm	28.311	28.147	27.995	27.839	27.646
x'_k /mm	22.615	22.846	23.112	23.421	23.761
$D_m = \lvert x_k - x'_k \rvert$ /mm					

由于暗环的圆心不易确定，在实验中通常是测量暗环的直径

$$D_m^2 = 4m\lambda R - 8R\delta_0$$

若把 $4m\lambda$当作自变量 x，把 D_m^2 当作因变量 y，上式可表示为

$$(D_m^2) = (4m\lambda)R = 8R\delta_0$$

$$y = kx + b$$

对于每个 m 级暗环，先分别计算出 $4m\lambda$及其所对应的 D_m^2，再利用最小二乘法，通过 Excel 线性拟合得到一条直线，即可得到透镜的曲率半径 R，计算出 R 的不确定度。

结果表达式：$R = \overline{R} \pm U_R$，$U_{r\overline{R}} = \dfrac{U_{\overline{R}}}{\overline{R}} \times 100\%$。

3

基础物理实验

本章涉及力学、电磁学和光学等几个重要组成部分中一些颇具理论研究、实际应用和训练培养价值的基础实验，是本课程的主要教学内容。这些实验结合物质的基本特性、相互作用、运动规律及其应用研究，通过对一批优选的经典实验和应用技术实验的学习，初步培养学生的科学实验能力。通过本章节的学习，希望同学们了解相关实验的设计思想，并应用所学知识去观察问题、提出问题、分析问题和解决问题，从而更好地应用于实践。本章中要特别重视学习基本物理量的测量方法和实验方法，掌握一些常用物理仪器的结构、原理和正确使用调节方法，开展实验数据处理、实验结果评价和撰写实验报告等基本实验技能训练。

实验 1　基本测量

长度、质量都是基本物理量，也是基本力学量。由于它们的测量具有基本性和普遍性，在生产、生活和科学实践中涉及大量的测量，因此掌握这些基本测量方法尤为重要。

【实验目的】

（1）掌握游标卡尺和螺旋测微计的测量原理和读数方法，正确使用这些测量工具进行测量。

（2）掌握物理天平的使用方法。

（3）测量出半空心圆柱体的密度。

（4）掌握有效数字确定方法和不确定度的运算。

【实验仪器】

游标卡尺、螺旋测微计、物理天平、半空心圆柱体。

【实验原理】

1. 游标卡尺

游标卡尺可以用来测量物体的长、宽、高、深和管孔的内外直径，如图 3.1.1 所示，它是由一根主尺、一个可沿主尺滑动的游标（亦称附尺）及固定在附尺上的尾尺组成。主尺是一根普通的毫米分度尺，主尺上有钳口 A 和刀口 A'，附尺上有钳口 B 和 B' 刀口。当钳口 A、B 靠上时，主尺上的零刻线与附尺上的零刻线刚好对齐，尾尺末端也刚好与主尺末端对齐。钳口 A、B 是用于测量长度和直径的，刀口 A'、B' 是用于测量管孔的内径的，尾尺是用于测量孔深的。

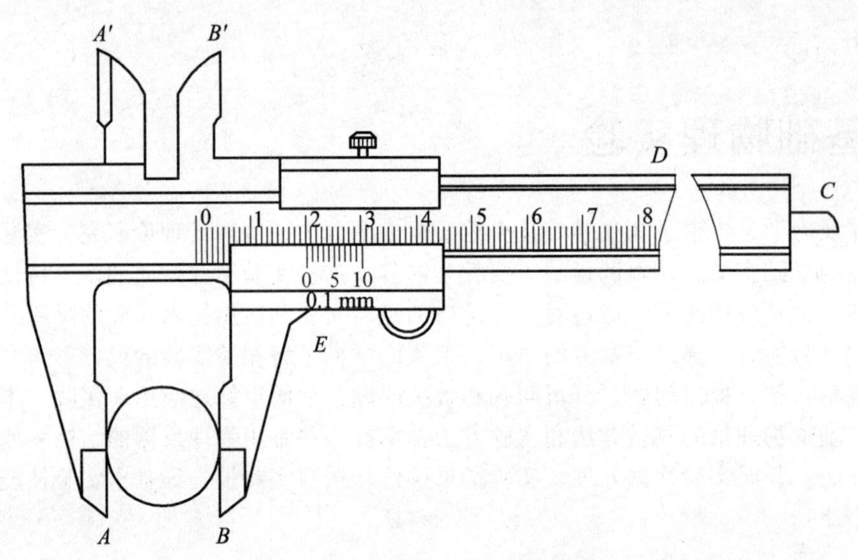

图 3.1.1　游标卡尺结构示意图

在 10 分度的游标卡尺中，附尺上有 10 个分格，总长和主尺上的 9 分格（9 mm）总长相等。这样，附尺上的每分格之长就等于 0.9 mm，主附尺上每分格之差为 0.1 mm。在测量时，若附尺上的零线在主尺上某标度 Y 的后侧，则钳口 AB 间距离（也就是测量值）的整数部分 Y（mm）可以从主尺上直接读出。在图 3.1.2 中，Y=21 mm。读毫米以下的小数部分 ΔX 时，应细心寻找附尺上哪一根线与主尺上的刻线对得最齐。例如，图 3.1.2 中是第 6 根线对得最齐。从图上可以看出，要读的 ΔX 就是 6 个主尺刻度与 6 个附尺刻度之差。因为 6 个主尺刻度之长是 6 mm，6 个附尺刻度之长是 6×0.9 mm，故

$$\Delta X = 6 - 6\times0.9 = 6(1-0.9) = 6\times0.1 = 0.6 \text{（mm）}$$

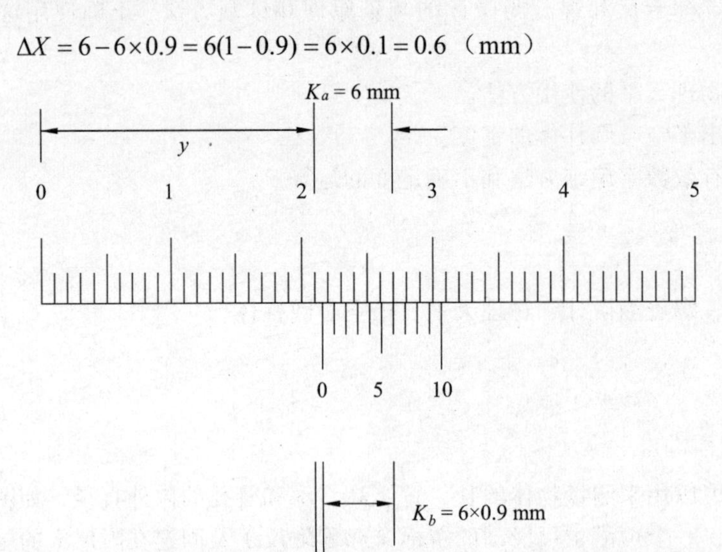

图 3.1.2　游标卡尺读数示例

同理，如果是附尺上第 4 根刻线对得最齐，那么 $\Delta X = 4 \times 0.1 = 0.4$（mm）。依次类推，当第 K 根刻线对得最齐时，ΔX 就是 $K \times 0.1$ mm，这就是 10 分度游标卡尺的读数方法。

为了使读数精确，在很多测量仪器上都使用了游标装置，有 10 分度、20 分度、30 分度和 50 分度等，它们的原理和读数方法都一样。如果用 a 表示主尺上最小分度的长度，用 M 表示附尺的分度数，通常取附尺上 M 个分度与主尺上（$M-1$）个最小分度的总长相等，因此，附尺上每分度的长度 b 为

$$b = \frac{(M-1)a}{M} \tag{3.1.1}$$

主尺上最小分度与附尺上最小分度之差为

$$a - b = a - \frac{(M-1)a}{M} = \frac{a}{M} \tag{3.1.2}$$

在测量时，如果附尺上第 K 条线与主尺上某刻线对齐，那么附尺的零刻线与其左边主尺上相邻刻线 Y 的距离就是

$$\Delta X = K_a - K_b = K(a-b) = K\frac{a}{M} \tag{3.1.3}$$

所测长度就是

$$Y + \Delta X = Y + K\frac{a}{M} \tag{3.1.4}$$

根据上面的关系，对于任何一种游标卡尺，只要弄清了主尺与附尺上最小分度之差，就可以直接利用它来读数。

游标卡尺是最常用的精密量具，使用时不要使被测物在两钳之间滑动，以免损伤钳口的平整，当然更不能使卡尺因保存不善而变形。

我们把游标卡尺上主尺与附尺最小分度之差，即 $(a-b)$ 叫作游标卡尺的精度或准确度，这个数通常被厂家刻在游标卡尺的附尺上。本实验室使用的游标卡尺的精度为 0.02 mm。

2. 螺旋测微计

螺旋测微计，又称千分尺，是比游标卡尺更精密的量具，可以用它测量小于 25 mm 的精密物件。该仪器的准确度为 0.01 mm。

螺旋测微计的构造如图 3.1.3 所示。其主要部分是由一根非常精密的螺距为 0.5 mm 的丝杠 R 和螺母套管组成。丝杠后部有一套筒 T 和丝杠连接，套筒的一端有一刻有 50 分格的螺尺，每当套筒转一周（即螺尺转 50 分格），丝杠就前进或后退 0.5 mm，因此套筒每转一分格，丝杠就前进或后退 $\frac{0.5}{50} = 0.01$（mm），套筒转动 10 分格，丝杠就移动 $0.01 \times 10 = 0.1$（mm），套筒转动 M 分格，丝杠就移动 $0.01 \times M$ mm 的距离。

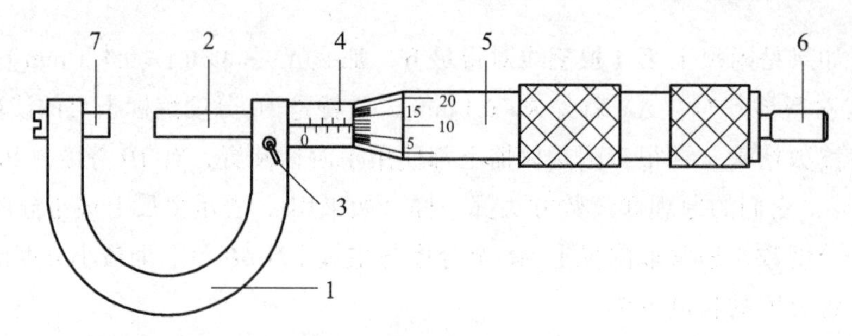

1—尺架；2—微动螺杆；3—锁紧装置；4—固定套管；5—微分筒；6—棘轮旋柄；7—测砧。

图 3.1.3　螺旋测微计结构示意图

此外，螺旋测微计的螺母套管上还有一主尺 K，主尺上有一水平刻线，水平刻线的两旁各有一排分度为 mm 的刻线，但两排刻线彼此错开 0.5 mm，正常状态下，螺旋测微计的弓形架上的测砧 G 与丝杠 R 相互接触，螺尺末端 AB 恰好与主尺的零刻线对齐，螺尺的零刻线恰好与水平刻线对齐。

测量时，置待测物于 RG 之间，其读数方法为：先由主尺上读出毫米刻度的整数部分，再由螺尺上读出其余部分；若螺尺末端未显示出水平线下那排刻度的最邻近一条刻线，物长就是主尺上的整数读数加螺尺上的读数。如图 3.1.4（a）所示，读数为 5+0.150=5.150（mm）。若螺尺末端显示出最邻近的一条刻线在其左侧，则读数应为主尺上的整数读数加 0.5 mm 再加螺尺上的读数。如图 3.1.4（b）所示，读数为 5+0.5+0.150=5.650（mm）。

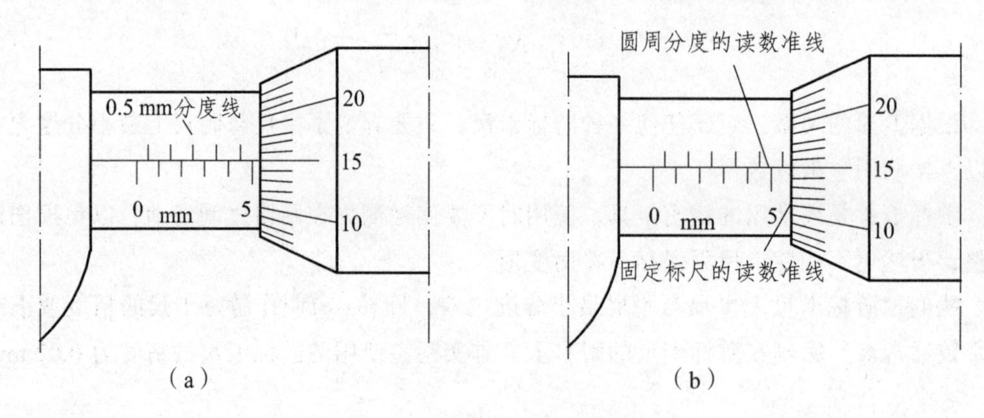

图 3.1.4　螺旋测微计测长度示例

螺旋测微计是精密量具，使用和保存时必须注意以下事项：

（1）使用时先要检查零点是否正确，否则要调整或记录其零差，以备将来在测量结果中减去或加上。检查零点或测量时，不要使测砧排得太紧，为此在套筒末端装上一棘轮 H，以棘轮发声为限。

（2）测砧是精密度很高的平面，测量时不要让被测物在其间滑动，以免磨损，影响仪器测量精度。

（3）保存时要把测砧与丝杠之间留有一定的间隔，以免热膨胀伸长产生的挤压使螺旋变形。

3. 物理天平

物理天平是常用的测量物体质量的仪器，其外形如图 3.1.5 所示。天平的横梁上装有三个刀口，中间刀口置于支柱上，两侧刀口各悬一个秤盘，横梁下面正中固定一个指针，当横梁摆动时，指针尖端就在支柱下面的标尺前摆动，制动旋钮可以使横梁升起或下降。横梁下降时，制动架就会把它托住，以避免磨损刀口。横梁两端的两个平衡螺母是天平空载时调平衡用的，横梁上装有游码和刻度，用于 1g 以下的称衡。支柱左边的托板，可以暂放待称衡的物体，是一个提供方便的载物台。

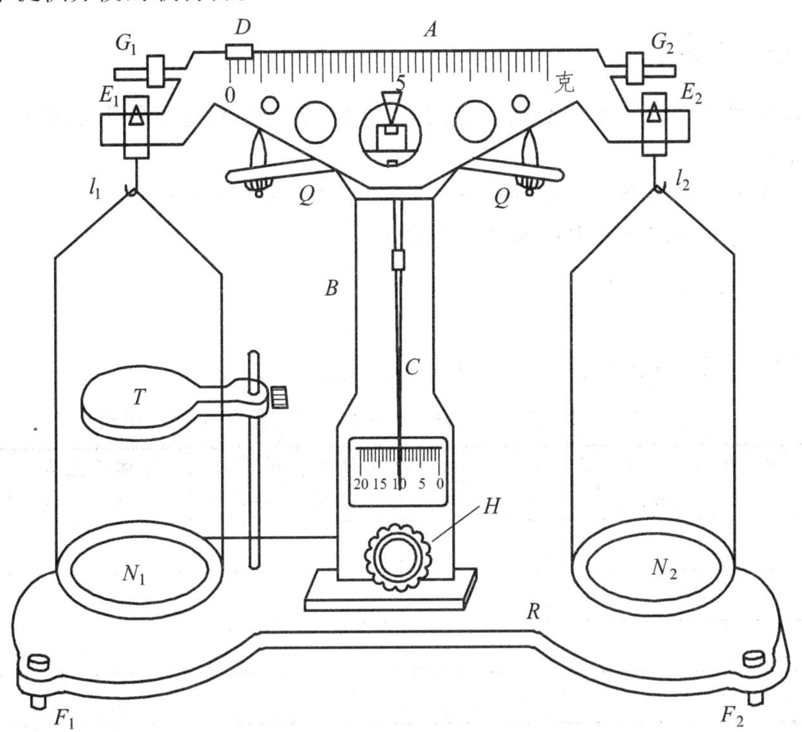

图 3.1.5 物理天平结构示意图

物理天平的规格由下列两个参数表示：

（1）感量，是指天平平衡时，为使指针产生可觉察的偏转在一端需加的最小质量。感量越小，天平的灵敏度越高。本实验所用天平的感量是 0.02 g 和 0.05 g。

（2）称量，是指天平允许称衡的最大质量。图 3.1.5 所示天平的称量为 500 g。

使用天平时应注意的事项：

（1）要使天平支柱保持垂直状态，可以通过调节天平的底脚螺丝，使支柱后面气泡水准仪的气泡位于其中心而达到垂直状态。

（2）当游码 D 在横梁上零刻度时，横梁应处于水平状态。这时可以通过调节横梁两端的平衡螺母 G_1G_2 使指针刚指在标尺的 10 刻线上而达到平衡。

（3）调节、停用和取放物体或砝码时，应使横梁制动，以免损坏刀口。

（4）称量时，被测物放在左盘，砝码放在右盘。加减砝码必须用镊子，严禁用手拿。

4. 密度的测量

如果物质是均匀的，则其密度的计算公式为：

$$密度\rho = \frac{物体的质量m}{物体的体积V} \tag{3.1.5}$$

对于具有规则形状的物体，其体积可以用量具测量，如果再用天平测出其质量，则可以由上式计算出其密度。

【实验内容与步骤】

（1）对被测物体——半空心圆柱体的长、直径、孔径和孔深各重复测 5 次，以所得的数据算出其体积。

（2）调好天平，测出半空心圆柱体的质量，需重复称量 5 次。

（3）按照密度的定义算出被测物体的密度。

【数据记录与处理】

（1）半空心圆柱体的体积和质量数据记录如表 3.1.1 所示。

表 3.1.1 半空心圆柱体的体积和质量测量数据记录

测量次数	圆柱体直径 d 的测量值/cm	圆柱体长度 l 的测量值/cm	圆柱体孔径 d' 的测量值/cm	圆柱体孔深 h 的测量值/cm	圆柱体质量 m 的测量值/g
1					
2					
3					
4					
5					
平均					

（2）半空心圆柱体体积的计算。

平均值

$$\overline{V} = \frac{\pi}{4}(\overline{d}^2\overline{l} - \overline{d}'^2\overline{h}) \tag{3.1.6}$$

其中 d 的不确定度为

$$\text{A类：} S_d = \sqrt{\frac{1}{5-1}\sum_{i=1}^{5}(d_i - \overline{d})^2}$$

$$\text{B类：} u_d = \varDelta_{\text{inst}}/C\text{，} C = \sqrt{3} \tag{3.1.7}$$

$\varDelta_{\text{inst}}$ 是所用仪器示值误差（游标卡尺 $\varDelta_{\text{inst}} = 0.02\ \text{mm}$，螺旋测微计 $\varDelta_{\text{inst}} = 0.005\ \text{mm}$）

d 的总不确定度为

$$U_d = \sqrt{S_d^2 + u_d^2} \tag{3.1.8}$$

式中：l，d'，h 的不确定度以此类推，即只需将式中的 d、d_i 和 $\overline{d}$ 换为 l 或 d' 或 h 的相应量即可。

体积的不确定度为

$$U_V = \frac{\pi}{4}\sqrt{(2\overline{d}\,\overline{l}U_d)^2 + (\overline{d}^2 U_l)^2 + (2\overline{d}'\overline{h}U_{d'})^2 + (\overline{d}'^2 U_h)^2} \tag{3.1.9}$$

体积的相对不确定度

$$U_{\mathrm{r}V} = \frac{U_V}{\overline{V}} \tag{3.1.10}$$

半空心圆柱体体积为

$$V = \overline{V} \pm U_V \tag{3.1.11}$$

（3）半空心圆柱体密度的计算。

平均值

$$\overline{\rho} = \frac{\overline{m}}{\overline{V}} \tag{3.1.12}$$

密度的相对不确定度

$$U_{\mathrm{r}\rho} = \sqrt{\left(\frac{U_m}{\overline{m}}\right)^2 + \left(\frac{U_V}{\overline{V}}\right)^2} \tag{3.1.13}$$

式中：U_m 是质量的不确定度，其计算与前述 d 的不确定度的计算类似。

密度的不确定度

$$U_\rho = U_{\mathrm{r}\rho} \cdot \overline{\rho} \tag{3.1.14}$$

半空心圆柱体的密度

$$\rho = \overline{\rho} \pm U_\rho \tag{3.1.15}$$

实验 2　刚体转动惯量

转动惯量是刚体转动惯性大小的量度，它取决于刚体的质量、质量分布、形状大小和转轴位置。对于形状简单、质量均匀分布的刚体，可以通过数学方法计算绕特定转轴的转动惯量，但对于形状比较复杂或质量分布不均匀的刚体，用数学方法计算转动惯量是非常困难的，大多采用实验的方法测定。

转动惯量的测定，在涉及刚体转动的机电制造、航空、航天、航海、军工等工程技术和科学研究中具有十分重要的意义。测定转动惯量常采用扭摆法或恒力矩转动法，本实验采用恒力矩转动法测定转动惯量。

【实验目的】

（1）学习用恒力矩转动法测定刚体转动惯量的原理和方法。

（2）观测刚体的转动惯量随其质量、质量分布及转轴不同而改变的情况。

（3）根据实验结果，验证平行轴定理。

【实验仪器】

1. ZKY-ZS 转动惯量实验仪

转动惯量实验仪如图 3.2.1 所示，绕线塔轮通过特制的轴承安装在主轴上，减小转动时的摩擦力矩。塔轮半径为 15 mm、20 mm、25 mm、30 mm、35 mm 共 5 挡，通过不同砝码的组合，产生大小不同的力矩。载物台用螺钉与塔轮连接在一起，随塔轮转动。随仪器配的被测试样有 1 个圆盘、1 个圆环、2 个圆柱。利用电子秤测量砝码、圆环、圆柱的质量，圆环的内、外径半径已在表中给出，无须测量。

图 3.2.1　转动惯量实验仪

圆柱试样可插入载物台上的不同孔，这些孔离中心的距离分别为 45 mm、60 mm、75 mm、90 mm、105 mm，通过插入不同距离的孔洞，验证平行轴定理。铝制小滑轮的转动惯量与实验台相比可忽略不计。实验过程中一个光电门进行测量，另一个备用。

2. 刚体转动惯量测试仪

图 3.2.2 为网络型刚体转动惯量测试仪面板示意图，包含如下功能：

液晶显示屏：显示实验内容和实验测量数据。

数字键：“0 ~ 9” 10 个数字按键用于实验中对测量物体的参数进行设置（如被测物体的质量、半径等）。

确定键：当前选中实验、参数设置完成以及完成一次实验，都需要按确定键来完成操作。

↑ ↓ 键：用于选择实验内容。

←→键：用于测量物体参数设置时移动光标。

清零键：在进行每组实验前，将当前的显示数据清除；在实验选项界面清除选项数据或全部数据。

取消键：取消或退出当前的操作，进入到“返回上一步骤”和“返回实验选项菜单”界面，这时可以根据需要选择返回界面。

另外，测试仪机箱后有 9 V 电源接口、集中器接口和光电门接口，分别使用 9 V 电源、网线和航空插头连线连接。

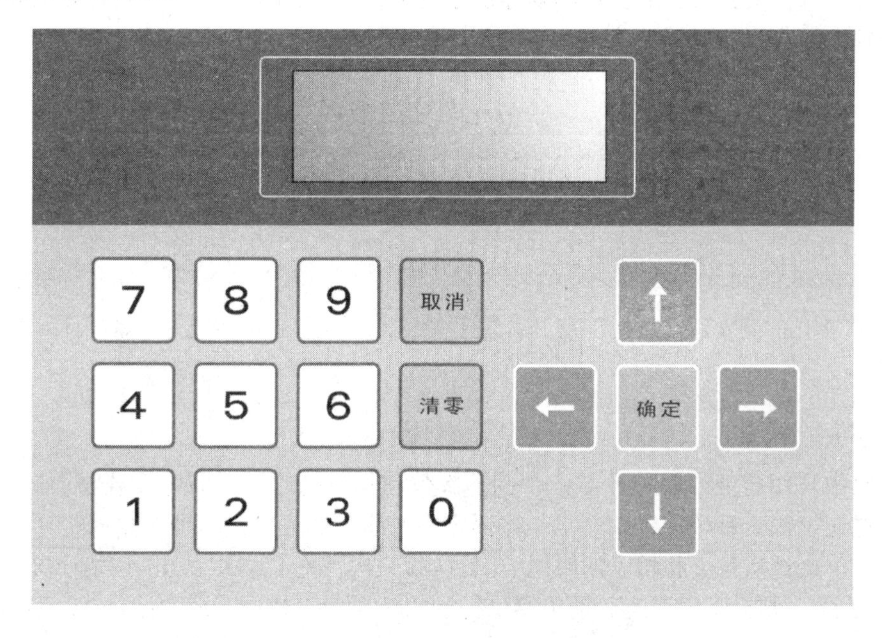

图 3.2.2　刚体转动惯量面板示意图

【实验原理】

1. 恒力矩转动法测定转动惯量原理

根据刚体的定轴转动定律：

$$M = J\beta \tag{3.2.1}$$

根据公式可知，只要测定刚体转动时所受的总合外力矩 M 及在该力矩作用下刚体转动的角加速度β，即可计算出该刚体的转动惯量 J。

设以某初始角速度转动的空实验台转动惯量为 J_1，未加砝码时，在摩擦阻力矩 M_μ的作用下，实验台将以角加速度β_1作匀减速运动，即

$$-M_\mu = J_1\beta_1 \tag{3.2.2}$$

将质量为 m 的砝码用细线绕在半径为 R 的实验台塔轮上，并让砝码下落，系统在恒外力作用下将作匀加速运动。若砝码的加速度为 a，则细线所受张力为 $T = m(g-a)$。若此时实验台的角加速度为β_2，则有 $a = R\beta_2$。细线施加给实验台的力矩为$TR = m(g-R\beta_2)/R$，此时有

$$m(g-R\beta_2)R - M_\mu = J_1\beta_2 \tag{3.2.3}$$

将（3.2.2）、（3.2.3）两式联立消去 M_μ后，可得

$$J_1 = \frac{mR(g-R\beta_2)}{\beta_2-\beta_1} \tag{3.2.4}$$

同理，若在实验台上加上被测物体后系统的转动惯量为 J_2，未加砝码和加砝码后的角加速度分别为β_3与β_4，则有

$$J_2 = \frac{mR(g-R\beta_4)}{\beta_4-\beta_3} \tag{3.2.5}$$

由转动惯量的叠加原理可知，被测试件的转动惯量 J_3 为

$$J_3 = J_2 - J_1 \tag{3.2.6}$$

测得 R、m 及β_1、β_2、β_3、β_4，由式（3.2.4）、（3.2.5）、（3.2.6）即可计算被测试件的转动惯量。

2. β值的测量

实验中采用智能计时计数器记录遮挡次数和相应的时间。固定在载物台圆周边缘相差π角的两遮光细棒，每转动半圈遮挡一次固定在底座上的光电门，即产生一个计数光电脉冲，计数器计下遮挡次数 k 和相应的时间 t。若从第一次挡光（k=0，t=0）开始计次计时，且初始角速度为 ω_0，则对于匀变速运动中测量得到的任意两组数据（k_m，t_m）、（k_n，t_n），相应的角位移θ_m、θ_n分别为

$$\theta_m = k_m\pi = \omega_0 t_m + \frac{1}{2}\beta t_m^2 \tag{3.2.7}$$

$$\theta_n = k_n\pi = \omega_0 t_n + \frac{1}{2}\beta t_n^2 \tag{3.2.8}$$

将（3.2.7）、（3.2.8）两式中消去 ω_0，可得

$$\beta = \frac{2\pi(k_n t_m - k_m t_n)}{t_n^2 t_m - t_m^2 t_n} \tag{3.2.9}$$

由式（3.2.9）即可计算角加速度β。

3. 平行轴定理

理论分析表明，质量为 m 的物体发生转动时，物体转轴通过质心时的转动惯量 J_0 最小。当物体通过质心的转轴平行移动距离 d 后，移动之后的转动惯量为

$$J = J_0 + md^2 \tag{3.2.10}$$

【实验内容与步骤】

1. 实验准备

在桌面上放置 ZKY-ZS 转动惯量实验仪，并利用基座上的三颗调平螺钉，将仪器调平。将滑轮支架固定在实验台面边缘，调整滑轮高度及方位使滑轮槽与选取的绕线塔轮槽等高，并保证悬挂砝码的细绳穿过滑轮前圆孔中心。调节滑轮角度，使细绳与圆孔之间无接触摩擦，具体调节部件名称如图 3.2.1 所示。用数据线将测试仪与转动惯量实验仪其中一个光电门相连。

2. 测量并计算实验台的转动惯量 J_1

（1）测量β_1。

接通电源开机后 LCD 显示“转动惯量　世纪中科”欢迎界面，延时一段时间后显示仪器编号。计算机连接时选择对应仪器显示数据和查询数据，按确定键进入操作界面，实验中液晶屏显示如图 3.2.3 所示。

第一步：选择实验选项“①金属载物盘”（**必须先完成金属载物盘实验才能进行后面的实验**），并确定转动惯量实验仪载物盘上没有其他物品，然后按**确定键**进行下一步实验。

第二步：用手轻轻拨动载物台，使实验台有一初始转速并在摩擦阻力矩作用下作匀减速运动。

第三步：再按一下**确定键**，测试仪开始计时。当挡块 8 次通过光电门后，计时自动结束。（该部分注意事项较多，请认真听老师讲解）计时结束后，按←→键查询实验数据，将数据记录在表 3.2.1 中。

将第 1 和第 5 组，第 2 和第 6 组，第 3 和第 7 组，第 4 和第 8 组分别组成 4 组，用式（3.2.9）计算对应各组的β_1值，求其平均值作为β_1的测量值。

第四步：按确定键返回图 3.2.3（d）所示操作界面。

（2）测量β_2。

第一步：选择塔轮半径 R 和砝码质量，调节滑轮高度，使滑轮高度与所选塔轮高度等高。

第二步：将细线穿过塔轮上端的小圆孔，将连接有金属圆环的细线沿塔轮上开的细缝塞入（此步骤圆环仅起到固定细线的作用，不可将圆环插入细缝进行操作），此后将细线不重叠

地密绕于选定塔轮上。细线另一端通过滑轮后连接砝码托上的挂钩，用一只手将载物台稳住，等待砝码稳定后再进行下一步操作。**注意：本步骤绳长的确定是实验操作的关键，请思考如何确定绳长？**

第三步：选择“匀加速”分项，设置砝码质量和塔轮半径是可选操作项，也可以按“**确定**”按钮忽略，进行下一步操作。

第四步：释放载物台，砝码重力产生的恒力矩使实验台产生匀加速转动，并按照（1）中第三步完成测试仪操作。查阅并记录数据于表 3.2.1 中，计算β_2的测量值。**该步骤中，请思考采取哪些操作方法，有利于减少测量误差？如何判断测量的数据是处于匀加速阶段？**

第五步：由式（3.2.4）即可算出 J_1 的值。

图 3.2.3　实验中液晶屏的显示

3. 测量转动惯量 J_3

将待测试样放在载物台上，并使试样几何中心轴与转轴中心重合。按照与测量 J_1 相同的方法分别测量未加砝码的角加速度β_3与加砝码后的角加速度β_4。由式（3.2.5）计算 J_2 的值。已知 J_1、J_2，由（3.2.6）式计算试样的转动惯量 J_3。

4. 转动惯量测量值与理论值比较

圆盘、圆柱绕几何中心轴转动的转动惯量理论值计算公式为

$$J=\frac{1}{2}mR^2 \tag{3.2.11}$$

圆环绕几何中心轴的转动惯量理论值计算公式为

$$J=\frac{m}{2}\left(R_{外}^2+R_{内}^2\right) \tag{3.2.12}$$

计算试样的转动惯量理论值并与测量值 J_3 比较，计算出相对误差值，相对误差的计算公式为：

$$E=\frac{J_3-J}{J}\times 100\% \tag{3.2.13}$$

5. 验证平行轴定理

将两个圆柱体对称插入载物台的圆孔中，其与中心轴的距离为 d，测量两个圆柱在此位置的转动惯量，得到测量值 J_3。

通过式（3.2.11）计算中圆柱体与转轴重合时的转动惯量 J_0，代入式（3.2.10），计算两个圆柱体的转动惯量理论值 J。

将理论值 J 和测量值 J_3 代入公式（3.2.13），计算相对误差，验证和论述平行轴定理是否成立。

【仪器操作注意事项】

（1）按“清零”键清除掉当前数据。

（2）根据被测物体的具体参数，利用测试仪面板上的数字键进行相应的设置。参数设置完成后，按“确定”键进入下一个参数的设置。当完成所有参数的设置后，进入测量计数界面。

（3）当完成设定次数的实验后，按下“确定”键，液晶屏会跳回到图 3.2.3（c）所示的界面，这时液晶屏将在已经完成的实验选项后面显示“√”标志，这表示该实验选项已经完成。点击“取消”键返回上一步，然后按↑↓键选择下一个项目进行实验。按照上面的步骤进行实验，直到完成所有实验。

（4）如果对某次实验不满意，或者实验错误，则可以在实验选项界面[即图 3.2.3（c）所示界面]按**清零键**将该实验数据清除。清除数据分两种情况，即清除某一个实验选项的数据和清除本仪器所有的实验数据。如果点击清除金属载物盘的数据，则会清除掉本仪器所有的实验数据。点击清除实验选项则只会清除当前选中的实验数据，不会影响其他实验。

（5）在实验操作过程中，如果该步操作错误或要返回上一步，可以按取消键实现。按取消键后液晶屏显示如图 3.2.3（i）所示。按↑↓键选择需要返回的内容，然后按确定键。实

验计时完成时，按取消键将清除已记录的数据，之后可重新开始计时。

图 3.2.3 显示画面只是示例，实际实验中需要根据当前的实验项目进行参数设置或显示。此外，在进入图 3.2.3（c）界面时，可按数字键 1 ~ 5 选择实验内容并进行实验。其数字键和实验内容的对应关系为：

1—金属载物盘；2—圆柱；3—圆环；4—圆盘；5—平行轴定理。

实验数据还保存在电脑相应的软件中，软件的详细操作见“软件操作说明书”。

【数据记录与处理】

本实验的实验记录与计算如表 3.2.1 ~ 表 3.2.4 所示。

表 3.2.1　测量转盘的角加速度

匀减速						匀加速　$R_{塔轮}$=　mm　$m_{砝码}$=　g					
k	1	2	3	4	平均	k	1	2	3	4	平均
t/s						t/s					
k	5	6	7	8		k	5	6	7	8	
t/s						t/s					
β_1/（$1/s^2$）						β_2/（$1/s^2$）					

表 3.2.2　测量两个圆柱中心与转轴重合（即距离 d=0 mm）时的角加速度

$R_{圆柱}$=15 mm，$m_{圆柱}$×2=______g

匀减速						匀加速　$R_{塔轮}$=　mm　$m_{砝码}$=　g					
k	1	2	3	4	平均	k	1	2	3	4	平均
t/s						t/s					
k	5	6	7	8		k	5	6	7	8	
t/s						t/s					
β_3/（$1/s^2$）						β_4/（$1/s^2$）					

表 3.2.3　测量实验台加圆环试样后的角加速度

$R_{外}$=120 mm, $R_{内}$=105 mm, $m_{圆环}$=______g, $R_{圆柱}$=15 mm, $m_{圆柱}$×2=______g

匀减速						匀加速　$R_{塔轮}$=　mm　$m_{砝码}$=　g					
k	1	2	3	4	平均	k	1	2	3	4	平均
t/s						t/s					
k	5	6	7	8		k	5	6	7	8	
t/s						t/s					
β_3/（$1/s^2$）						β_4/（$1/s^2$）					

表 3.2.4　平行轴定理验证——测量圆柱和转轴之间的距离为 d=_____mm 时的角加速度

$R_{圆柱}$=15 mm, $m_{圆柱}$×2=_________g，$R_{圆柱}$=15 mm, $m_{圆柱}$×2=_______g

匀减速						匀加速　$R_{塔轮}$=　mm　$m_{砝码}$=　g					
k	1	2	3	4	平均	k	1	2	3	4	平均
t/s						t/s					
k	5	6	7	8		k	5	6	7	8	
t/s						t/s					
β_3/(1/s^2)						β_4/(1/s^2)					

注意：计算过程中需采用国际单位进行计算。

① 将表 3.2.1 中数据代入式（3.2.4）可计算空实验台转动惯量 J_1=______kg · m^2。

② 将表 3.2.2 中数据代入式（3.2.5）可计算实验台放上两个圆柱后的转动惯量 J_2=_____kg · m^2。

由式（3.2.6）可计算两个圆柱的转动惯量测量值 J_3=______kg · m^2；

由式（3.2.11）可计算两个圆柱的转动惯量理论值；

由式（3.2.13）可计算测量的相对误差 E=______，并尝试进行误差分析，解释产生误差的原因。

③ 将表 3.2.3 中数据代入式（3.2.5）可计算实验台放上圆环后的转动惯量 J_2=______ kg · m^2。

由式（3.2.6）可计算圆环的转动惯量测量值 J_3=______kg · m^2；

由式（3.2.12）可计算圆环的转动惯量理论值 J=______kg · m^2；

由式（3.2.13）可计算测量的相对误差 E=_____ ，并尝试进行误差分析，解释产生误差的原因。

④ 平行轴定理验证。

测量两个圆柱与转轴距离为 d 时的转动惯量，得到测量值 J_3。通过计算，得到两个圆柱与转轴重合时的理论值 J_0。将 J_0 代入式（3.2.10），得到两个圆柱与转轴距离为 d 时的转动惯量理论值。进行误差分析，解释产生误差的原因，验证平行轴定理是否成立。

【拓展思考】

（1）实验的转动惯量是根据公式 $J_3 = J_2 - J_1$ 间接测量获得，由标准误差的传递公式有 $\Delta J_3 = (\Delta J_2^2 + \Delta J_1^2)^{1/2}$。当试样的转动惯量远小于实验台的转动惯量时，误差的传递可能使测量的相对误差增大。除此之外，请思考影响相对误差大小的其他因素有哪些？

（2）理论上，同一待测样品的转动惯量不随转动力矩的变化而变化。改变塔轮半径或砝码质量（5 个塔轮、5 个砝码）可得到 25 种组合，形成不同的力矩。实验过程中可进行相应尝试，验证上述论述是否成立？可改变实验条件进行测量并对数据进行分析，探索规律，寻求误差形成的原因，探索数据测量的最佳实验条件。

实验 3　测定液体的黏度系数

在稳定流动的液体中，由于各层液体的速率不同，互相接触的两层液体之间就有力的作用，流速快的一层使流速较慢的一层加速，流速慢的一层使流速快的一层减速，这一作用力称为内摩擦力或黏滞力。液体这一性质称为黏滞性，用黏度系数来表征。

液体黏度是液体的重要性质之一，市政建筑、水利、化学工程中流体在管道中输送时的能量损耗，机器中润滑油的选择，航空、航海、造船工业中研究机船在流体中的受力情况，化学上测定高分子物质的相对分子质量，医学上分析血液的黏度等，都需要测定黏度系数。液体黏度系数的测定方法有：落球法（即斯托克斯法）、毛细管法、转筒法、干板法和震动法等，本实验主要介绍落球法。

【实验目的】

（1）观察液体的黏滞现象。

（2）用斯托克斯公式测定甘油的黏滞系数。

（3）学习读数显微镜等仪器的使用。

（4）巩固使用基本测量仪器的技能。

【实验仪器】

玻璃圆筒、小钢球、停表、米尺、游标卡尺、读数显微镜、磁铁、镊子、温度计等。

用斯托克斯公式测定甘油的黏滞系数的实验装置如图 3.3.1 所示。一个开口玻璃筒，内盛待测甘油，筒的上、下部分两道水平标记，用作计时标志。小球用微型滚珠轴承中的钢球，小球落下后用磁铁或吸管取出，另外还有温度计等。

【实验原理】

一个在黏滞液体中缓慢下落的小球要受到 3 个力的作用（图 3.3.1），重力、浮力和阻力（即黏滞力）。黏滞力是由于黏附在小球表面的液层与邻近液层的摩擦产生的，它不是小球与液体之间的直接摩擦阻力。如果液体是无限广延的，液体的黏滞性大，小球的半径很小，且在运动过程中不产生旋涡，根据斯托克斯定律，小球受到的黏滞力为

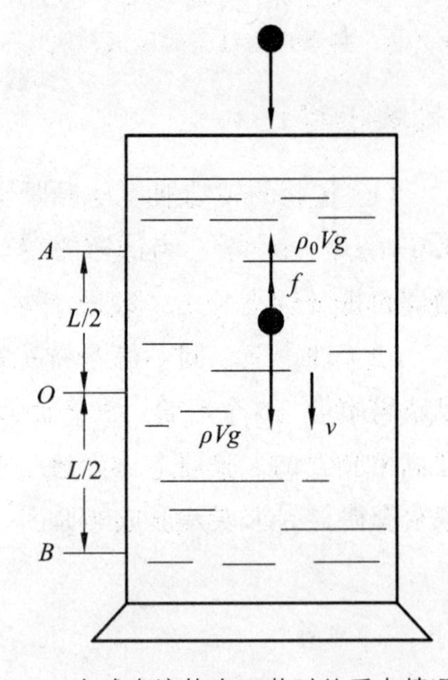

图 3.3.1　小球在液体中下落时的受力情况

$$f = 6\pi\eta vr \tag{3.3.1}$$

式中，η 是液体的黏滞系数，r 是小球的半径，v 是小球的运动速度。

当一个小球在黏滞液体中缓慢下落时，随着下落速度的增大，黏滞阻力也逐渐增大。经过一段时间以后，即当速率增加到“收尾速率”v 时，小球的重力与黏滞力和浮力达到平衡，这时小球匀速下落，即

$$\frac{4}{3}\pi r^3 \rho g = 6\pi\eta rv + \frac{4}{3}\pi r^3 \rho_0 g \tag{3.3.2}$$

式中：ρ 是小球密度，$\rho = 7.80\ \text{g}\cdot\text{cm}^{-3}$；$\rho_0$ 是甘油密度。

由式（3.3.2）知，液体的黏滞系数为

$$\eta = \frac{2}{9}\frac{(\rho-\rho_0)gr^2}{v} = \frac{(\rho-\rho_0)gd^2}{18v} \tag{3.3.3}$$

小球匀速下落通过距离 L 的时间为 t，即 $v = \dfrac{L}{t}$，所以

$$\eta = \frac{(\rho-\rho_0)gd^2 t}{18L} \tag{3.3.4}$$

式（3.3.4）的适用条件是小球在无限广延的流体中低速运动，然而实际情况却是液体盛在有限大小的容器中，因此式（3.3.4）需进行修正。设液柱的直径为 D，高度为 h，小球的直径为 d，考虑到圆筒四壁的影响以及液体是有限的，式（3.3.4）应修正为

$$\eta = \frac{1}{18}\cdot\frac{(\rho-\rho_0)gd^2 t}{L\left(1+2.4\dfrac{d}{D}\right)\left(1+3.3\dfrac{d}{2h}\right)} \tag{3.3.5}$$

从式（3.3.5）不难看出，当 $D \gg d$ 和 $h \gg d$ 时，式（3.3.5）就过渡到式（3.3.4）的形式。

【实验内容与步骤】

用落球法测定液体的黏滞系数：

（1）油筒放置在水平桌面上，使小球能保持在筒的中心下落。

（2）用读数显微镜测五粒小钢球的直径，每粒小球测 3 次（从不同方向测量），取平均直径（读数显微镜的使用方法见后）。

（3）用游标卡尺测量油筒直径 D（从不同方向测三次取平均值），用米尺测出液柱高度和筒上标号线 AB 之间的距离 L。

（4）用温度计测出甘油温度 T，可用测出的室温代替（思考为什么）。

（5）用镊子夹起小钢球，为使其表面完全被所测的甘油浸润，可先将小球在甘油中浸一下，再放入油筒中央（思考为什么），让其下落。用停表测出小球匀速下降通过 AB 段所需的

时间（用 5 粒小球，分别测量）。

判断小球在两个标线之间运动是否匀速，可用如下方法：在这两线之间找一中间位置，看小球通过前半段液体的时间是否为通过整个距离的一半。

注意： 在实验过程中不要把甘油弄得到处都是；不要用手摸油筒，因为油温的变化对黏滞系数的影响很大。

【数据记录与处理】

本实验的数据记录与处理见表 3.3.1 ~ 表 3.3.3。

表 3.3.1　小钢球的直径测量数据记录　　单位：cm

直径	1	2	3	4	5
d_1					
d_2					
d_3					
d_4					
d_5					
$\bar{d}=\frac{1}{5}(d_1+d_2+d_3+d_4+d_5)$	$\bar{d}_1=$	$\bar{d}_2=$	$\bar{d}_3=$	$\bar{d}_4=$	$\bar{d}_5=$

表 3.3.2　油柱、小球、油温测量数据记录

D/m						$\bar{D}=$
h/m						$\bar{h}=$
小钢球密度 $\rho=7.80\ \mathrm{g\cdot cm^{-3}}$			甘油密度 $\rho_0=1.23\ \mathrm{g\cdot cm^{-3}}$			标线 AB 距离 $L=$　　m
测量前室温 $T_1=$			测量后室温 $T_2=$			$\bar{T}=$　　K

表 3.3.3　小球匀速下落时间与甘油黏滞系数测量数据记录

单位：$\mathrm{kg\cdot m^{-1}\cdot s^{-1}}$

小球编号	1	2	3	4	5
t/s					
η_i	$\eta_1=$	$\eta_2=$	$\eta_3=$	$\eta_4=$	$\eta_5=$
$\bar{\eta}=\frac{1}{5}(\eta_1+\eta_2+\eta_3+\eta_4+\eta_5)=$					
$\Delta\eta=\lvert\bar{\eta}-\eta_i\rvert$	$\Delta\eta_1=$	$\Delta\eta_2=$	$\Delta\eta_3=$	$\Delta\eta_4=$	$\Delta\eta_5=$
$\Delta\bar{\eta}=\frac{1}{5}(\Delta\eta_1+\Delta\eta_2+\Delta\eta_3+\Delta\eta_4+\Delta\eta_5)=$					
测量结果 $\eta=\bar{\eta}\pm\Delta\bar{\eta}=$					
相对误差 $E=\frac{\Delta\bar{\eta}}{\bar{\eta}}\times100\%=$					

说明： 表 3.3.3 中 η_i 的计算公式

$$\eta_i = \frac{1}{18} \cdot \frac{(\rho - \rho_0) g \bar{d}_i^2 t_i}{L\left(1 + 2.4\frac{\bar{d}_i}{\bar{D}}\right)\left(1 + 3.3\frac{\bar{d}_i}{2\bar{h}}\right)}$$

式中，脚标“i”表示小球编号。

$$U_\eta = \sqrt{\left(\frac{\partial \eta}{\partial t} U_t\right)^2 + \left(\frac{\partial \eta}{\partial d} U_d\right)^2 + \left(\frac{\partial \eta}{\partial D} U_D\right)^2 + \left(\frac{\partial \eta}{\partial h} U_h\right)^2 + \left(\frac{\partial \eta}{\partial L} U_L\right)^2}$$

求出相对不确定度 $U_{r\eta}$，并写出标准表达结果。

$$\eta = \bar{\eta} \pm U_\eta = \_\_\_\_\_\_\_\_ \qquad U_{r\eta} = \frac{U_\eta}{\bar{\eta}} \times 100\% = \_\_\_\_\_\_\_\_$$

附录：读数显微镜的结构及其使用方法

读数显微镜是物理实验中常用的仪器，它主要用于精确测量微小的或不能用夹持方法测的物体尺寸，如毛细管的内径、微小钢球的直径（半径）、金属杆的线膨胀量等。

1. 结 构

读数显微镜的主要部分为显微镜、读数机构和载物台。

读数机构和测微螺旋计的原理相同。一根精密的丝杆装置在圆筒形的外套内，以圆筒两头的轴承支承，可自由转动，但丝杆并不前进或后退。线杠上套一螺母滑块，显微镜和滑块固定在一起。当转动测微鼓轮时，显微镜就随滑块一起移动，移动的数值可由固定在圆筒上的毫米分度标尺及测微鼓轮读出。如果显微镜的原始位置由标尺和鼓轮上读得的数字是 x_1，转动鼓轮后显微镜的新位置由标尺和鼓轮读得的数字是 x_2，那么显微镜移动的距离就是 $|x_2 - x_1|$。

显微镜由一长焦距的物镜和一长焦距的目镜组成。目镜前焦点附近有一“十”字分划板，用作测量到位指标。显微镜调焦由调焦手轮进行，转动调焦手轮显微镜就可上下移动。

载物台是放置待测物的平台。台面毛玻璃下有一反光镜用来照亮待测物，反光镜的角度可由旋转手轮调节。载物台通过立柱和横杆与读数机构的圆筒相连。

2. 使用方法

（1）使用时测微鼓轮的 0 刻线对准圆筒上的刻线，则显微镜上的刻线应对准标尺上的某一刻线，否则就必须进行调整。

（2）把待测物置于载物台适当位置。

（3）对显微镜进行调焦，使能看清待测物为止。

（4）转动测微鼓轮，使“十”字分划板的竖直线到位，然后记录数字。

（5）使“十”字分划板的竖直线到另一位置时，测微鼓轮的转动方向和第一个到位的转动方向相同，或者说分划板竖直线两次从同一方向调节到位，这是为了消除测微鼓轮的空回量，以减小测量误差，必须严格遵守（本仪器的空回量为 0.033 mm）。

实验4　模拟法描绘静电场

【实验目的】

（1）了解模拟法测绘静电场的方法、原理和条件。

（2）通过模拟电场掌握同轴电缆、示波管内聚焦电场的分布情况。

（3）加深电场强度、电位和电位差概念的理解。

【实验仪器】

电场描绘装置、电场描绘电源。

GVZ-4型导电微晶静电场描绘仪（包括导电微晶4种电极板，在箱体内上下固定，单笔探针）。

长同轴电缆电极采用极坐标，其他电极采用直角坐标，电极已直接制作在导电微晶上，并将电极引线直接引出到外接线柱上，电极间制作有导电率远小于电极且各向均匀的导电介质，接通直流电源（10 V左右）就可以进行实验。在导电微晶上用测试笔找到测点后，在相应的坐标纸上记录相应的标记。移动测试笔在导电微晶上找出若干电位相同的点，由此描绘出等位线。

【实验原理】

1. 模拟法的基本概念

若两个现象或过程相似，服从同一自然规律，满足单值条件，就可以利用其相似性研究其中一个现象或过程，以代替对另一个现象或过程，两者得到的结果是相同的，这种方法叫作模拟法。模拟法在生产和研究中有广泛的应用，如在实验室内研究天体运行、风雨、雷电等自然现象、河流泥沙淤积、洪水流动以及大型建筑物的结构性能等等，均大量采用模拟法。随着科技的发展和计算机的推广应用，模拟法的应用也越来越广泛。

物理学中两个物理量之间，只要有相同的物理模型或类似的函数关系，就可以相互表征，即可以采用模拟法用一个物理量去定性或定量地表示另一个物理量。

2. 电场、电场线、等势面

为了解释电的相互作用和磁的相互作用，法拉第抛弃了“超距作用”观点，认为它们是通过“场”这个媒介实现的。1842年，汤姆逊把带电体的静电力分布与固体内热流分布相比较，发现若电荷与热源相对应，则等势面与等温面相对应。热理论公式是以连续介质中相邻粒子的相互作用为前提得到的，这很容易使人想到电相互作用也是经某种连续介质依次传播实现的。此外，他还研究了电和弹性现象的相似性，通过考察处于应力状态下不可压缩弹性固体的平衡，发现代表弹性位移的矢量分布和静电体系的电力分布相似，揭示了电磁作用的传播图像，有力地支持了法拉第“场”的观点。通过对电场和磁场的研究，法拉第把“场”“力线”等重要概念引入物理学，用来解释电、磁现象，为麦克斯韦建立电磁场理论打下了坚实基础，也为当代物理学中的许多科学问题研究开辟了道路。

爱因斯坦在 1931 年纪念麦克斯韦诞生 100 周年时曾说，法拉第和麦克斯韦的工作是自牛顿以来“物理学公理基础的最伟大的变革”，自此，“连续的场同质点一起看来都是物理实在的代表”。

法拉第为形象地描述场物理图景，通过类比流体场，提出了力线概念，认为场由力线组成。许多力线组成一个力管，正如流体中许多流线组成流管一样，静电场是用空间各点的电场强度和电势来描述的。为了形象地显示电场的分布情况，通常采用等势面和电力线来描述电场，等势面是电场中电势相等的各点构成的曲面，电力线是沿着空间各点电场强度的方向顺次连成的曲线。由于电力线和等势面处处正交，因此若能够画出等势面图形就可以画出电力线。

带电体在空间形成的静电场与带电体的形状、位置、数目和电位有关。除了极简单的情况外，大都不能求出它的解析表达式。为了一些实用目的，往往需要采用实验方法进行测定，但是直接测量静电场又会遇到很大的困难，其原因有：（1）测量仪器只能采用静电式仪表（一般的磁电式仪表，通过电流才能测量数据，而静电场不会有电流，磁电式仪表自然不起作用），实验设备较为复杂。（2）测量仪表本身是导体或电介质，探针伸入静电场时，探针上会产生感应电荷。这些感应电荷又会产生电场，与待测的静电场形成叠加效应，使待测的电场发生畸变，从而无法有效地测量出待测静电场。

由于静电场和稳恒电流场都遵守拉普拉斯方程和高斯定理，可引入电位的概念，且电位和电场强度的关系均为 $\vec{E}=-\nabla U$ 。依照上述模拟法思想，利用稳恒电流场与静电场相似的特性，模拟一个与原静电场相似的稳恒电流场，测出稳恒电流场的分布，由此间接地测出被模拟的静电场。

3. 无限长同轴电缆中的电场分布

为了得知静电场在空间各点的分布情况，一般模拟用的电流场应该是三维的。但对于无限长同轴电缆中的电场分布而言，由于其对称性，其电力线总是在垂直于电缆芯柱的平面上，其等位面为一簇同轴圆柱面。因此，只需要研究任一垂直横截面上的电场分布即可，也就是说只需测出在该横截面上的电流场分布就可以模拟无限长同轴电缆中的静电场。

图 3.4.1 为同轴电缆的横截面，内筒半径为 a，外筒半径为 b，设内外筒间单位长度上带电量分别为 $+\lambda$ 和 $-\lambda$，电位分别为 U_a 和 U_b，则两筒间 r 处电场强度可由高斯定理及对称性求出

$$E=\frac{\lambda}{2\pi\varepsilon_0 r} \tag{3.4.1}$$

式中，ε_0 为真空介电系数，$\mathrm{F \cdot m^{-1}}$，一般计算中 $\varepsilon_0 = 8.85\times10^{-12}\ \mathrm{F \cdot m^{-1}}$。

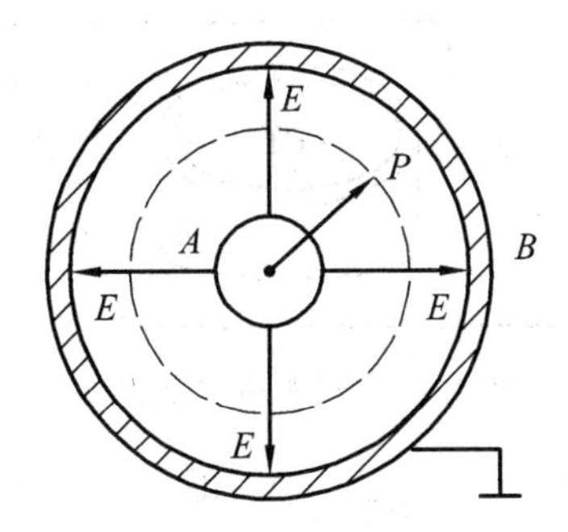

图 3.4.1　无限长同轴电缆横截面

两筒间任一点 r 处电位为 U_r，则

$$U_a - U_r = \int_a^r E \cdot \mathrm{d}r = \frac{\lambda}{2\pi\varepsilon_0}\ln\frac{r}{a}$$

$$U_r = U_a - \frac{\lambda}{2\pi\varepsilon_0}\ln\frac{r}{a} \tag{3.4.2}$$

令 $r = b$ 时，$U_b = 0$，则

$$\frac{\lambda}{2\pi\varepsilon_0} = \frac{U_a}{\ln\dfrac{b}{a}} \tag{3.4.3}$$

将式（3.4.3）代入式（3.4.2），则

$$U_r = U_a\frac{\ln\dfrac{b}{r}}{\ln\dfrac{b}{a}} \tag{3.4.4}$$

距 r 处的场强为

$$E_r = -\frac{\mathrm{d}U_\mathrm{r}}{\mathrm{d}r} = \frac{U_a}{\ln\dfrac{b}{a}}\cdot\frac{1}{r} \tag{3.4.5}$$

图 3.4.2 是用来模拟上述电场的装置，A、B 为电极，分别与电源正负极相连。若在模拟场 A、B 两极间充满导电微晶，并在 A、B 两极上加上电压，则 AB 间将形成径向电流，从而建立起一个稳恒电流场。

设导电微晶厚度为 h，电阻率为 $\rho(\rho = 1/\sigma)$，则任意半径为 r 的圆周到半径为 $(r + \mathrm{d}r)$ 圆周间的径向电阻为

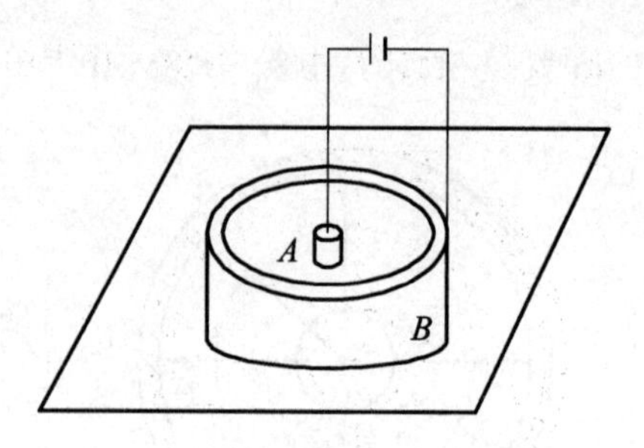

图 3.4.2　模拟静电场装置

$$dR = \frac{\rho}{2\pi h} \cdot \frac{dr}{r} \tag{3.4.6}$$

则 a—r 间圆环电阻为

$$R_{ar} = \frac{\rho}{2\pi h} \ln \frac{r}{a} \tag{3.4.7}$$

半径 a—b 间圆环电阻为

$$R_{ab} = \frac{\rho}{2\pi h} \ln \frac{b}{a} \tag{3.4.8}$$

设 B 极接地，则 U_b 径向电流为

$$I = \frac{U_a}{R_{ab}} = \frac{2\pi h U_a}{\rho \ln \frac{b}{a}} \tag{3.4.9}$$

由 a 到 r 处电位差 $U_a - U_r' = IR_{ar}$，则

$$U_r' = U_a - IR_{ar} = U_a \frac{\ln \frac{b}{r}}{\ln \frac{b}{a}} \tag{3.4.10}$$

稳恒电流场的场强为：

$$E_r' = -\frac{dU_r'}{dr} = \frac{U_a}{\ln \frac{b}{a}} \cdot \frac{1}{r} \tag{3.4.11}$$

可见式（3.4.4）、（3.4.10）相同，式（3.4.5）、（3.4.11）相同，说明该模拟稳恒电流场与被模拟静电场的电位分布相同。显而易见，稳恒电流场电场强度与静电场电场强度分布也相同。

由于稳恒电流场与被模拟静电场具有这种等效性，符合模拟法的条件。因此，若要测绘静电场的分布，只需测绘相应的稳恒电流的电场即可。

从实验的角度来讲，测定电位比测定场强更容易实现，因此可以先测绘等位线，然后再根据电力线与等位线正交的原理，画出电力线。由等位线的间距、电力线的疏密和指向将抽象的电场形象地反映出来。图 3.4.3 为无限长同轴电缆中的电场分布，其中实线为电力线，虚线为等位线。

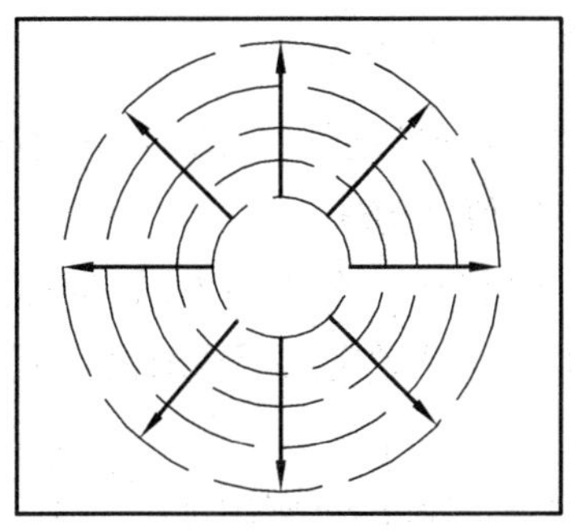

图 3.4.3　无限长同轴电缆中的电场分布

4. 示波管聚焦电极内静电场的分布

示波管内部的栅极电压和第一阳极电压形成一定的空间电位分布，使内阳极发射的电子束在栅极附近形成一交叉点（实际为一小截面）。而第一阳极和第二阳极所组成的电子聚焦系统可把电子束的交叉点成像于示波管的荧光屏上，呈现为 1 mm 的亮点。由于两栅极所组成的电聚焦系统对电子的作用与凸透镜对光的会聚作用相似，通常也称为电子透镜。由于电极具有对称性，由此形成的电场也是对称的，因此，只需对通过轴线上的一个纵截面静电场进行模拟。聚焦电极和模拟电极在纵截面内的分布如图 3.4.4 所示。示波管电聚焦静电场是很难用解析式表示的，用稳恒电流场模拟研究电场分布情况是重要的实验方法之一。

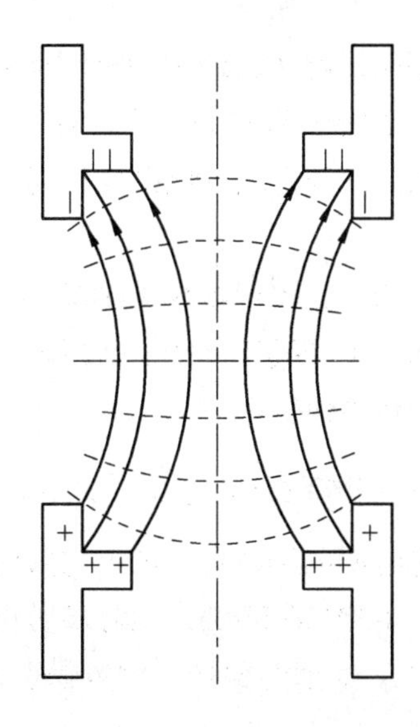

图 3.4.4　示波管内聚焦电极和模拟电极在纵截面内的分布

用模拟法描绘静电场体现了辩证唯物主义由个别到一般、由特殊到普遍、由个性到共性的认识原理，符合科学归纳推理的思维规律，是被实践证明了的行之有效的方法。

【实验内容与步骤】

1. 测绘无限长同轴电缆中静电场分布

（1）在静电场描绘仪中连接好同轴电缆电极，打开电源开关，将“校准–测量”键置于“校准”位置，调节稳压电源输出值为 10.0 V。

（2）“校准–测量”开关置于“测量”位置，用探针进行探测。在内圆电极周围（U=10 V）对称选 8 个点，在极坐标记录纸上记录对应点。移动探针，重复操作步骤采集并记录 8 V、6 V、4 V、2 V、0 V 时 8 个对称点。

（3）由最靠近内电极等位线定出其同心圆的圆心。作等位线时，不必通过每一个点，要兼顾曲线光滑。

（4）利用所确定的圆心和等位线与电场线垂直的关系，作出对称分布的电场线，就可得到电场分布图。

2. 测绘示波管内聚焦电场的分布

（1）连接示波管电聚焦电极。调节稳压电源输出值为 U=9.0 V，移动探针测绘方法依照实验内容与步骤 1 中的（1）、（2）进行，取 U=9.0 V、6.5 V、5.5 V、4.5 V、3.5 V、2.5 V、0 V 等势点，先做 U = 4.5 V 的等势点。注意横纵坐标轴大小选择。

（2）作出等位线、电场线，得到示波管内聚焦电场的分布。

3. 测绘一个劈尖电极和一个条形电极形成的静电场分布

（1）连接劈尖条形电极，将电源电压调到 10.0 V，分别探测 0 V、2 V、4 V、6 V、8 V、10 V 等势点，测试笔开始在导电微晶上方找到等位点后，在坐标纸上留下一个对应的标记，共测 6 条等位线，每条等势线上酌情找点，在电极端点附近应多找几个等位点，并注意横纵坐标轴大小的选择。

（2）画出等位线，再作出电场线。作电场线时注意：电场线与等位线正交，导体表面是等位面，电场线垂直于导体表面，电场线发自正电荷而中止于负电荷，疏密要表示出场强的大小，根据电极正、负画出电场线方向。

4. 测绘长平行条电极电场分布图（4 学时、必做）

（1）连接长平行条电极，将电源电压调到 9.0 V，分别探测 0 V、2.5 V、3.5 V、4.5 V、5.5 V、6.5 V、9.0 V，可先做 U = 4.5 V 的等势点。测试笔开始在导电微晶上方找到等位点后，在坐标纸上留下一个对应的标记，每条等势线上酌情找点，在电极端点附近应多找几个等位点，注意横纵坐标轴大小的选择。

（2）画出等位线，再作出电场线。作电场线时需注意：电场线与等位线正交，导体表面是等位面，电场线垂直于导体表面，电场线发自正电荷而中止于负电荷，疏密要表示出场强的大小，根据电极正、负画出电场线方向。

【数据记录与处理】

（1）利用实验记录作出电场的分布图，并表明各等位线的电力线方向。

（2）分别测出同轴电缆中电场的等位线上各点到圆心的距离，求出平均值$\overline{r}$。

（3）计算$\ln\frac{b}{\overline{r}}$，将数据填入表3.4.1中，由$\ln\frac{b}{\overline{r}}$为横坐标，$U_{实}$为纵坐标用最小二乘法进行线性拟合$U_{实}$-$\ln\frac{b}{\overline{r}}$实验曲线图，并作出$U_{理}$-$\ln\frac{b}{\overline{r}}$理论曲线，即通过坐标原点（0，0）和$\left(\ln\frac{b}{a},U_{a}\right)$作直线，将这两条线进行比较。

表3.4.1　数据记录表

$U_{实}$/V	0	2	4	6	8	10
$\overline{r}$/mm						
$\ln\frac{b}{r}$						

【注意事项】

（1）等位线与电场线垂直，场强方向由高电位指向低电位。

（2）每条等位线必须注明相应电压值。

（3）由于电极A、B为等势体，内部场强为零，故其内无电场线。

实验 5　电子束的电磁偏转及荷质比测定

近代检测仪器很多都是利用带电粒子在场中运动的规律设计制作的，如示波器、质谱仪等。了解和认识带电粒子在场中的运动规律已成为学习和掌握近代科学技术必不可少的基础知识。通过实验研究和验证电子束在不同的电场和磁场条件下的运动，使我们更清楚地理解电子在电磁场中的运动规律。而电子束的磁聚焦是运动电荷在磁场作用下产生的极其重要的物理现象。通过对该现象的观察和研究，可以测定电子的荷质比，加深对电子性质的认识，进一步学习物理学的基本理论，深入掌握示波电测技术，也有助于我们加深对磁透镜组成的现代分析仪器原理和应用的理解。

【实验目的】

（1）观察电子射线的静电聚焦现象。

（2）研究电子束在电场中的偏转规律。

（3）研究电子束在横向磁场中的偏转规律。

（4）研究电子束在纵向磁场中的螺旋运动，理解磁聚焦原理。

（5）观察电子束的磁聚焦现象，并用纵向磁场聚焦法测电子荷质比。

【实验仪器】

XD-JD-FY-DZSⅢ型电子束示波器综合实验仪。

【实验原理】

1. 示波管

图 3.5.1 是示波管的结构示意图，它由电子枪、偏转系统和荧光屏 3 部分构成。电子枪由加热电极 A、阴极 K、栅极 G、加速电极 FA、第一阳极 A_1（聚焦电极）和第二阳极 A_2 组成；偏转系统有两对水平偏转板 D_x 和垂直偏转板 D_y；荧光屏由在示波管玻璃瓶内表面涂敷荧光物质膜层构成。

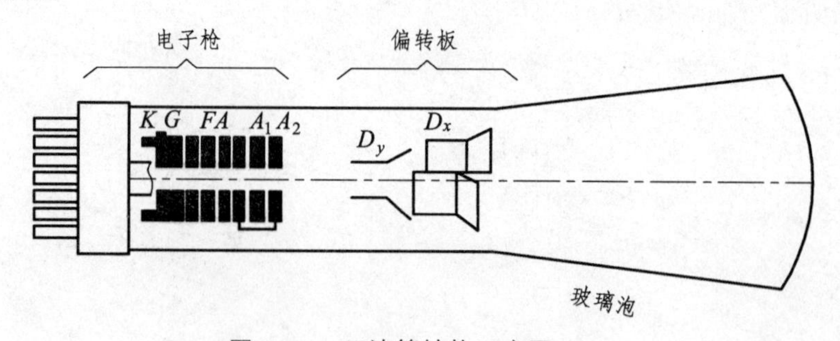

图 3.5.1　示波管结构示意图

灯丝通过电流后发热，用于加热阴极，阴极表面涂有锶和钡的氧化物。阴极通过灯丝加热至约 1 200 K 时将会在表面逸出自由电子。控制栅极 G 的工作电位低于阴极 K 约 5 ~ 30 V，只有那些能量足以克服这一电位产生的电场作用的电子才能穿过控制栅极。因此，改变电位大小，便可以限制通过栅极的电子数量，即控制电子束的强度或屏上光电的亮度。在示波管内部，加速电极 FA 与第二阳极 A_2 相连，它们对阴极的电位为 + 1 000 V 左右，用于加速阴极发出的电子。第一阳极 A_1 电位介于阴极 K 与第二阳极 A_2 之间，FA 与 A_1、A_1 和 A_2 间的电场构成电子透镜，可以使穿过栅极发散的电子束在屏上聚焦成一个小点。

2. 电子在横向电场作用下的运动（电偏转）

设电子的静止质量为 m，电量为 e，电子离开阴极的初速度为 0，在加速电压 U_2 的作用下，从电子枪射出时速度 v_x 与加速电压 U_2 之间有如下关系：

$$\frac{1}{2}mv_x^2 = eU_2 \tag{3.5.1}$$

电子以速度 v_x 通过加有偏转电压 U_d 的空间。若两偏转板间的距离 d 较其长度 l 小很多，则可认为偏转板间的电场是匀强电场（忽略边缘效应）。它将获得一个横向速度 v_y，但不改变轴向分量 v_x。此时电子偏离轴心方向将与 x 轴成一个夹角 θ，如图 3.5.2 所示，θ 由下式决定：

$$\tan\theta = \frac{v_y}{v_x} \tag{3.5.2}$$

图 3.5.2　电子的电偏转

电子在横向电场 $E_y = U_d / d$ 作用下受到一个大小为 $F_y = eE_y = eU_d / d$ 的横向力。在电子从偏转板之间通过的时间 Δt 内，F_y 使电子得到一个横向动量 mv_y，而它等于力的冲量，即

$$mv_y = F_y \cdot \Delta t = eU_d \Delta t / d \tag{3.5.3}$$

于是

$$v_y = \frac{e}{m} \cdot \frac{U_d}{d} \cdot \Delta t \tag{3.5.4}$$

在时间间隔Δt内，电子以轴向速度v_x通过距离l（l等于偏转板长度），其中$l = v_x \Delta t$，将Δt代入式（3.5.4），可得

$$v_y = \frac{e}{m} \cdot \frac{U_d}{d} \cdot \frac{l}{v_x} \tag{3.5.5}$$

这样，偏转角可由下式给出

$$\tan\theta = \frac{v_y}{v_x} = \frac{e}{d} \cdot \frac{U_d}{m} \cdot \frac{l}{v_x^2} \tag{3.5.6}$$

把能量关系式（3.5.1）代入式（3.5.6），得到

$$\tan\theta = \frac{U_d}{U_2} \cdot \frac{l}{2d} \tag{3.5.7}$$

式（3.5.7）表明偏转角与偏转电压U_d及偏转板长度成正比，与加速电压及偏转板间距离d成反比。由图 3.5.2 可知，电子到达屏上时，在y方向偏移量为

$$D = L \cdot \tan\theta = L\frac{U_d}{U_2} \cdot \frac{l}{2d} = \delta_{电} \cdot U_d$$

式中，$\delta_{电}$为电偏灵敏度，即

$$\delta_{电} = \frac{Ll}{2d} \cdot \frac{1}{U_2}$$

需要指出的是，如果仔细考虑偏转板的结构与电子的运动情况，可以证明，计算中上式的L取为偏转板中心到荧光屏的距离更为准确。

3. 电子在横向磁场作用下的运动（磁偏转）

电子束的磁偏转，是指电子束通过磁场时，在洛仑兹力的作用下发生偏转。如图 3.5.3 所示，虚线框内有磁感应强度为B的均匀磁场，方向垂直纸面向外。当电子以速度v沿OO'方向垂直射入磁场时，将受到洛仑兹力evB的作用，从而在该区域内作匀速圆周运动，轨道半径为R。电子沿OQ穿出磁场后作匀速直线运动，最后打在荧光屏上P点，产生磁偏量D。

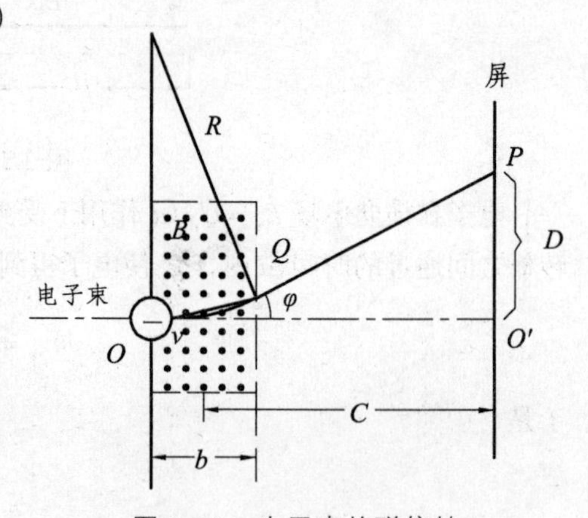

图 3.5.3　电子束的磁偏转

由牛顿第二定律有

$$evB = \frac{mv^2}{R} \tag{3.5.8}$$

当偏转角φ不大时，近似地有

$$\tan\varphi \approx \frac{b}{R} = \frac{D}{C} \tag{3.5.9}$$

式中，b为磁场区域宽度，C是磁场区域中心到荧光屏的垂直距离。因此有

$$D = \frac{ebC}{mv}B \tag{3.5.10}$$

由于

$$\frac{1}{2}mv^2 = eU_2\text{，即 } v = \sqrt{\frac{2eU_2}{m}} \tag{3.5.11}$$

由此可知，磁偏量D与磁感应强度B之间的关系由下式决定，

$$D = bC\sqrt{\frac{e}{2m}}\frac{B}{\sqrt{U_2}} \tag{3.5.12}$$

设磁偏转线圈是螺管式的，其单位长度上的线圈匝数为n，磁偏电流为I_a，k是与磁介质及螺管几何因素有关的常数，则有

$$D = knbC\sqrt{\frac{e}{2m}}\frac{I_a}{\sqrt{U_2}} = \delta_{磁}I_a \tag{3.5.13}$$

$$\delta_{磁} = knbC\sqrt{\frac{e}{2m}}\frac{1}{\sqrt{U_2}} = \frac{D}{I_a} \tag{3.5.14}$$

由式（3.5.13）和式（3.5.14）可知，光点的偏转位移D与偏转磁感应强度B成正比关系，或者说与磁偏电流成正比，与加速电压的平方根成反比。

4. 电子束的磁聚焦及荷质比的测定

若将示波管加速电极、第一阳极、偏转电极全部连接在一起，并相对于阴极加一电压，则电子进入加速电极就在零电场中作匀速运动。发散的电子束将不再会聚，从而在荧光屏上形成一个光斑。

在示波管外套一螺线管，通以电流，使在电子束前进的方向上产生一均匀磁场。对于均匀磁场（电场为零）中以速度$\boldsymbol{v}$运动的电子，将受到洛仑兹力的作用。

$$\boldsymbol{F} = -e\boldsymbol{v} \times \boldsymbol{B} \tag{3.5.15}$$

当$\boldsymbol{v}$和$\boldsymbol{B}$垂直时，电子在垂直于$\boldsymbol{B}$的平面内作匀速圆周运动，向心力为洛仑兹力，即

$$evB = \frac{mv^2}{R} \tag{3.5.16}$$

式中，R 为电子轨道半径。

电子旋转周期 T 为：

$$T = \frac{2\pi R}{v} = \frac{2\pi m}{eB} \tag{3.5.17}$$

可见，周期 T 与电子速度无关，在同一磁场强度下，不同速度的电子绕圆一周所需的时间是相同的。

在一般情况下，偏转电压 U_{dx} 提供给电子束一个与 B 垂直的径向分速度 $v_{\perp}$，加速电压 U_2 提供给电子束一个轴向分速度 $v_{//}$。当电子射入与轴向平行的磁场时，$v_{//}$保持不变，电子将沿管轴向作匀速运动。又由于 $v_{\perp}$的存在，电子受到洛伦兹力的作用，又要绕轴作圆周运动，则合成的电子运动为螺旋运动，如图 3.5.4 所示，其螺距

$$h = v_{//} \cdot T = \frac{2\pi m}{eB} \cdot v_{//} \tag{3.5.18}$$

式中，T 为电子绕圆一周的时间，B 为纵向磁场的磁感应强度。

由此可见，从同一电子束交叉点出发的电子，虽然径向速度各不相同，所走的螺线半径也不同，但只要轴向速度 $v_{//}$相同，并选择适合的轴向速度和磁感应强度 B（改变 $v_{//}$，可调节加速电压 U_2；改变 B，可调节外供励磁电流 I_a）的大小，使电子在经过 l（电子束交叉点到荧光屏的距离）长的路程恰好为螺距 h 的倍数，此时，电子束又将在屏上会聚成一点，显示为一亮点，这就是电子射线纵向磁场聚焦原理。

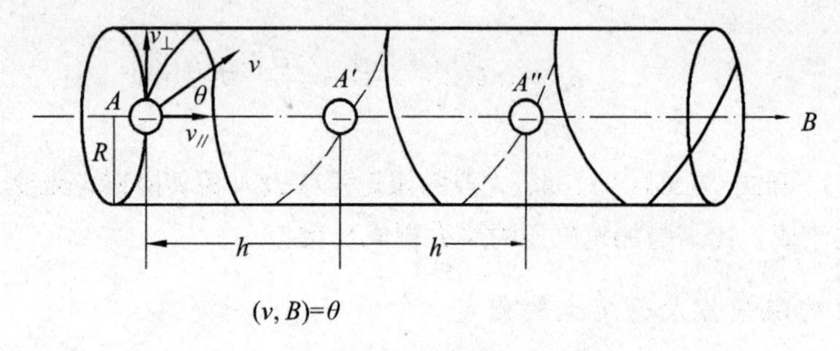

图 3.5.4 电子在均匀磁场中的运动

由理论推导可得

$$v_{//} = \sqrt{\frac{2eU_2}{m}} \tag{3.5.19}$$

调节磁场的大小，当螺距 h 恰好等于 l 时，荧光屏上的光斑就聚焦成一个小亮点。将式（3.5.19）代入式（3.5.18）得

$$l = h = \frac{2\pi m}{eB}\sqrt{\frac{2eU_2}{m}} \tag{3.5.20}$$

故电子荷质比为：

$$\frac{e}{m} = \frac{8\pi^2}{l^2} \cdot \frac{U_2}{B^2} \tag{3.5.21}$$

设螺线管长度为 A（m），平均直径为 D（m），且螺线管内聚焦磁场均匀，B 可近似用下式表示：

$$B = \frac{\mu_0 n I_a A}{\sqrt{A^2 + D^2}} \tag{3.5.22}$$

式中，I_a 为外供励磁电流，$\mu_0 = 4\pi \times 10^{-7}\ \text{N} \cdot \text{A}^{-2}$（真空中磁导率），$n$ 为螺线管单位长度线圈匝数。如线圈总匝数为 N，则得实验电子荷质比公式：

$$\frac{e}{m} = 8\pi^2 \cdot \frac{A^2 + D^2}{\mu_0^2 N^2 l^2} \cdot \frac{U_2}{I_a^2} \tag{3.5.23}$$

保持加速电压 U_2 不变，测得聚焦电流 I_a，即可由式（3.5.23）计算电子荷质比的实验值。

【实验内容与步骤】

1. 电偏转

（1）接插线：电子枪的对应插孔全部接上，偏转系统的对应插孔全部接上，高压电压表"+"接"U_2"，"－"接"U_K"。

（2）按出功能转换钮，使仪器处在"电子束"实验状态。接通电源，观察亮点。

（3）调节亮度旋钮，使亮度适中；调节聚焦和辅助聚焦旋钮，使光点聚成一细点。

（4）光点调零：调节 $U_{\text{X调节}} = U_{\text{Y调节}} = 0$，使偏转电压为零，这时光点应在中心原点，若不在，可调节 X 调零和 Y 调零旋钮，使光点处于中心原点。

（5）选择加速电压 U_2 为最大值附近，然后调节 $U_{\text{Y调节}}$ 旋钮，同时观察光点的移动，光点每移动 4 小格记录一次偏转电压 U_d 值。

（6）选择加速电压 U_2 为最小值附近，重复步骤（4）（5），测得的数据填入表 3.5.1 中。

2. 磁偏转

（1）将励磁直流电源和横向磁场线圈用导线相连。

（2）调节 $U_{\text{X调节}} = U_{\text{Y调节}} = 0$，使偏转电压为零。

（3）关掉励磁直流电源，这时光点应在中心原点。若不在，可调整 X 调零和 Y 调零旋钮，使光点处于中心原点。

（4）给横向磁场线圈通电流，产生横向磁场。

（5）选择加速电压U_2为最大值附近，逐步增大励磁电流I_a，同时观察光点的移动，光点每移动 2 小格记录一次I_a值。测完一个方向的数据，改变励磁电流方向，测反方向的数据。

（6）选择加速电压U_2为最小值附近，重复步骤（3）（4）（5），记录磁偏量D及对应I_a的数值，填入表 3.5.2 中。

3．电子束的磁聚焦和荷质比的测量

（1）用励磁直流电源给纵向磁场线圈通电流，同时串接入纵向励磁电流表。

（2）调节$U_{X调节}=U_{Y调节}=0$，使偏转电压为零。

（3）断开栅极电压 U_G和加速极 A_1，观察荧光屏上的光点（此时光点不再会聚，是一个光斑）。

（4）逐步增大纵向励磁电流I，观察电子束的聚焦现象（至少聚焦 3 次）。因电子束在作螺旋运动中会碰到周围电极，光斑聚焦的过程中可能消失。若消失，应调节 X 调零和 Y 调零旋钮，使光斑出现。

（5）按照数据表 3.5.3，选择加速电压，测量第一次、第二次、第三次聚焦时的励磁电流I_1、I_2、I_3。在表中进行数据处理后，代入公式计算电子荷质比e/m。

【数据记录与处理】

表 3.5.1　电致偏转数据记录

U_2=（max）	D/div	−16	−12	−8	−4	0	4	8	12	16
	U_d/V									
U_2=（min）	D/div	−16	−12	−8	−4	0	4	8	12	16
	U_d/V									

表 3.5.2　磁致偏转数据记录

U_2=（max）	D/div	−10	−8	−6	−4	−2	0	2	4	6	8	10
	U_d/V											
U_2=（min）	D/div	−10	−8	−6	−4	−2	0	2	4	6	8	10
	U_d/V											

表 3.5.3　测量电子荷质比数据记录

加速电压 U_2/V	次数	第一次聚焦电流 I_1/A	第二次聚焦电流 I_2/A	第三次聚焦电流 I_3/A	聚焦电流平均值 $I=\dfrac{I_1+I_2+I_3}{1+2+3}$	$\dfrac{e}{m}=8\pi^2\dfrac{(A^2+D^2)U_2}{\mu_0^2N^2l^2I^2}$
900	1					
	2					
	3					
	平均					
800	1					
	2					
	3					
	平均					
700	1					
	2					
	3					
	平均					

A=______m，D=______m，N=______匝，l=0.193 m。

（1）在 x-y 坐标纸上描出不同 U_2 下 D-U_d 关系图线，并分析直线斜率，确认 U_2 与电偏灵敏度 $\delta_{电}$ 的关系。

（2）在 x-y 坐标纸上描出不同 U_2 下的 D-I_a 关系图线，并分析直线斜率，确认 U_2 与磁偏灵敏度 $\delta_{磁}$ 的关系。

（3）用图解法求电偏灵敏度 $\delta_{电}$。

（4）用逐差法求磁偏灵敏度 $\delta_{磁}$。

（5）计算 e/m 值，求与标准值 $e/m=1.76\times10^{11}$ C · kg^{-1} 的百分差，并对结果进行分析讨论。

【注意事项】

（1）接通电源前，先检查接线是否正确，以免损坏仪器。

（2）不能使光点过亮，因为过亮的光点会因为电子作强轰击而使荧光屏过热，导致荧光粉局部损坏。调节亮度旋钮后，加速电压 U_2 可能变化，应再调 U_2 至规定电压，尽量保证 U_2 不变。

（3）做磁聚焦实验，特别是做第三次聚焦实验时，不要使螺线管聚焦线圈长时间工作，以免线圈过热被烧坏。

（4）实验全过程应尽量保证纵向螺线管与示波管的同心程度，否则会带来较大的误差。

实验 6　霍尔效应法及冲击电流法测量磁场

在工业、农业、国防和科学研究等领域，如离子回旋加速器、地震预测和磁性材料等领域，需要对磁场进行测量。根据被测磁场的类型和强弱不同，测量磁场的方法也有不同。本实验使用霍尔效应法和冲击电流法测量载流长直螺线管内的磁场。

霍尔效应是电磁效应的一种，这一现象是美国物理学家霍尔（E.H.Hall，1855—1938）于 1879 年在研究金属的导电机制时发现的。利用霍尔效应制作的霍尔器件作为一种特殊的半导体器件，在生产和科研中有广泛的应用，如判别材料的导电类型，确定载流子数密度与温度的关系，测量温度、磁场、电流等，特别是在现代汽车制造领域，如 ABS 系统中的速度传感器、汽车速度表和里程表、液体物理量检测器、各种开关等。

【实验目的】

（1）了解载流长直螺线管内磁感应强度的分布。

（2）掌握霍尔效应法测量磁场的原理和方法。

（3）学习使用“异号法”消除副效应产生的系统误差。

（4）了解电磁感应定律。

（5）掌握冲击电流法测量磁场的原理和方法。

【实验仪器】

ZKY-LS-3 螺线管磁场实验仪、ZKY-H/L 霍尔效应/螺线管磁场测试仪、XD-DQ3 冲击电流计、导线、霍尔元件筒、探测线圈筒。

【实验原理】

1. 霍尔效应法测量磁场

（1）霍尔效应。

如图 3.6.1 所示，把一块宽为 b、厚为 d 的半导体薄片垂直放在磁感应强度为 B 的磁场中，如果在薄片的纵向上通入一定的电流 I，那么在薄片横向两端之间会出现一定的电势差，该电势差被称为霍尔电压（U_H），该现象被称为霍尔效应。如果撤去磁场，或者撤去电流，那么霍尔电压也就随之消失。霍尔电压的形成，可以用带电粒子在磁场中运动时受到洛仑兹力的作用来解释。

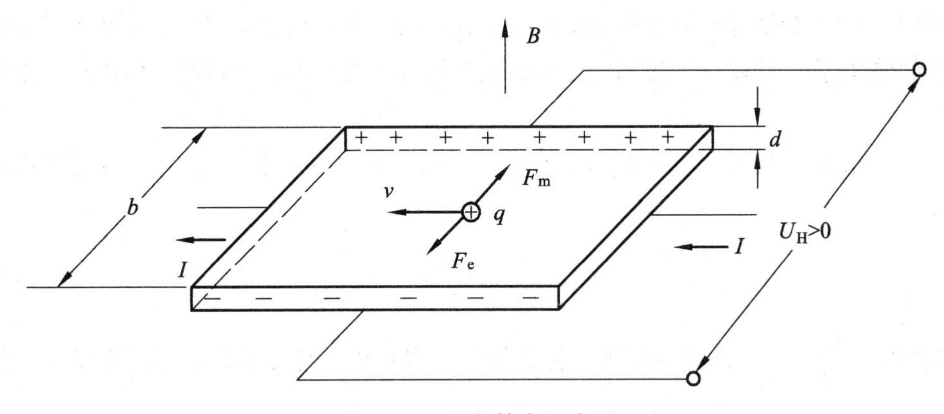

图 3.6.1 霍尔效应示意图

在图 3.6.1 中，设半导体薄片中的载流子带正电，电量为 q。当薄片中通以电流 I 时，载流子以平均定向速率 v 运动，这些载流子在磁场中受到洛伦兹力 F_m 的作用，其值为 $F_m = qvB$，方向为 $\boldsymbol{v} \times \boldsymbol{B}$。使得在薄片里侧表面上积累有正电荷，外侧表面上积累有负电荷。随着电荷的积累，在两侧表面之间出现了电场强度为 $\boldsymbol{E}$ 的电场，使载流子受到一个与洛仑兹力方向相反的电场力 F_e 的作用，其大小为 $F_e = qE_H$。随着电荷在两侧的不断积累，F_e 也不断增大。当电场力增大到正好等于洛仑兹力时，就达到了动态平衡，即

$$qE_H = qvB \tag{3.6.1}$$

动态平衡时形成的霍尔电场可视作匀强电场，其场强为

$$E_H = \frac{U_H}{b} \tag{3.6.2}$$

则式（3.6.1）可写为

$$U_H = vBb \tag{3.6.3}$$

实际上易于测量的是电流 I，而不是载流子平均定向速率 v。因此设电荷数密度为 n（即单位体积中的电荷数），由 $I = \frac{\mathrm{d}q}{\mathrm{d}t}$，可得

$$I = vbdnq \tag{3.6.4}$$

对于确定的材料，电荷数密度 n 和电量 q 都是一定的。令 $R_H = \frac{1}{nq}$，得

$$U_H = \frac{R_H}{d} IB \tag{3.6.5}$$

R_H为霍尔系数，它是反映材料霍尔效应强弱的重要参数。在金属导体中，由于自由电子数密度很大，因而金属导体的霍尔系数很小，相应的霍尔效应也就很弱；而在半导体中，电荷数密度则低得多，因此半导体的霍尔系数比金属导体大得多，所以半导体能产生很强的霍尔效应。

对于成品霍尔元件而言，其 R_H 和 d 已知，因此在实际应用中公式（3.6.5）通常以如下形式出现：

$$U_H = K_H BI \tag{3.6.6}$$

其中 $K_H = \frac{R_H}{d} = \frac{I}{nqd}$ 被称为霍尔元件灵敏度，表示该元件在单位磁感应强度和单位电流作用下霍尔电压的大小。由（3.6.6）式可知，如果 I、K_H 已知，在测出霍尔电压 U_H 后，即可算出磁感应强度 B

$$B = \frac{U_H}{IK_H} \tag{3.6.7}$$

（2）霍尔效应实验中的副效应。

应当指出，式（3.6.7）是在理想情形下得到的。在实际应用中，除了霍尔效应之外还存在其他效应，被称为副效应。由此产生的附加电压叠加在霍尔电压上，形成测量系统误差。

① 爱廷豪森效应（Ettingshausen effect）。

爱廷豪森发现，由于载流子的速度不相等，它们在磁场的作用下，速度大的载流子受到的洛仑兹力大，绕大圆轨道运动；速度小的载流子则绕小圆轨道运动。这样导致霍尔元件的一端较另一端具有较多的能量而形成一个横向的温度梯度，因而产生温差电效应，形成的电势差记为 U_E，其方向取决于电流 I 和磁场 B 的方向，并可判断 U_E 与 U_H 始终同向。

② 能斯特效应（Nernst effect）。

如图 3.6.2 所示，由于输入电流端引线的焊接点 a、b 处的电阻不相等，通电后发热程度不同，使 a 和 b 两端之间存在温差电动势，此电动势又产生温差电流（称为热电流）。在磁场的作用下，在 c、e 两段出现了横向电场，由此产生附加电势差，记为 U_N，其方向与电流 I 无关，只随磁场 B 方向而变。

③ 里吉-勒杜克效应（Righi-Leduc effect）。

由于热扩散电流的载流子的迁移率不同，与爱廷豪森效应中载流子速度不同一样，也将形成一个横向的温度梯度，以产生附加电势差，记为 U_R，其方向只与磁场 B 方向有关。

④ 不等位电势差。

不等位电势差是由霍尔元件的材料不均匀，以及电压输入端引线在制作时不可能绝对对称地焊接在霍尔片两侧所引起的，如图 3.6.3 所示。因此，当电流 I 流过霍尔元件时，在电极

3、4之间也具有电势差，记为 U_0，其方向只随电流 I 方向不同而改变，与磁场 B 方向无关。

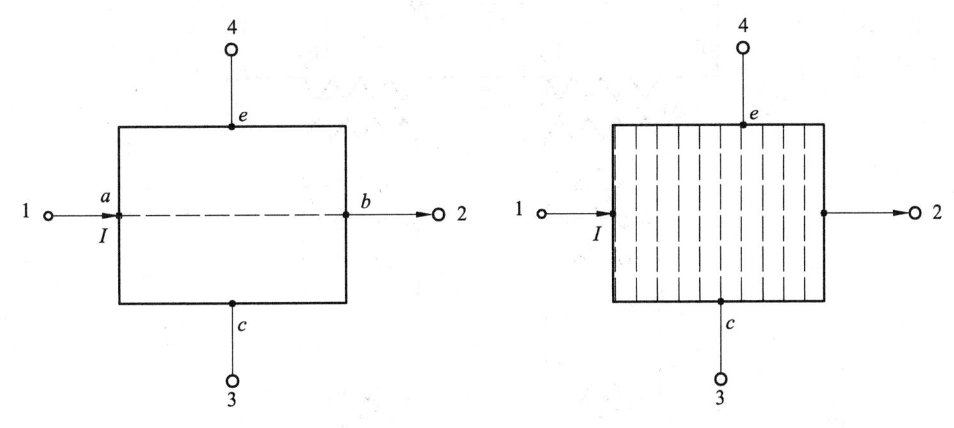

图 3.6.2 能斯特效应　　图 3.6.3 不等位电势

综上所述，实际测得的电压，不仅包括 U_H，还包括了 U_E、U_N、U_R、U_0，是这 5 种电压的代数和。使用“异号法”消除副效应的影响，在分别改变电流 I 和磁场 B 的方向后，测量出 4 组不同的电势差，然后作适当的数据处理，进而得到 U_H。

在取 $+I$、$+B$ 时，测得：$U_1=U_H+U_E+U_N+U_R+U_0$

在取 $-I$、$+B$ 时，测得：$U_2=-U_H-U_E+U_N+U_R-U_0$

在取 $-I$、$-B$ 时，测得：$U_3=U_H+U_E-U_N-U_R-U_0$

在取 $+I$、$-B$ 时，测得：$U_4=-U_H-U_E-U_N-U_R+U_0$

消去 U_N、U_R、U_0 得

$$U_H=\frac{1}{4}(U_1-U_2+U_3-U_4)-U_E \tag{3.6.8}$$

在非大电流非强磁场下，$U_E \ll U_H$，所以 U_E 一般可忽略不计，公式（3.6.8）可记作

$$U_H=\frac{1}{4}(U_1-U_2+U_3-U_4) \tag{3.6.9}$$

2. 用冲击法测量磁场

实验电路原理如图 3.6.4 所示，其中 G 为冲击电流计，L_1 为载流长直螺线管，L_2 为探测线圈，I_M 为长直螺线管励磁电流（0 ~ 1 000 mA），I_S 为互感器励磁电流（0 ~ 10 mA），M 为互感器（初级线圈 L_1'，次级线圈 L_2'），K_1 为互感器励磁电流换向开关，K_2 为长直螺线管励磁电流换向开关，K 为阻尼开关（K 接 1 时接通冲击回路，K 接 2 时冲击电流计短路）。

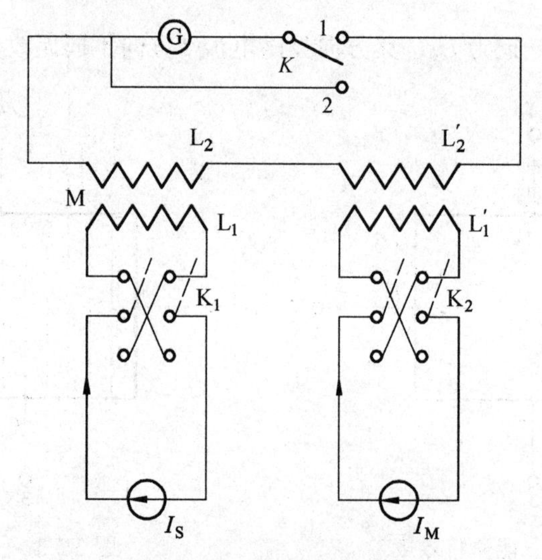

图 3.6.4　冲击法测量磁场原理图

在接通冲击回路，并将 K_1 开关一直断开的情况下，长直螺线管励磁电流换向开关 K_2 从断开状态倒向接通时，长直螺线管励磁电流从 0 突然变为 I_M，同时长直螺线管内的磁感应强度从 0 跳到 B，则放置于长直螺线管内的探测线圈 L_2 横截面上穿过的磁通也由 0 跳变到 Φ。

根据电磁感应定律，在探测回路中产生的感应电动势为：

$$\varepsilon = -\frac{\mathrm{d}\Phi}{\mathrm{d}t} \tag{3.6.10}$$

设整个探测回路的总电阻为 R，则通过冲击电流计 G 的瞬时感应脉冲电流为

$$i = \frac{\varepsilon}{R} = -\frac{1}{R}\frac{\mathrm{d}\Phi}{\mathrm{d}t} \tag{3.6.11}$$

在磁通变化的时间 t 内，通过冲击电流计 G 的冲击电荷为

$$q = \int_0^t i\mathrm{d}t = \int_0^t \left(-\frac{1}{R}\frac{\mathrm{d}\Phi}{\mathrm{d}t}\right)\mathrm{d}t = -\frac{1}{R}\int_0^{\Phi} \mathrm{d}\Phi = -\frac{\Phi}{R} = -\frac{NBS}{R} \tag{3.6.12}$$

式中，N 为探测线圈匝数，B 为载流长直螺线管内磁感应强度，S 为探测线圈有效横截面积。

同理，将接通的长直螺线管励磁电流换向开关 K_2 突然断开，长直螺线管励磁电流由 I_M 跳到 0 时，长直螺线管内磁感应强度也由 B 跳到 0，同时穿过探测线圈 L_2 横截面的磁通由 Φ 跳变到 0。

相应地，

$$q = \frac{NBS}{R} \tag{3.6.13}$$

若将长直螺线管励磁电流换向输入，则 B 的方向相反，所测得的 q 值也是大小相同、符号相反。上式中 N、S 为已知，q 可从冲击电流计中直接读出，而 R 则难于直接测量（实际上它应是电路中的复阻抗 Z）。为此可采用互感器比较法，在刚才的测量中已将互感器的 L_2' 线圈串入到冲击回路中，以保证两次比较测量中冲击电流回路参数一致。

在接通冲击回路并断开长直螺线管励磁电流后，突然接通互感器电流 I_S，则穿过 L_2' 线圈产生的互感电动势大小为

$$\varepsilon' = \frac{d\Phi}{dt} = -M\frac{dI_S}{dt} \tag{3.6.14}$$

式中，M 为互感系数。

感应脉冲电流为

$$i' = \frac{\varepsilon'}{R} = -\frac{M}{R}\frac{dI_S}{dt} \tag{3.6.15}$$

冲击电荷为

$$q' = \int_0^t i'dt = -\frac{MI_S}{R} \tag{3.6.16}$$

若断开互感器电流 I_S，初级回路中电流从 I_S 变为 0，则相应地，

$$q' = \frac{MI_S}{R} \tag{3.6.17}$$

联立式（3.6.13）、（3.6.17）可得

$$B = \frac{MI_S q}{NSq'} \tag{3.6.18}$$

3. 载流长直螺线管内的磁感应强度

均匀地绕在圆柱面上的螺旋线圈称为螺线管。对于密绕的螺线管，可以近似地看成一系列有共同轴线的圆形线圈的并排组合。假设载流长直螺线管的直径为 D，总长度为 L，μ为磁导率，n 为载流长直螺线管单位长度的匝数，I_M 为励磁电流。利用毕奥-萨伐尔定律，可得载流长直螺线管内磁感应强度。

如果长直螺线管为无限长，或者是 $L \gg D$ 的有限长螺线管，则其轴线上的磁场为均匀磁场，大小为

$$B = \mu n I_M \tag{3.6.19}$$

在螺线管轴线的端口处磁感应强度为

$$B = \frac{1}{2}\mu n I_M \tag{3.6.20}$$

【实验内容与步骤】

1. 霍尔效应法测量磁场

（1）连接仪器并预热，霍尔电压选择“20 mV”挡。

（2）测量载流长直螺线管内轴中心的磁感应强度。

将霍尔元件调至载流长直螺线管中心（即 x=0 mm 处）。励磁电流取 I_M =600 mA，将工作电流 I_S 从 1.00 mA 增大到 10.00 mA，每增加 1.00 mA，将 B、I 换向，测出相对应的 U_1、U_2、U_3、U_4，数据记录在表 3.6.1 中。

（3）测量磁感应强度在载流长直螺线管内轴的分布情况。

取励磁电流 I_M =600 mA，工作电流 I_S =5.00 mA，并保持不变，移动霍尔元件在载流长直螺线管内轴线 10 个不同的位置，将 B、I 换向，测出相应的 U_1、U_2、U_3、U_4，数据记录在表 3.6.2 中。

2. 冲击电流法测量磁场

（1）连接好实验仪器，把探测线圈 L_2 调至载流长直螺线管中心（即 x=0 mm 处），将冲击电流计调零，接通冲击回路（开关 K 接到 1）。

（2）取长直螺线管励磁电流 I_M = 600 mA，在 K_1 开关一直断开的过程中，将长直螺线管励磁电流 I_M 换向开关 K_2 分别按正向接通、断开，反向接通、断开的顺序测量回路的冲击电荷量 q，反复测量 6 组数据，记录在表 3.6.3 中。

（3）取互感器励磁电流 I_S = 5.00 mA，在 K_2 开关一直断开的过程中，将互感器励磁电流 I_S 换向开关 K_1 分别按正向接通、断开，反向接通、断开的顺序测量探测回路的冲击电荷量 q'，反复测量 6 组数据，记录在表 3.6.4 中。

【数据记录与处理】

（1）利用表 3.6.1 的数据，采用最小二乘法计算载流长直螺线管轴线中心磁感应强度 B_1，写出标准表达式（K_H 由实验室给出）。

表 3.6.1　载流长直螺线管中轴线中心的磁感应强度数据记录

（I_M= 600 mA）

I_S/mA	U/mV				
	U_1	U_2	U_3	U_4	U_H

（2）利用表 3.6.2 的数据，根据 $B=\dfrac{U_H}{I_S K_H}$ 计算载流长直螺线管内轴线不同位置的磁感应强度 B，并绘制 B-x 曲线。

表 3.6.2　载流长直螺线管中轴线不同位置的磁感应强度数据记录

[(I_M=600 mA；I_S=5.00 mA；K_H=________mV/mA.T)]

x/mm	U/mV					B/T
	U_1	U_2	U_3	U_4	U_H	

（3）将表 3.6.3 和表 3.6.4 的数据代入公式 $B=\dfrac{MI_S q}{NSq'}$，计算用冲击电流法测量的载流长直螺线管中轴线中心的磁场 B_2，写出标准表达式。式中 $M=0.044H$（25 °C 时的参考值，温度不同互感系数略有差异），$N=1\,000$，$S=2.631\times10^{-5}\ \text{m}^2$。

表 3.6.3　接通、断开长直螺线管励磁电流时冲击电流计读数 q　　　　单位：nC

$I_M = 600$ mA		1	2	3	4	5	6
正向	接通						
	断开						
反向	接通						
	断开						
$\sum\|q\|/4$							
$\bar{q}$							

表 3.6.4　接通、断开互感器励磁电流时冲击电流计读数 q'　　　　单位：nC

$I_S = 5.00$ mA		1	2	3	4	5	6
正向	接通						
	断开						
反向	接通						
	断开						
$\sum\|q'\|/4$							
$\bar{q}'$							

（4）将长直螺线管线圈参数填入表 3.6.5 中，利用公式（3.6.19），计算载流长直螺线管轴线中心的理论磁感应强度 B_0，并分别与 B_1、B_2 计算百分差。（其中磁导率$\mu = 4\pi\times10^{-7}\text{T}\cdot\text{m}\cdot\text{A}^{-1}$，即真空中的磁导率，空气中的磁导率近似真空中的值）

表 3.6.5　螺线管参数

长度 L/m	匝数 N	$n = N/L/\text{m}^{-1}$

【注意事项】

（1）霍尔元件是易损元件，实验时要注意不要碰触、挤压霍尔元件。

（2）霍尔元件的工作电流 I_S 有一额定值，超过额定值后会因发热而烧毁。

（3）冲击电荷量与电流改变的时间Δt 和开关接触或断开时的状态有关。因而每次闭合和断开应尽量保持等速、平稳，以免时间Δt 相差太大，或开关触点在放电过程中的电荷损耗影响测量结果。

【思考题】

（1）为什么霍尔元件都用半导体材料制成而不用金属材料？

（2）如何提高霍尔元件的灵敏度？

实验 7 伏安法测电阻

伏安法测电阻是电学实验中的基础实验，通过学习，能够使学生在电路连接、电路分析和电学仪器等方向得到训练。

【实验目的】

（1）练习连接电路，熟悉滑线变阻器的两种连接方法。

（2）学会几种电学仪器和电表的使用方法。

（3）掌握电学测量有效数字的选取方法，学习用图解法处理数据。

（4）学习可定系统误差的处理方法。

【实验仪器】

输出电压可调的直流稳压电源一台、滑线变阻器一个、多量程电流表一块、多量程电压表一块、待测电阻两只、开关一只。

【实验原理】

根据欧姆定律，如果测得电阻两端的电压 U 和流过电阻的电流 I，则电阻的阻值为

$$R_x = \frac{U}{I} \tag{3.7.1}$$

图 3.7.1 是用伏安法测电阻的实验线路图，其中图（a）和图（b）是滑线变阻器的限流接法，图（a）为电流表外接，图（b）为电流表内接，图（c）是滑线变阻器的分压接法。由于电流表的不同接法会引入不同的可定系统误差，因此对实验结果的可定系统误差进行修正，是本实验的基本要求之一。学会滑线变阻器的两种连接方法，对学习电路分析大有裨益。

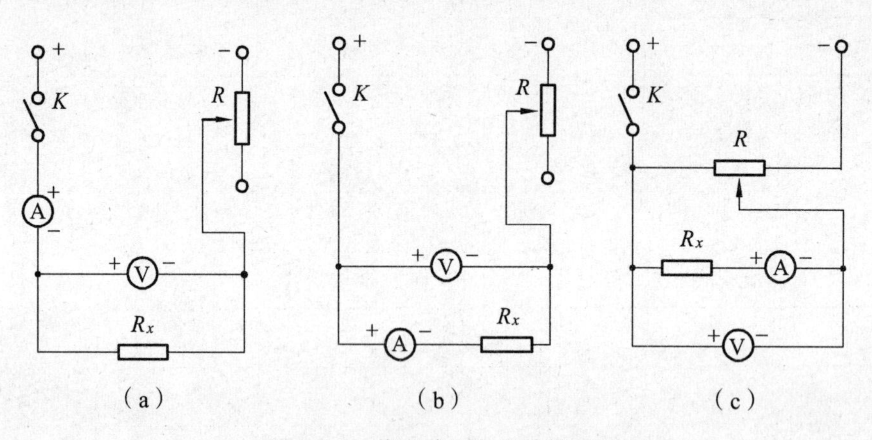

图 3.7.1 伏安法测电阻线路图

通过分析，在被测电阻的阻值比滑线变阻器的阻值小很多时$\left[一般R_x=\left(\frac{1}{10}\sim\frac{1}{2}\right)R\right]$，可以采用限流电路；在被测电阻的阻值比滑线变阻器的阻值大很多时[一般 $R_x=(2\sim10)R$]，可以采用分压电路；如果 R_x 与 R 阻值相差不大，则可任选其中一种电路。

【实验内容与步骤】

（1）根据待测电阻的阻值及滑线变阻器的阻值，确定滑线变阻器的接法。

（2）根据滑线变阻器及待测电阻的额定功率值，确定电源的最大工作电压。

（3）根据待测电阻的阻值及额定功率，选择电表的合适量程。在测量电阻不同测试点的伏安值时，要求不改变量程。选择量程的原则是：

① 电流表量程值 I_m 与电压表量程 U_m 的乘积尽量接近（并小于）被测电阻的额定功率。

② 为了尽量利用同一量程电表的刻度值，要求电流表和电压表指针的摆角大致相同。

（4）记录实验数据。

① 滑线变阻器采用限流接法，电流表采用内接法，调节滑线变阻器 R，读出 7 组 I、U 值，填入表 3.7.1 中。

② 滑线变阻器仍采用限流接法，电流表采用外接法，测量数据列于表 3.7.2 中。

③ 滑线变阻器采用分压接法，电流表采用内接法，测量数据列于表 3.7.3 中。

【数据记录与处理】

表 3.7.1　滑线变阻器限流接法、电流表内接的数据记录

测量值	1	2	3	4	5	6	7
I/mA							
U/V							

表 3.7.2　滑线变阻器限流接法、电流表外接的数据记录

测量值	1	2	3	4	5	6	7
I/mA							
U/V							

表 3.7.3　滑线变阻器分压接法、电流表内接的数据记录

测量值	1	2	3	4	5	6	7
I/mA							
U/V							

（1）在坐标纸上分别画出上面 3 个表中测试数据的伏安特性曲线，并根据曲线斜率求出待测电阻 R_x。

（2）分别对测试结果 R_x 进行可定系统误差修正，写出 R_x 的最后结果（电表的内阻由实验室给出）。

【思考题】

（1）试分析，测量比滑线变阻器的阻值小很多的电阻，采用分压法；而测量比滑线变阻器的阻值大很多的电阻采用限流法，对实验会有什么影响？

（2）在测量非线性元件的伏安特性时，也常采用伏安法。试画出测量二极管正反向伏安特性曲线的线路图。

（3）在采用分压线路测量较大电阻时，为什么不采用电流表外接法？

（4）总结连接电路的一般程序。

实验 8　电位差计测量热电动势

电位差计是一种精密的电学测量仪器，主要用于测量电动势、电势差和校准电表，还可用于间接测量接地电阻、电流和一些非电学量(如温度、压力)等，其精度可达到 0.1%～0.03%。

【实验目的】

（1）理解补偿法，掌握电位差计的工作原理和使用方法。

（2）了解热电偶测温原理，会使用电位差计测量温差电动势。

【实验仪器】

UJ36 型直流电位差计、热电偶装置、温度计、烧杯、酒精灯、变压器油等。

【实验原理】

1. 补偿原理

用电压表测量电源电动势时，由于电池存在内阻 r，只要有电流流过，电池内阻就有电势差 U_r，所以电压表指示的是端电压，而不是电源的电动势。要准确地测量一个电源的电动势，必须保证在没有任何电流流过该电源时进行测量。补偿法能解决该问题，电位差计就是利用补偿法测量电势差或电动势的。补偿法的原理可用图 3.8.1 来说明，其中 E_x 为待测电源的电动势，E_0 为可改变电动势的标准电源，G 为灵敏电流计。调节灵敏电流计 G 指零，此时必有

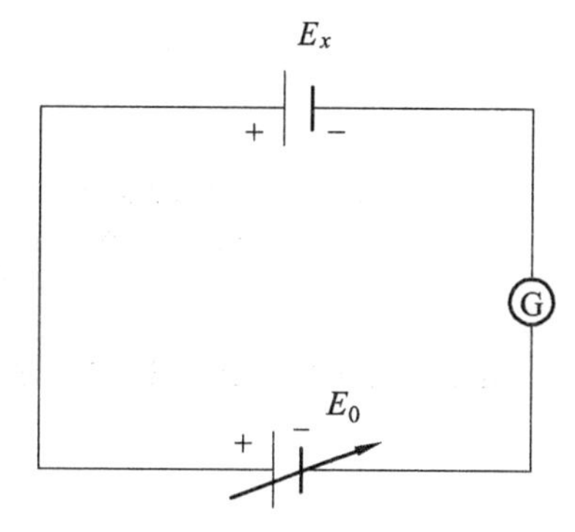

图 3.8.1　补偿法测电源电动势

$$E_x = E_0 \tag{3.8.1}$$

即 E_x 与 E_0 相等，这种方法是利用已知电动势来抵消待测电动势，故称补偿法。

由于没有可调的标准电源，所以补偿原理只是电位差计的基本原理，并不实用。但根据补偿原理，可以设计出电位差计的实际工作电路。

2. 电位差计的工作原理

箱式电位差计有三个重要的组成部分：① 工作电流调节回路；② 标准工作电流回路；

③ 待测回路，如图 3.8.2 所示。

将 K 接通标准回路，调节 R_p 使检流计指针指零。这时标准电池的电动势 E_s 被 R_s 上的电压降补偿，即

$$E_s = IR_s \tag{3.8.1}$$

电流 I 流经工作回路，称为电位差计的工作电流。

调节好工作电流后，将 K 接通待测回路，移动触头 C'，再次使检流计指针指零，此时待测电动势 E_x 被 R_x 上的电压降补偿，即

$$E_x = IR_x \tag{3.8.2}$$

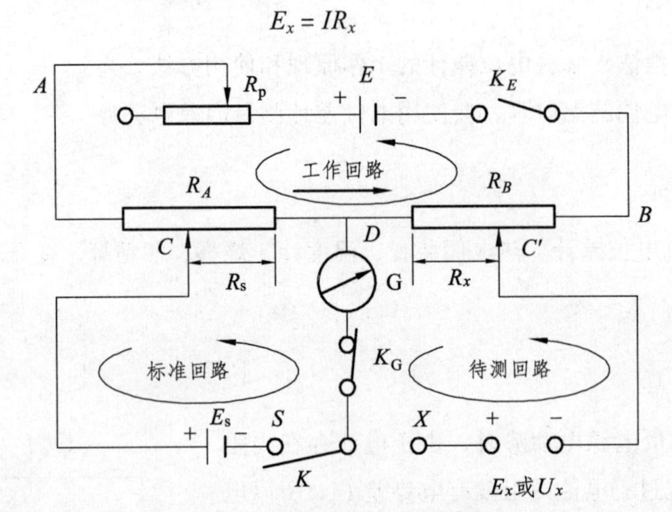

E—工作电源；E_s—标准电池；E_x—被测电动势（或电压 U_x）；G—晶体管放大检流计；R_p—工作电流调节电阻；R_x—被测电动势的补偿电阻；K—转换开关。

图 3.8.2　电位差计工作原理图

由式（3.8.1）、式（3.8.2）联立解得

$$E_x = \frac{R_x}{R_s} E_s \tag{3.8.3}$$

从式（3.8.3）可以看出，只需测量出 R_x 和 R_s 的比值，即可得知 E_x 的大小。在箱式电位差计中，E_s、R_s 都是固定值，因此，E_x 值就与 R_x 值成正比。只要将 E_s / R_s 值形成一定倍数关系，就能将 R_x 直接代换成电动势并刻于刻度盘上。

UJ36 型直流电位差计将 R_B 分成一只步进电阻和一只滑线电阻串联，组成步进读数盘和滑线读数盘。请对照该原理观察 UJ36 型直流电位差计面板并仔细阅读使用方法。

3. 热电偶测温原理

两种不同的金属材料 A、B 组成一闭合回路，如图 3.8.3 所示。若将其两接点处于不同的温度 T_0 和 T，则将在回路中产生电动势，称为温差电动势。由图 3.8.3 所示的两种不同金属材料的组合便可构成最简单的热电偶。

一般来说，当两接点的温度相差不大时，热电偶产生的温差电动势与两接点的温差可认为满足正比关系，即

$$\varepsilon = \alpha(T - T_0) \quad (3.8.4)$$

式中：ε 为被测热电偶的温差电动势；T 为热温端温度；T_0 为冷温端温度。

只有在温差不大的情况下，式中 α 为一常数，即温差电动势与两接点的温度差呈线性关系。

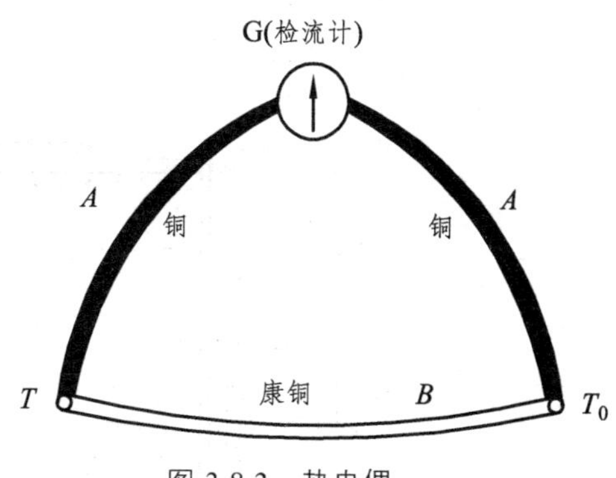

图 3.8.3　热电偶

如镍铬-康铜热电偶（正端为镍铬）、铜-康铜热电偶（正端为铜）、镍铬-镍铝热电偶（正端为镍）等，这些材料制成的热电偶的电动势在温度差不大时能满足式（3.8.4）。

更复杂的情况是，温差电动势与两接点的温度差并不满足简单的线性关系，而为

$$\varepsilon = \alpha(T - T_0) + b(T - T_0)^2 + \cdots \quad (3.8.5)$$

本实验用铜-康铜热电偶测温，它的测温范围为：－100 ~ 200 °C。

根据式（3.8.4），将热电偶的一端温度 T_0 固定（如冰点或室温），把开氏温度 T 用摄氏温度 t 来表示，则有

$$\varepsilon = \alpha\Delta' t \quad (3.8.6)$$

由实验测定 ε -Δt 的对应关系（即确定常数 α），以后应用热电偶测温时，只需测出电动势的值，就可从 ε -Δt 关系中查找出相应的温度，从而达到测温目的，部分飞机发动机的温差表就是依此原理设计的。

【实验内容与步骤】

用 UJ36 型直流电位差计测量热电偶的温差电动势。

图 3.8.4 为铜-康铜热电偶装置。将热电偶 A 端温度 t_1 固定（即 A 端置于 0 °C 或室温水中），另一端 B 的温度 t_2 经加热使其变化，得到 $\Delta t = t_2 - t_1$，由式（3.8.6）则可画出 ε -Δt 关系图线。

（1）按图 3.8.4 安排仪器和连接线路，热电偶热端接“+”极。

（2）点燃酒精灯加热热电偶的 B 端（边加热边搅拌，使油中温度均匀）。当油温上升到适当值时停止加热、停止搅拌，让油自然冷却。在自然冷却过程中进行测量（测量时温度计要尽量靠近热电偶的 B 端，使所测温度更接近 B 端的值，减小误差）。

（3）机械调零，使检流计指针指零。

（4）把 UJ36 型直流电位差计面板上的倍率开关旋向所需位置（0.2）上（同时接通了工作电源的检流计），3 min 后调节“检流计电气调零”旋钮使检流计指针指零。

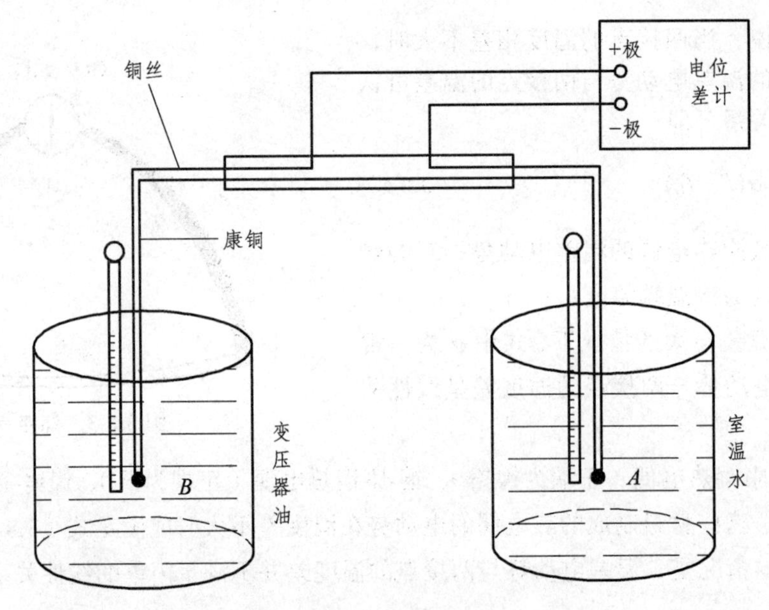

图 3.8.4　热电偶装置

（5）将扳键开关置于“标准”位置，调节 R_p 使检流计指针指零（即校准工作电流）。

（6）将 K 键置于“未知”位置，测量电动势。测量时（不要动 R_p 旋钮），旋转步进读数盘和滑线读数盘使检流计指针再次指零，此时未知电动势（此处即为热电动势）的值为

$$U_x = \text{倍率} \times (\text{步进盘读数} + \text{滑线盘读数}) \tag{3.8.7}$$

注意：

① 按有效数字的规则正确读数（先认清仪器精度再读数）。

② 必须在检流计指针指零的同时准确读出温度 t_2 和 U_x，一定要保证测量的“同时性”（方法：随时将指针调节在零位置）。

（7）t_2 每隔 3 ~ 5 °C 测量一次热电动势值。重复步骤（5）和（6），共测量 10 组数据。

【数据记录与处理】

（1）设计合理的数据记录表，将 10 组数据正确地记录在表中。

（2）用最小二乘法处理数据并与图解法画出的 ε-Δt 关系图线进行比较。

（3）根据所得实验图线计算出式（3.8.6）的系数 α 的值，并说明它的物理意义。

（4）定性说明本实验误差产生的原因。

【注意事项】

（1）测量时，电位差计面板上的开关 K 不能长时间地置于“标准”位置，防止损坏标准电池。

（2）将 R_p 旋转到适当位置，使检流计指针在零位置附近摆动灵敏。若调节滑线读数盘，检流计指针偏向一端不动，一定要注意改变步进读数盘的挡位。

（3）测量完毕后，一定要将倍率开关置于空挡位置，断开工作电源，要将电位差计面板上的开关 K 置于空挡位置，盖好仪器面板。

【思考题】

（1）什么叫补偿法？它有何优点？

（2）在使用电位差计进行测量过程中，每次测量时都要调节 R_p，为什么？

（3）热电偶的测温原理是什么？

实验9　伏安法测非线性电阻

伏安法测电阻是电阻测量的基本方法之一。当电阻两端加上电压，电阻内有电流通过时，电压与电流之间存在一定的关系。元件的电流随外加电压的变化关系曲线，称为伏安特性曲线。从伏安特性曲线所遵循的规律，可获得元件的导电特性。

【实验目的】

（1）练习使用电压表和电流表，了解内接、外接条件；熟悉滑线电阻的分压、限流电路的连接。

（2）了解非线性电阻的特性。

（3）练习作图法，测绘非线性电阻的特性曲线——伏安特性曲线。

【实验仪器】

直流电源一个、直流电流表 0 ~ 50 mA、0 ~ 0.6 A 各一只，直流电压表 0 ~ 3 V、0 ~ 10 V 各一只，滑线电阻 1 750 Ω 和 100 Ω 各一只，二极管（$2CW_1$），换向开关，小灯泡等。

【实验原理】

电阻元件通常分为两类，一类是线性电阻，另一类是非线性电阻。对于前者，加在电阻两端的电压 U 与通过它的电流成正比（忽略电流热效应对阻值的影响）；对于后者，电阻值则随加在它两端的电压变化而变化。若用实验曲线来表示这种特性，前者的 U-I 特性曲线为一直线，此直线斜率的倒数就是其电阻值，如图 3.9.1 所示；而后者的 U-I 特性曲线不是一条直线，而是一条曲线，其电阻曲线上各点的电压与电流的比值，并不是一个定值，它的电阻定义为 $R=\dfrac{dU}{dI}$，也由曲线斜率求得，但各点的斜率却不相同，如图 3.9.2 所示。

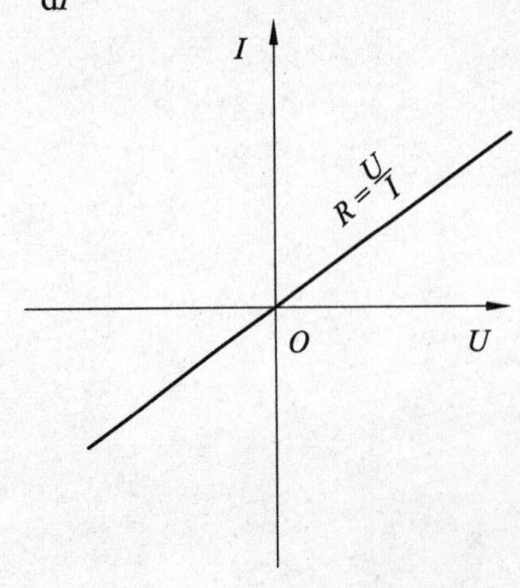

图 3.9.1　线性电阻特性曲线

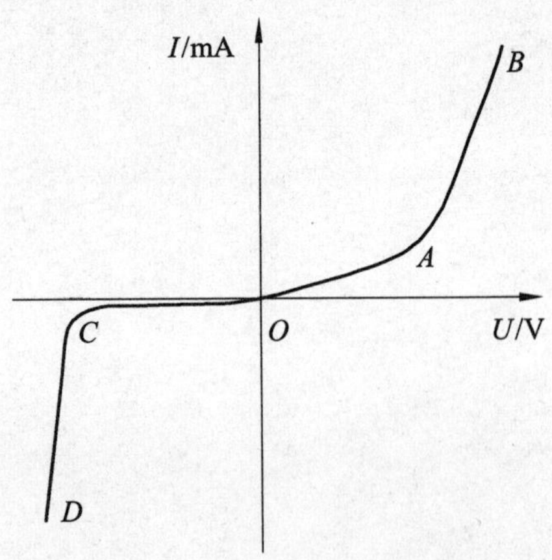

图 3.9.2　二极管伏安特性曲线

晶体二极管是典型的非线性元件，通常用符号$\stackrel{+}{}$—▷|—$\stackrel{-}{}$表示。本实验选用 $2CW_1$稳压二极管，查手册可知：最大反向电流 $I_{反}=30$ mA，反向电阻 $R_{反}>10$ MΩ，图 3.9.2 为其伏安特性曲线。从图中曲线可以看出，当二极管加正向电压时，管子呈低阻状态，在 *OA* 段，外加电压不足以克服 PN 结内电场对多数载流子的扩散所造成的阻力，正向电流较小，二极管的电阻较大；在 *AB* 段，外加电压超过闭电压（锗管约为 0.3 V，硅管约为 0.7 V）后，内电场大大削弱，二极管的电阻变得很小（约 40 Ω），电流迅速增大，二极管呈导通状态。相反，若二极管加反向电压，当电压较小时，反向电流很小，在曲线 *OC* 段，管子呈高阻状态（截止）；当电压继续增加到该二极管的击穿电压时，电流剧增（*CD* 段），二极管被击穿，此时电阻趋于零。

由于二极管正、反向伏安特性曲线的不同，在使用伏安法测二极管正、反向电阻时，必须考虑电表的接入误差。

通过实验和理论分析，已经知道：当 $R_x \gg R_A$（电流表内阻）时，宜采用电流表内接线路；当 $R_x \ll R_V$（电压表内阻）时，宜采用电流表外接线路。在测量二极管正向特性时，因 $R_x \ll R_V$，故采用电流表外接法，测量反向特性时，因 $R_x \gg R_A$，故采用电流表内接法。

【实验内容与步骤】

1．二极管正向特性曲线的描绘

（1）线路分析及元件参数的计算。

二极管的正向电压降一般为 1 V 左右，电压变化范围较小，故应选择限流线路。而限流线路需计算：① 限流电阻的全电阻；② 限流电阻的额定功率；③ 细调精细度。

$2CW_1$的正向电流为 50 mA，正向电阻设为 $R_0=40\ \Omega$，若特性曲线从 1 mA 作起，则最小电流 $I_{min}=1$ mA。根据

$$I_{max}=\frac{E}{R_0}$$

则

$$E=I_{max}\cdot R_0=50\ \text{mA}\times 40\ \Omega=2\ \text{V}$$

线路电源电压选为 2 V。

根据

$$I_{max}=\frac{E}{R+R_0}$$

则

$$R+R_0=\frac{E}{I_{max}}=\frac{2}{1\times 10^{-3}}=2\ 000\ \Omega$$

$$R=2\ 000\ \Omega-40\ \Omega=1\ 960\ \Omega$$

限流电阻 *R* 应选用 1 960 Ω，用实验室现有的 1 750 Ω 滑线电阻基本满足要求。此滑线电

阻允许通过 300 mA 电流，而线路中最大电流仅 50 mA，不会超过电阻的额定功率。

假设实验中细调精细度要求$\Delta I = 1$ mA，根据 $\Delta I = \dfrac{I^2}{E}\Delta R$，则

$$\Delta R = \frac{E}{I^2}\Delta I = \frac{2}{(50\times10^{-3})^2}\times(1\times10^{-3}) = 0.8\ \Omega$$

为满足 1 mA 的微调要求，滑线电阻每圈电阻值应为 0.8 Ω，实验选用的 1 750 Ω 滑线电阻共 1 000 圈，故$\Delta R = 1.7$ Ω，基本可用。

根据上述分析计算，可测试 $2CW_1$ 正向伏安特性图。

（2）测绘曲线。

按图 3.9.3，接好线路，合上 *K*，调节 *R*，电流每变化 1 mA，记录相应电压值，并将数据直接标于坐标纸上。在曲线变化较大的地方尽可能多作些数据，以便更准确地描绘曲线。

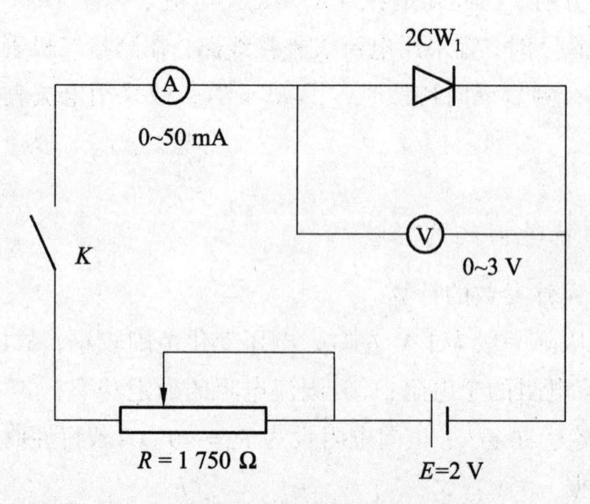

图 3.9.3　测二极管正向特性曲线路图电路图

2. 二极管反向特性曲线的描绘

由于 $2CW_1$ 的额定电压（反向击穿电压）为 7 V 左右，而且反向电阻甚大，$R_{反} > 10$ MΩ，故采用分压线路。为观察反向电流在 7 V 附近的变化，应在分压线路上接入限流电阻 R_1，作为微调，电源电压选择 8 ~ 10 V。

按图 3.9.4 接线，将 R_1 滑至最大位置，*R* 的接头 *C* 滑至 *B* 处。合上 *K*，调节 *C*，使二极管反向电压由小到大，观察电流表读数的变化。当电流表有指示时，将电流、电压值在坐标纸上标出来；再调节 *C*，使电压每变化 0.1 V，在坐标纸上标出相应的电流、电压值的点。当电流达到 10 mA 时，*R* 的调节就比较困难了，改用 R_1 调节，直至 25 mA，作出反向伏安特性曲线。

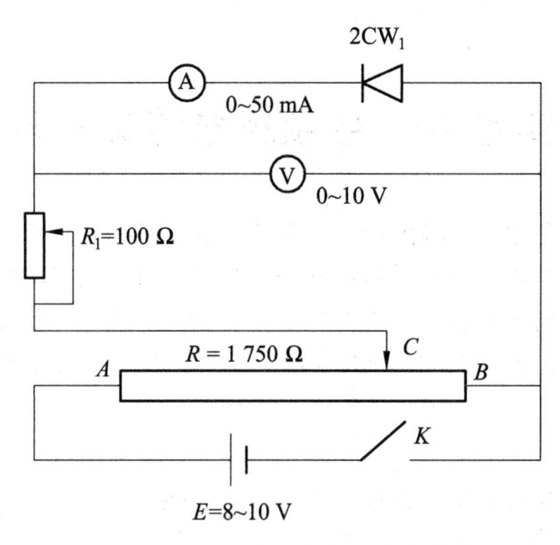

图 3.9.4　测二极管反向特性曲线线路图

3. 小灯泡伏安曲线的描绘

给定一只 6.3 V 的小灯泡，已知 $U_{H} = 6.3$ V，$I_{H'} = 250$ mA，起始电流为 20 mA，灵敏电流表内阻为 1 Ω 以下，电压表内阻为数千欧。

要求：（1）自行设计测试伏安特性曲线的线路。

（2）测试小灯泡的伏安特性曲线。

（3）判定小灯泡是线性元件还是非线性元件。

【思考题】

（1）非线性元件的电阻能否用直流电桥、万用电表来测定？为什么？

（2）如何用万用电表判断二极管的正负极性？

实验 10　牛顿环与劈尖干涉

光的干涉是光学现象之一。将由同一光源发出的光分成两束，这两束光在空间中经过不同路径会合时，发生干涉。光的干涉在科研、生产和生活中有着广泛的应用，通常用来测量透镜的曲率半径、光波波长、微小厚度、微小角度、检查光学元件表面的光洁度和平整度等。分光束的方法有分振幅法和分波面法，牛顿环和劈尖是分振幅法的薄膜等厚干涉。

【实验目的】

（1）了解光线经过劈尖型空气薄膜产生的干涉现象。

（2）掌握干涉法测透镜曲率半径、微小直径（或厚度）。

（3）学会正确使用读数显微镜。

【实验仪器】

牛顿环仪、劈尖、读数显微镜、钠光灯及电源等。

【实验原理】

1. 牛顿环

将一块曲率半径较大的平凸透镜凸面置于一光学平玻璃板上，在透镜凸面和平玻璃板之间就形成了空气薄膜，这层薄膜的厚度是从中心接触点到边缘逐渐增加。在以接触点为中心的圆周上，空气薄膜的厚度相等。当以平行单色光垂直入射薄膜时，入射光将在此薄膜上下两表面上反射，会产生具有一定光程差的两束相干光（图 3.10.1）。这两束相干光的干涉图样是以接触点为中心的一系列明暗交替的、中心疏而边缘密的同心环状条纹，称为牛顿环，形成的牛顿环如图 3.10.2 所示。

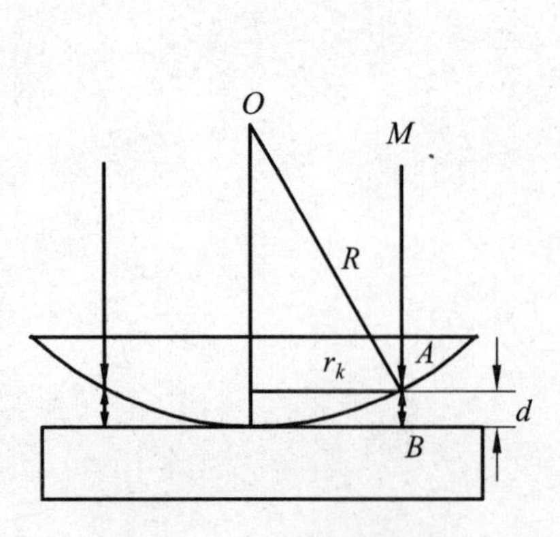

图 3.10.1　牛顿环装置

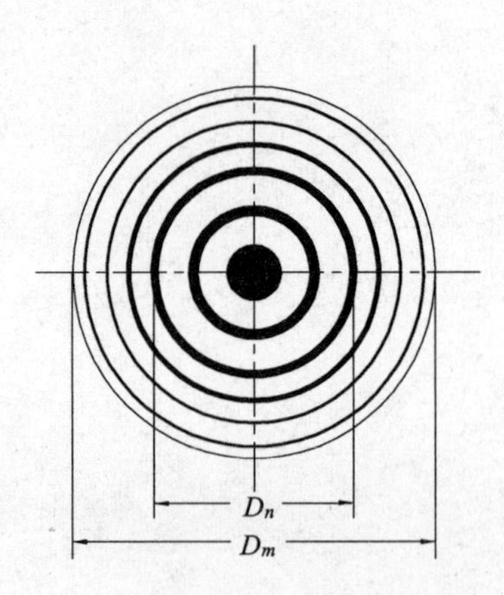

图 3.10.2　牛顿环

现讨论图 3.10.1 中入射光线中的一条光线 MA 所产生的两条反射光线的干涉情况，光线 MA 在薄膜上表面 A 点的反射光与在薄膜下表面 B 点的反射光线大致在 A 点附近相遇产生干涉，形成第 k 级条纹，其加强和减弱由两光线在相遇点的光程差决定，光程差可表示为：

$$\delta = 2d + \frac{\lambda}{2} \tag{3.10.1}$$

式中，$\frac{\lambda}{2}$ 项是光从光疏介质到光密介质的交界面上反射时产生的“半波损失”。光从光疏介质射向光密介质的反射过程中，反射光在离开反射点时的振动方向与入射光到达入射点时的振动方向相反，或者说，反射光相对于入射光相位突变π，这种现象叫作半波损失。

图 3.10.1 中的几何关系满足

$$R^2 = r_k^2 + (R-d)^2$$

化简后得到

$$r_k^2 = 2dR - d^2$$

如果空气薄膜厚度 d 远小于透镜的曲率半径，即 $d \ll R$，则可略去二级小量 d^2，于是有

$$d = \frac{r_k^2}{2R} \tag{3.10.2}$$

将式（3.10.2）代入式（3.10.1）得

$$\delta = \frac{r_k^2}{R} + \frac{\lambda}{2} \tag{3.10.3}$$

由相干光干涉加强和减弱的条件知，当

$$\delta = \frac{r_k^2}{R} + \frac{\lambda}{2} = (2k+1)\frac{\lambda}{2} \quad (k = 0，1，2，3，\cdots)$$

时，形成暗纹。第 k 级暗纹半径为：

$$r_k = \sqrt{k\lambda R} \quad (k = 0，1，2，3，\cdots) \tag{3.10.4}$$

显然，当 k=0 时，有 r_0=0 为暗纹，即表明在平凸透镜与平面玻璃的接触点处是暗斑。

同理，第 k 级明纹有

$$r_k = \sqrt{\left(k - \frac{1}{2}\right)\lambda R} \quad (k = 0，1，2，3，\cdots) \tag{3.10.5}$$

若已知入射光的波长 λ，并测得第 k 级暗条纹的半径 r_k，则可由式（3.10.4）可算出透镜的曲率半径 R。

观察牛顿环时会发现，牛顿环中心不是一点，而是一个不甚清晰的暗或亮圆斑。这是由

两块玻璃互相挤压产生弹性形变影响以及镜面上可能有微小灰尘存在引起附加光程差所致，因此很难准确地测出 k、r_k。

假设附加光程差为 $2\delta_0$，则光程差可表示为

$$\delta_k = 2d + 2\delta_0 + \frac{\lambda}{2} = (2k+1)\frac{\lambda}{2} \tag{3.10.6}$$

即

$$d = k\frac{\lambda}{2} - \delta_0 \tag{3.10.7}$$

将式（3.10.2）代入得

$$r_k^2 = kR\lambda - 2R\delta_0 \tag{3.10.8}$$

若取第 m 级暗环，则对应的暗环半径为

$$r_m^2 = mR\lambda - 2R\delta_0 \tag{3.10.9}$$

由于暗环的圆心不易确定，在实验中通常采用测量暗环直径的方法，因此有

$$D_m^2 = 4m\lambda R - 8R\delta_0 \tag{3.10.10}$$

若把 $4m\lambda$ 当作自变量 x，把 D_m^2 当作因变量 y，式（3.10.10）可表示为

$$D_m^2 = (4m\lambda)R - 8R\delta_0$$

$$y = kx + b \tag{3.10.11}$$

从上式可以看出，只要测量出 m 级暗环的直径，就可以利用最小二乘法，通过 Excel 线性拟合得到一条直线，这条直线的斜率即为透镜的曲率半径 R。

2. 劈尖干涉

将两块光学平面玻璃板重叠在一起，在一端插入一薄纸片（或细丝），在两玻璃板间形成一空气劈尖，其实验装置布局如图 3.10.3 所示。当用平行的单色光垂直照射时，在劈尖薄膜的上下两表面反射的两束光发生干涉，光程差为

$$\delta = 2d + \frac{\lambda}{2} \tag{3.10.12}$$

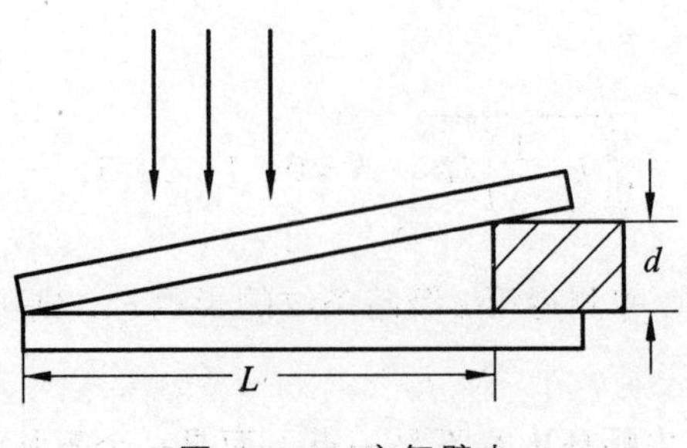

图 3.10.3 空气劈尖

形成的干涉条纹是一簇与两玻璃交线平行且间隔相等的平行条纹（图 3.10.4）。当满足条件

$$\delta = (2k+1)\frac{\lambda}{2} \quad (k = 0, \ \pm 1, \ \pm 2, \cdots) \tag{3.10.13}$$

时产生相消干涉，形成暗条纹，形成的干涉条纹如图 3.10.4 所示，其中第 k 级干涉暗条纹对应的薄膜厚度为

$$d = k\frac{\lambda}{2} \tag{3.10.14}$$

图 3.10.4　劈尖干涉条纹

由式（3.10.14）可知，$k=0$ 时，薄膜厚度 $d=0$，即在两玻璃板接触处为零级暗条纹。如果在细丝处呈现 $k=N$ 级条纹，则待测细丝或薄片厚度为

$$d' = N\frac{\lambda}{2} \tag{3.10.15}$$

如果劈尖总长为 L，n 条干涉条纹之间的距离为 L_n，则暗条纹总数为

$$N = nL/L_n \tag{3.10.16}$$

于是

$$d' = \frac{nL}{L_n}\frac{\lambda}{2} \tag{3.10.17}$$

【实验内容与步骤】

1. 用牛顿环测透镜的曲率半径

（1）启动钠光灯电源（注意：钠灯需要预热 5 min）。

（2）调整载物台下的反射镜，不要让光从反射镜反射到载物台上，转动手轮将物镜筒置于标尺中间。

（3）把牛顿环放置在载物台上（注意：牛顿环螺丝不要阻碍镜头移动路径，牛顿环螺丝不要阻碍光的传播路径）。

（4）转动目镜调焦将黑色测量叉丝调节清晰；调节光源位置，使视野明亮且均匀；转动调焦手轮，由低至高移动物镜使目镜中观察到清晰的干涉圆环。

（5）移动牛顿环装置，将牛顿环中心移至视野中心位置。调节目镜叉丝，一根与显微镜移动方向垂直，一根通过干涉环的中心。

（6）转动测微鼓轮，使叉丝向右移动，同时从中心开始数干涉条纹暗环级数到 n 环，看显微镜垂直叉丝是否与 n 级暗环相切，且切点是十字叉丝的交点。再反转测微鼓轮使叉丝向左移动，使显微镜越过干涉环的中心，到另一侧的 n'环，看显微镜垂直叉丝是否与这一侧的 n'级暗环相切，且切点是十字叉丝的交点。若切点不是十字叉丝的交点则重复步骤（5），以确保能将牛顿环中心移至视野中心位置。再移动测微鼓轮，使目镜叉丝的一根与显微镜移动方向垂直，一根通过干涉环的中心。

（7）转动测微鼓轮，使叉丝向右移动，同时从中心开始数干涉条纹暗环级数到35环以上。反转测微鼓轮使叉丝向左移动，当显微镜垂直叉丝与30级暗环的外环相切时，记下显微镜的坐标读数（即被测干涉环的坐标读数）x_{30}，继续左移，记下 x_{28}，…，x_{12}。然后使显微镜越过干涉环的中心，当显微镜垂直叉丝与12级暗环的内环相切时，记下另一边相应的 x'_{12}，继续左移，记下 x'_{20}，…，x'_{30} 读数，数据记录在表3.10.1中。

2. 用劈尖干涉法测细丝直径

（1）检查平行平面玻璃板上是否有灰尘、指纹，必要时可以用擦镜纸擦干净。

（2）把一侧夹有待测薄片或细丝的两块玻璃板放在读数显微镜的载物台上，调整显微镜，使视场中出现一系列清晰的明暗直条纹。读数时要保证整个劈尖位于显微镜读数范围之内。

（3）测量劈尖两端总长度 L 共5次，求其平均值。

（4）测量相隔 n 个暗条纹的间距 $L_n=|x_{i+n}-x_i|$ 共5次，求其平均值。数据记录在表3.10.2中。

【数据记录与处理】

1. 牛顿环

（1）数据记录。

表3.10.1　牛顿环测透镜曲率半径数据记录

（钠光波长 λ=589.3 nm）

环数	30	28	26	24	22
x_k /mm					
x'_k /mm					
$D_m=\|x_k-x'_k\|$ /mm					
环数	20	18	16	14	12
x_k /mm					
x'_k /mm					
$D_m=\|x_k-x'_k\|$ /mm					

（2）数据处理。

对于每个 m 级暗环，先分别计算出 $4m\lambda$ 及其所对应的 D_m^2；再利用最小二乘法，通过 Excel 线性拟合得到一条直线，即可得到透镜的曲率半径 R，计算 R 的不确定度。

数据处理结果的最终表达式需表示为：

$$R=\bar{R}\pm U_{\bar{R}},U_{\mathrm{r}\bar{R}}=\frac{U_{\bar{R}}}{\bar{R}}\times100\%$$

2. 劈尖干涉

（1）数据记录。

表 3.10.2　劈尖干涉法测细丝直径数据记录　　　　单位：mm

测量次数	被测量					
	x_0	x_i	x_{i+n}	x_L	$L_n=\lvert x_{i+n}-x_i\rvert$	$L=\lvert x_L-x_0\rvert$
1						
2						
3						
4						
5						
$\bar{L}_n=$					$\bar{L}=$	

（2）数据处理。

$$\bar{d}=\frac{n}{\bar{L}_n}\cdot\frac{\lambda}{2}\cdot\bar{L}$$

$$U_{\mathrm{r}\bar{d}}=\sqrt{\left(\frac{U_n}{n}\right)^2+\left(\frac{U_L}{L}\right)^2+\left(\frac{U_{L_n}}{L_n}\right)^2}\text{，}U_{\bar{d}}=U_{\mathrm{r}\bar{d}}\times\bar{d}$$

结果表达式：$d=(\bar{d}\pm U_{\bar{d}})=$　　　，$U_{\mathrm{r}\bar{d}}=$

【注意事项】

用牛顿环测透镜的曲率半径时应注意：

（1）为了避免螺旋空程引入的误差，在整个测量过程中，鼓轮只能沿一个方向转动，稍有反转，全部数据应作废。

（2）读数时应尽量使十字叉丝对准干涉条纹的中心，这是因为在接触处玻璃的弹性形变将使中心附近的圆环发生移位。

（3）实验时要把读数显微镜载物台下的反射镜翻转过来，不要让光从窗口经反射镜反射到载物台上，以免影响对暗环的观测。

（4）施力螺丝切勿施力过大。

【思考题】

（1）根据实验原理的介绍，牛顿环中央应为一暗斑，但在实际测量中，观察发现有的牛顿环中央是亮斑，应如何解释？它对测量结果有无影响？

（2）如果用白光照射牛顿环仪，能否看到干涉条纹？此时的干涉条纹有何特征？

实验 11　光栅衍射

任何具有空间周期性的衍射屏一般都可以作为衍射光栅。如果一个透明的平板上刻有大量相互平行、等宽和等间距的刻痕(刻痕部分不透光),这个平板就可以被认为是一维的光栅。

光栅衍射及其原理在理论和技术方面均占据重要地位。光栅衍射虽然被冠以“衍射”之名，但光栅衍射现象同时涉及衍射和干涉，而衍射和干涉现象是光的波动性有力证据。1912年德国科学家马克思·冯·劳厄（Max von Laue）让 X 射线透过晶体，观察 X 射线的透射图样，证明 X 射线具有波动性，劳厄由此获得 1914 年诺贝尔物理学奖。晶体的长程有序使晶体具有光栅的特征，布拉格父子发展了劳厄的观点并提出 X 射线衍射法测量晶体结构的方法，布拉格父子于 1915 年共同获得了诺贝尔物理学奖。后来，克里克和沃森使用 X 射线衍射法测定了 DNA 双螺旋结构,该过程实际上是把 DNA 当成了光栅,成为生物学史上一项重要发现。1920 年左右，我国著名物理学家叶企孙使用转动单晶法测量一定条件下 X 射线的最高频率，间接实现了对普朗克常量的精确测量。本实验用一维光栅作为研究对象，观察光栅衍射现象，使用分光计测量衍射角、计算光栅常数和可见光波长。

【实验目的】

（1）观察光栅的衍射现象。

（2）掌握分光计的结构和调节要领。

（3）测定光栅常数 d 及黄光波长。

【实验仪器】

分光计、光栅片、线光谱光源、双面反射镜。

1. 分光计的结构

分光计是用来准确测量角度的仪器。光学实验中测量角度的情况很多，如反射角、折射角、衍射角等。下面以学生型分光计（JJY 型）为例，了解它的结构、原理和调节方法。

分光计主要由五个部分组成：三脚架座、望远镜、载物平台、平行光管和读数圆盘，图 3.11.1 为 JJY 型分光计结构示意图。

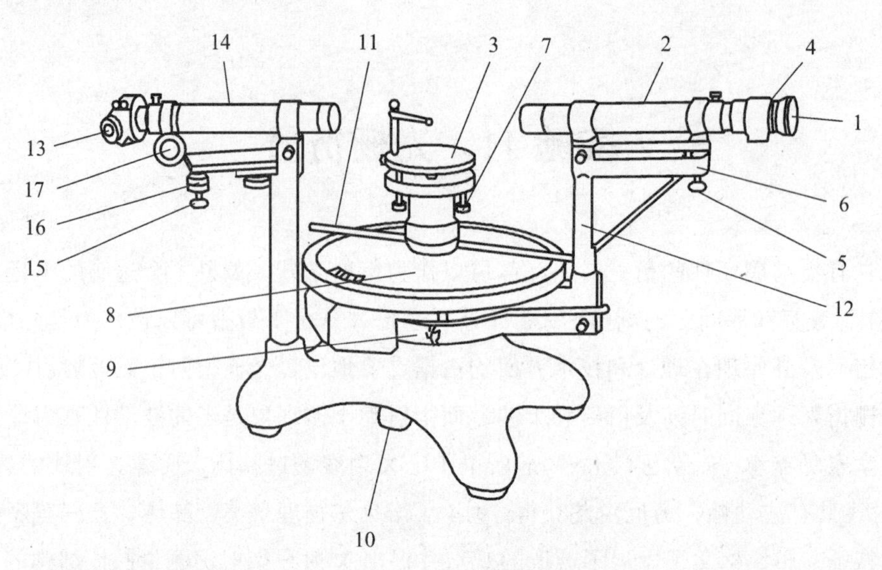

1—望远镜目镜；2—望远镜筒；3—载物平台；4—叉丝（在望远镜筒内）；5—调节望远镜倾斜角的螺丝；6—固定望远镜倾斜角的螺丝；7—调节平台倾斜度的螺丝；8—读数圆盘；9—望远镜的固定螺丝（在背后）；10—台盘的固定螺丝；11—台盘和望远镜的联动杆；12—台盘和望远镜的微动螺丝（在背后）；13—狭缝宽度调节螺丝；14—平行光管；15—调节平行光管倾斜角的螺丝；16—固定平行光管倾斜角的螺丝；17—平行光管的调焦旋钮。

图 3.11.1　JJY 型分光计结构示意图

（1）三脚架座是整个分光计的底座。架座中心有一垂直方向的转轴，望远镜和读数圆盘绕该轴转动。

（2）望远镜结构如图 3.11.2 所示。望远镜由目镜和物镜组成。为了调节和测量，目镜和物镜之间装有叉丝。叉丝固定在 B 筒上，目镜 C 则装在 B 筒里并可沿 B 筒前后滑动，以改变目镜与叉丝的距离，使叉丝能调到目镜的焦平面上。物镜固定在 A 筒的另一端，是消色差的复合正透镜。B 筒可沿 A 筒滑动，以改变叉丝与物镜之间的距离，使叉丝既调到目镜焦平面上又同时调到物镜焦平面上。

目镜由场镜和接目镜组成。常用的目镜有两种：一种是图 3.11.2（a）所示的高斯目镜。在场镜和接目镜间有一片与镜筒成 45°的薄玻璃片，玻璃片上方镜筒上开有小窗，光从小窗入射，经玻璃片反射将叉丝全部照亮。另一种是图 3.11.2（b）所示的阿贝目镜。在目镜和叉丝间装了一反射小三棱镜，光线经小三棱镜反射将叉丝上半部照亮。由目镜望去，小三棱镜将叉丝上半部遮住，故只能看到叉丝下半部。

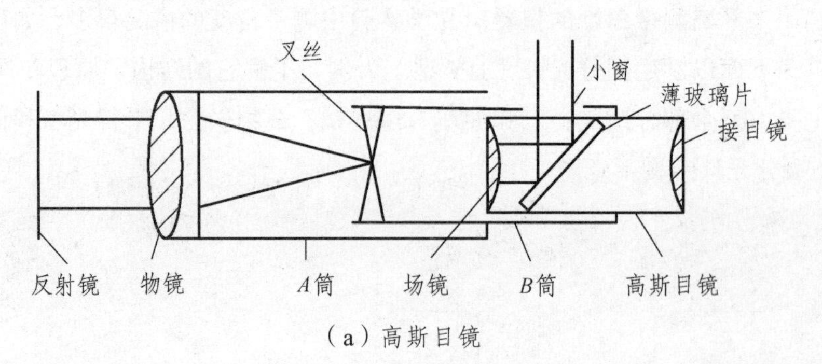

（a）高斯目镜

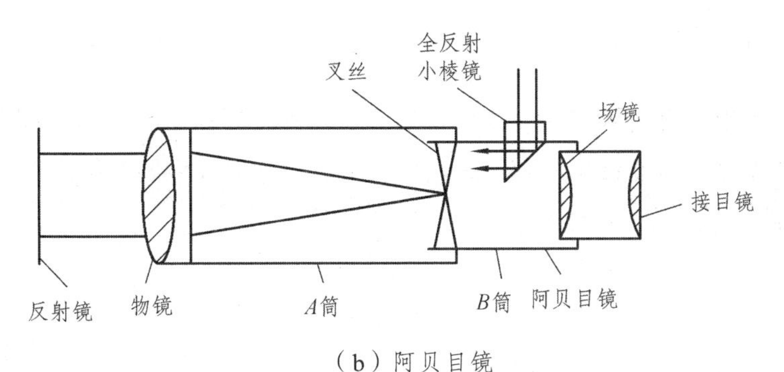

（b）阿贝目镜

图 3.11.2 望远镜结构示意图

图 3.11.1 中，利用望远镜筒下面的螺丝 5 调节望远镜的倾斜度。当望远镜和转轴调成垂直后，可用螺丝 6 固定。当位于望远镜与转轴相连处的螺丝 9 松开时，望远镜可绕轴自由转动；旋紧时，望远镜被固定。如果放松螺丝 9，旋紧连杆螺丝 11 和平台螺丝 10，再调节微动螺丝 12，可使望远镜作微小转动。

（3）载物平台。平台下方有 3 个螺丝 7，其目的是用来调节平台的高度和倾角。分光计的平台还可以绕轴旋转和沿轴升降，以适应不同高度的测量对象。

（4）平行光管。它的作用是产生平行光。管筒 14 固定在架座的一只脚上，管筒的一端装有一个消色差的复合正透镜。另一端是装有狭缝的套管，调节螺丝 13 可改变狭缝的宽度。若用光源把狭缝照亮，转动旋钮 17 使套筒前后移动，改变狭缝和透镜的距离，使狭缝落在透镜的主焦面上，从而产生平行光。螺丝 15 是用来调节平行光管的倾斜度，其用法和螺丝 5 相同。

（5）读数圆盘。圆盘可绕转轴转动，圆盘的边缘装有两个角游标。测量过程中，要求这两个游标与望远镜同时转动。当望远镜固定时，若圆盘绕轴转过了一个角度，可以从游标上读出这个转角的度数；反之，若圆盘固定，望远镜转动，也可以从游标上读出望远镜的转角。圆盘也有固定螺丝 10 和微动螺丝 12（和望远镜共用），如果放松螺丝 10，旋紧连杆螺丝 11 和望远镜螺丝 9，再调微动螺丝 12，可使平台作微小转动。

读数分为主尺和游标，主刻度尺一圈共 360°，最小刻度为 0.5°（等于 30′），游标最小刻度为 1′。例如，图 3.11.3（a）的读数应为 314°30′+11′=314°41′（读数方法与游标卡尺类似，先读主刻度尺，再读游标，二者读数相加即为最后读数），图 3.11.3（b）的读数应为 135°+3′=135°3′。

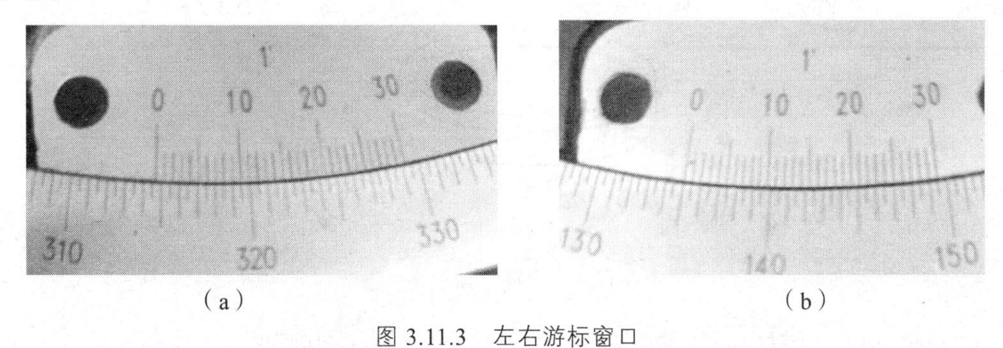

（a）　　　　（b）

图 3.11.3 左右游标窗口

2. 调整分光计的目的

分光计在实验中通常用来测量光线经各种光学元件（如狭缝、光栅、棱镜等）后的偏转角度，测角时的光路如图 3.11.4 所示。转动望远镜，使之对准偏转光线，由读数窗所得读数的变化即为角度。

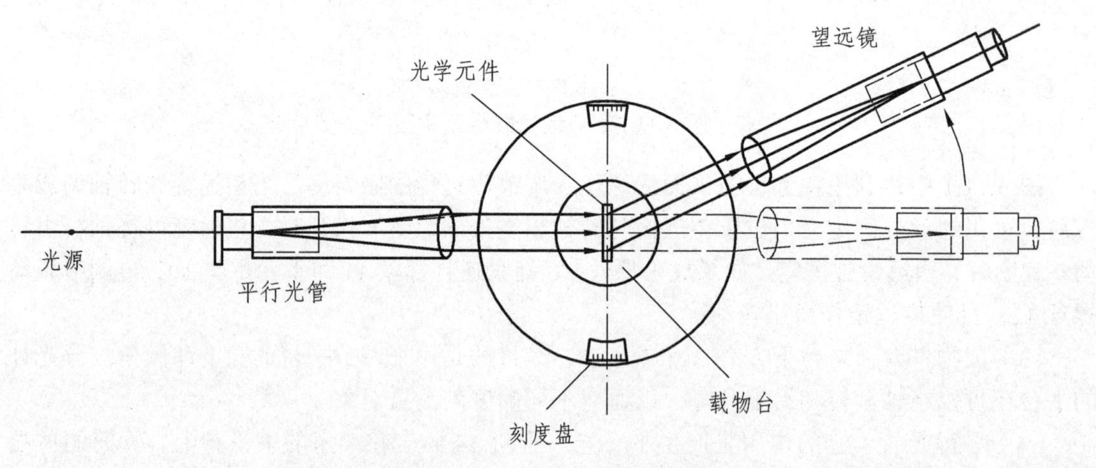

图 3.11.4 分光计测量光路图

测量角度与实际谱线偏转角度是否一致，与分光计观测系统的状态紧密相连。分光计观测系统基本上由下述三个平面组成，如图 3.11.5 所示。

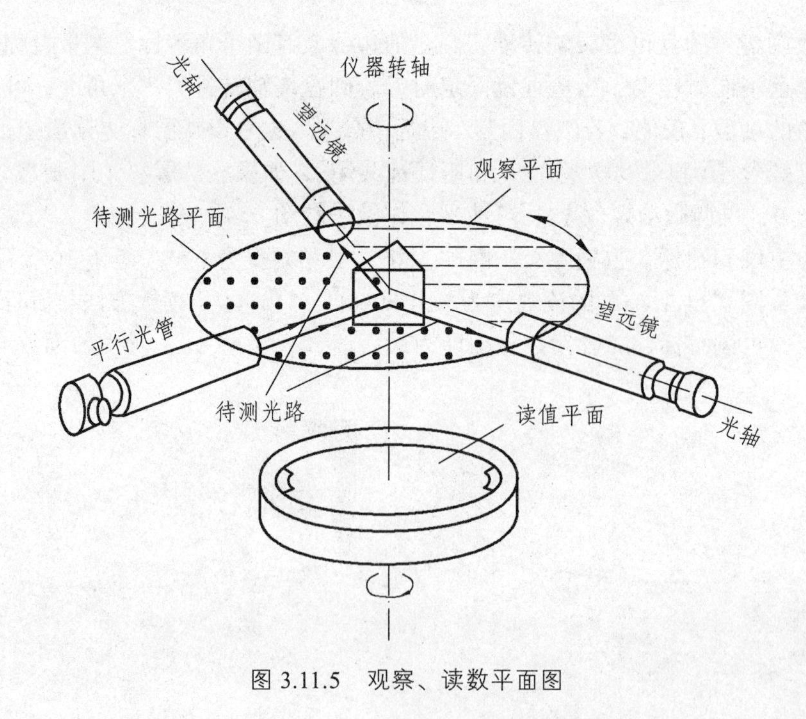

图 3.11.5 观察、读数平面图

（1）读值平面。这是读取数据的平面，由主刻度盘和游标内盘绕中心转轴旋转时形成的。

对每一具体的分光计，读值平面都是固定的，且和中心转轴垂直。

（2）观察平面。由望远镜光轴绕仪器中心转轴旋转时所形成的。只有当望远镜光轴与中心转轴垂直时，观察面才是一个平面，否则，将形成一个以望远镜光轴为母线的圆锥面。

（3）待测光路平面。由平行光管的光轴和经过待测光学元件（棱镜、光栅等）作用后所反射、折射和衍射的光线共同确定的。调节载物台下方的 3 个螺丝，可以将待测光路平面调节到所需的方位。

应将上述三个平面调节为相互平行的平面。所以，仪器必须精密调整，以保证：

（1）检测工具能接收平行光（要求望远镜调焦无穷远，即平行光能成像最清晰）。

（2）入射光线是平行光（要求调整平行光管，使之发射平行光）。

（3）读值平面、观察平面和待测光路平面平行（要求调整平行光管和望远镜的光轴与分光计中心轴垂直，同时也要调整载物台平面垂直于分光计中心轴）。

以光栅为例，读数观察平面调整好后如图 3.11.6 所示。

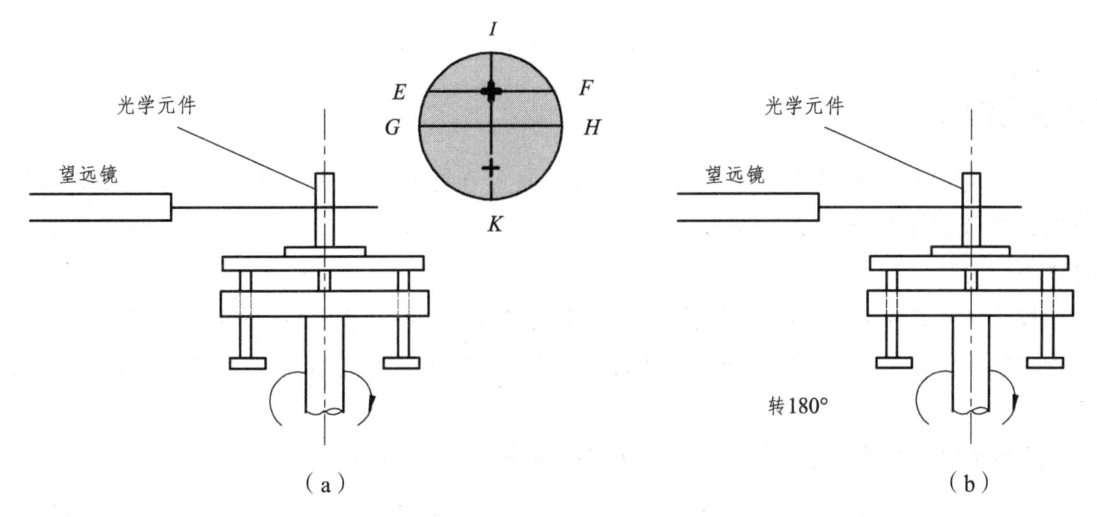

图 3.11.6　调整好后的读数观察平面图

如果没有调整好 3 个平面，会出现以下两种情况：

（1）若反射镜面与分光计中心转轴平行，而与望远镜光轴不垂直，则当转动载物台时，无论哪个反射面对准望远镜，在望远镜中看到叉丝的反射像总是偏上或偏下（图 3.11.7）。

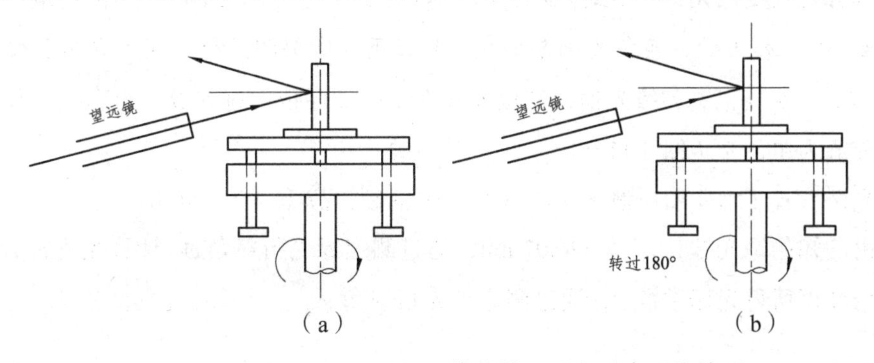

图 3.11.7　望远镜光轴不垂直时出现的情形

（2）若望远镜光轴与分光计中心转轴是垂直的，而反射镜面与转轴不平行，则当一面的反射叉丝像偏上，转过载物台 180°，另一面反射叉丝像必偏下（图 3.11.8）。

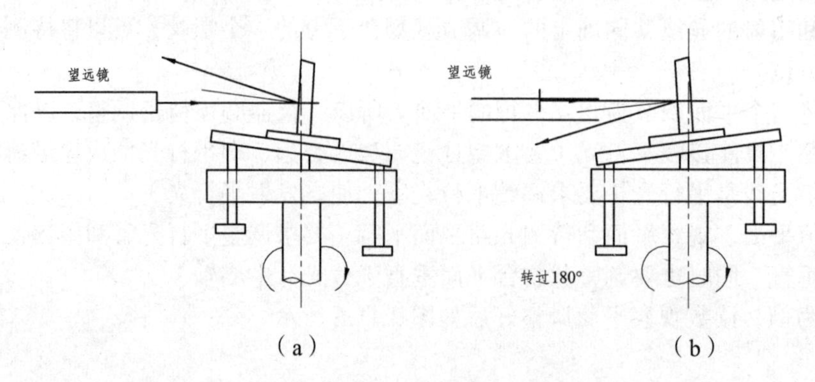

图 3.11.8　反射镜面不平行时出现的情况

【实验原理】

本实验选用透射式平面全息光栅。当光照射在光栅面上时，刻痕处由于散射不易透光，光线只能在刻痕间的狭缝中通过。因此，光栅实际上是一排密集均匀而又平行的狭缝。

若以单色平行光垂直照射在光栅面上，则透过各狭缝的光线因衍射将向各个方向传播，经透镜会聚后相互干涉，并在透镜焦平面上形成一系列被相当宽的暗区隔开的间距不同的明条纹。

按照光栅衍射理论，衍射光谱中明条纹的位置由下式决定：

$$(a+b)\sin\varphi = k\lambda \quad 或 \quad d\sin\varphi = k\lambda\ (k=0,\ \pm1,\ \pm2,\ \cdots) \tag{3.11.1}$$

式中，$d=(a+b)$，称为光栅常数；λ 为入射光波长；k 为明条纹（光谱线）级数；φ 为条纹的衍射角（图 3.11.9）。

如果入射光是复色光，则由式（3.11.1）可以看出，光的波长不同，其衍射角 φ 也各不相同。中央 $k=0$，$\varphi=0$ 处，各色光仍重叠在一起，组成中央明条纹，在中央明条纹两侧对称分布着 1，2，…级光谱，各级光谱线都按波长大小的顺序依次排列成一组彩色谱线，这样就把复色光分解为单色光（图 3.11.9）。

根据光栅方程（本实验所测各谱线均为一级谱线，故 $k=\pm1$）可知：

（1）由已知的绿光波长 $\lambda_{绿}=546.07$ nm，通过测定绿光衍射角 $\varphi_{绿}$ 计算光栅常数 d。

（2）由计算所得光栅常数 d，通过测定黄光衍射角 $\varphi_{黄}$，计算黄光的波长 $\lambda_{黄}$。

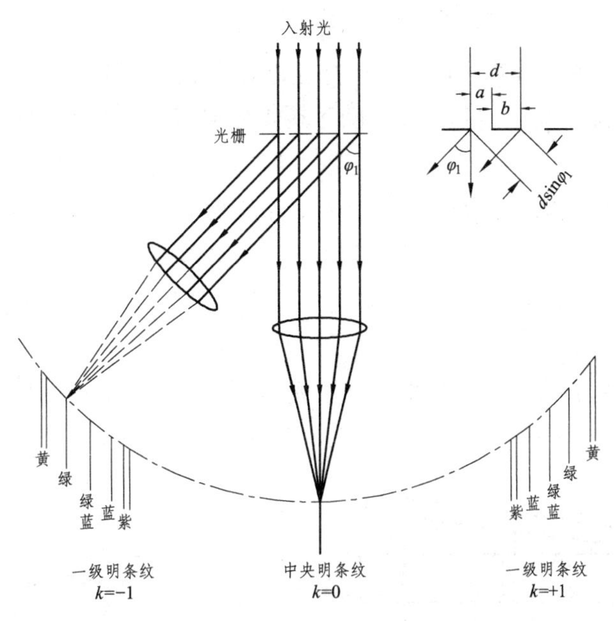

图 3.11.9　光栅衍射光谱

【实验内容与步骤】

1. 调节望远镜聚焦无穷远处（使叉丝既位于目镜焦面上，又位于物镜焦面上）

（1）打开望远镜光源，边观察边调节望远镜目镜，当看到视场下面的绿色小亮块里的"十"字叉丝清晰时，表示望远镜目镜已调节好（此时叉丝位于目镜焦面上），如图 3.11.10（a）所示。

（2）将双面反射镜或者光栅片贴在望远镜物镜上（注意：不要用手摸光栅面，只能接触光栅边缘），透过目镜观察，同时调节物镜调焦旋钮，当叉丝像最清晰（绿色"十"字像；若像始终不够清晰，则选一个最佳位置）时，通过望远镜看到的整个视场如图 3.11.10（b）所示。

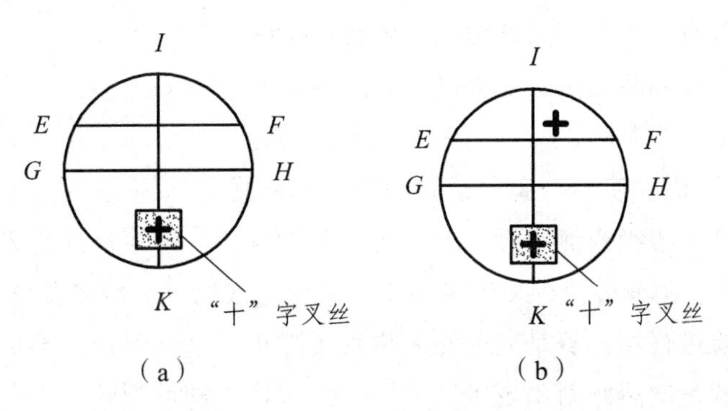

图 3.11.10　望远镜视场

2. 调整望远镜光轴与分光计中心转轴垂直，光栅片与载物台平面垂直（使光栅片两个面所成叉丝像的横线均与分划线 EF 重合）

（1）调节载物台水平：载物台由 3 个螺钉支撑着一个黑色圆铁块，如图 3.11.11 所示。转动载物台下方的黑色圆铁块，使其表面上的 3 条线分别和螺钉对齐。通过目测将载物台调节水平，将视线与载物台平面处于同一高度，通过转动黑色圆铁块使载物台与之共同转动一周，这样可以更准确地判断载物台是否水平，并对非水平的倾斜方向进行调整。再将双面反射镜放在载物台上，使双面反射镜的一条棱与载物台上一条线对齐，转动载物台一周，看到两个“十”字像，采用各调一半的方法（后面有具体介绍）把两面“十”字像中横线调节到与 EF 重合。

（2）光栅片的放置：取下双面反射镜，将光栅沿着双面反射镜的棱所在的那条线摆放，如图 3.11.12 所示，同时定义 3 条刻线下的螺丝分别为 A、B 和 C。

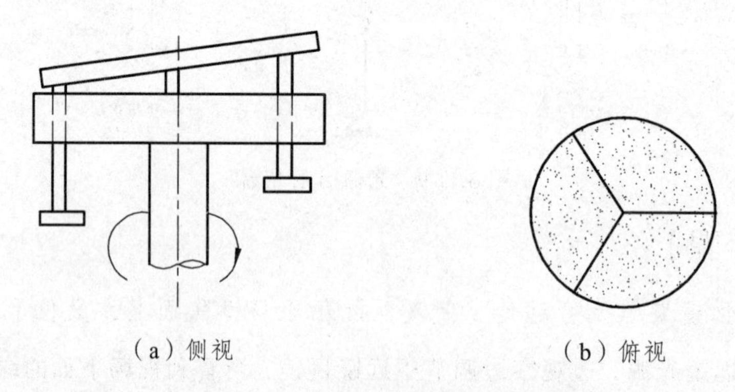

（a）侧视　　　　（b）俯视

图 3.11.11　载物台侧视和俯视示意图

（3）目测望远镜光轴与光栅片垂直，并判断光栅两面反射回来的“十”字叉丝像是在视场上还是视场下（以中划线 EF 为标准）。

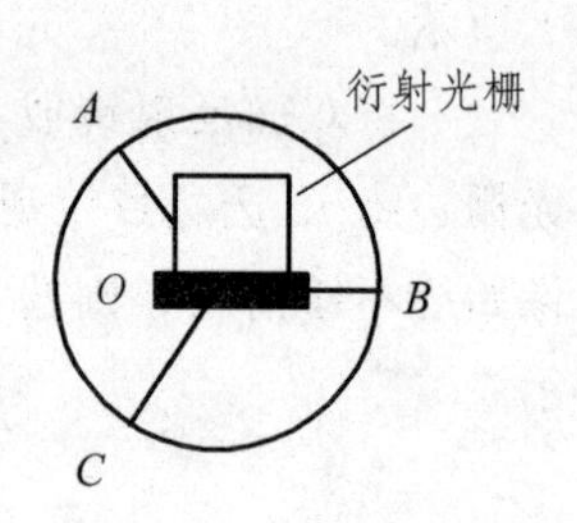

图 3.11.12　放置光栅片

① 转动载物台，从侧面目测光栅面与望远镜光轴大致垂直，通过望远镜目镜观察是否有“十”字叉丝像；转动载物台 180°，观察光栅另一面是否有“十”字叉丝像。如果有，说明“十”字叉丝像在视场内，直接判断方位；如果没有，说明“十”字叉丝像在视场外，则需进一步判断。

② 选取光栅的一面，使其与望远镜光轴垂直（目测）。双手一左一右捏住光栅片底座，将一手指搭在光栅片上边缘或侧边缘，调节光栅片俯仰角，即缓慢地将光栅片向前或向后倾斜（一定要慢慢调节，调节过快，叉丝像可能很快通过视场，不易被发现），边调节边观察是否有叉丝像进入或通过视场。若是向前倾斜出现了“十”字叉丝像，即可判断“十”字叉丝像在视场的上方；若是向后倾斜出现了“十”字叉丝像，即可判断“十”字叉丝像在视场的下方。

若前后倾斜都没有十字叉丝像出现，则需要重新目测估计、调整光栅片的左右方位，使之与望远镜光轴大致垂直，然后再前后倾斜寻找叉丝像。如此重复，最终定能找到并判断出光栅两面十字叉丝像的大致方向。

（4）将视场外的“十”字叉丝像移到视场内。结合第（3）步中判断出的两个“十”字像的大致位置，通过不断调节功能不同的两类螺丝，将视场外的“十”字像移动到视场内。

两类重要的螺丝：调节望远镜倾角螺丝时，两面所成的“十”字像沿同一方向移动；调节螺丝 A、C 时，两面所成的“十”字像相对或者相背离移动。

调节方法为各调一半：把“十”字由初始位置调节到“十”字横线与 EF 重合的位置（目标位置）时，我们可以通过望远镜倾角螺丝调节其倾角，让“十”不断接近 EF，目测“十”字横线处在初始位置与 EF 的中间位置，再调节载物台下的螺丝直到“十”到目标位置，望远镜倾角螺丝与载物台下方螺丝的贡献各占一半。转动载物台 180°，将另一面反射回来的“十”字调节到目标位置，方法仍然是各调一半。

（5）重复第（4）步，最终将光栅片两面所成“十”字叉丝像的横线均调到与分划线 EF 重合。

3. 调节平行光管光轴与望远镜同光轴，并发出平行光（使中央亮纹清晰、细亮，且沿着竖直方向与分划线 IK 重合，同时使平行光管光轴与光栅垂直）

（1）转动望远镜，使其光轴与平行光管光轴大致平行；边通过望远镜目镜观察边轻微地左右转动望远镜，当看到中央亮纹时，停止转动。

（2）边通过望远镜目镜观察，边调节平行光管调焦旋钮，直到中央亮纹很清晰时，停止移动。

（3）调节狭缝宽度调节螺丝，使中央亮纹略宽于分划线 IK。

（4）拧松狭缝锁止螺丝，转动狭缝使中央亮纹与分划线 IK 平行。

（5）调节平行光管的倾角螺丝，使中央亮纹关于分划线 GH 上下等距；转动望远镜，使中央亮纹与分划线 IK 重合。

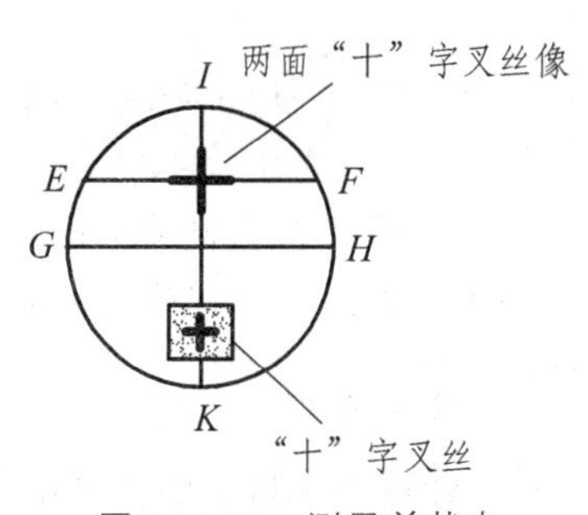

图 3.11.13　测量前状态

（6）测量前状态，不仅要满足中央亮纹与分划线 IK 重合，关于分划线 GH 上下等距，并且将反射回来的“十”字叉丝转至分划线 EF 中点，如图 3.11.13 所示。

4. 测量并记录数据

满足读数条件之后，开始转动望远镜测量两侧的绿、黄谱线，数据记录在表 3.11.1 中。

设 $k=-1$ 表示中央亮纹左侧，$k=1$ 表示中央亮纹右侧，从左（或右）侧黄光开始测量（左右各有两条黄光，各测量靠近中央亮纹的那一条），读出左右两窗的游标示值，并记录，转动望远镜，同样测量另一侧的谱线。重复上述步骤，反复测量 5 组数据。

注意：区分左右窗口与中央明纹左右侧谱线；完成表 3.11.1 时，每一行的角度必须一次性从左到右（也可以从右到左），不能先测量某颜色光的角度再测量另一种颜色光的角度，如果转动镜筒中间过程超过谱线的位置，本行数据重新测量。

【数据记录与处理】

1. 数据记录（表 3.11.1）

表 3.11.1　光栅衍射数据记录

测量次数	角坐标							
	级数 $k=-1$				级数 $k=1$			
	$\varphi_{1黄左}$	$\varphi_{1黄右}$	$\varphi_{1绿左}$	$\varphi_{1绿右}$	$\varphi_{-1绿左}$	$\varphi_{-1绿右}$	$\varphi_{-1黄左}$	$\varphi_{-1黄右}$
1								
2								
3								
4								
5								
平均值								

（1）将表 3.11.1 数据代入式（3.11.2），分别计算出绿光和黄光的衍射角。

$$\overline{\varphi}_{绿}=\frac{1}{2}(\overline{\varphi}_{绿左}+\overline{\varphi}_{绿右})=\frac{1}{2}\left(\frac{1}{2}\left|\overline{\varphi}_{1绿左}-\overline{\varphi}_{-1绿左}\right|+\frac{1}{2}\left|\overline{\varphi}_{1绿右}-\overline{\varphi}_{-1绿右}\right|\right) \tag{3.11.2}$$

（2）用已知绿光波长和其衍射角计算 d，写出标准表达式。

（3）用求出的 d 和黄光衍射角计算其波长，写出标准表达式。

2. 数据处理

（1）计算表 3.11.1 中各测量角的平均值 $\overline{\varphi}$，并将计算结果代入式（3.11.1），求解 $\overline{\varphi}_{绿}$、$\overline{\varphi}_{黄}$。

（2）计算各测量角的不确定度（用弧度表示）：

A 类分量
$$S=\sqrt{\frac{1}{n-1}\sum_{i=1}^{n}(\varphi_i-\overline{\varphi})^2}$$

B 类分量
$$u=\varDelta_{\text{inst}}/\sqrt{3}$$

$$U=\sqrt{S^2+u^2}$$

分别计算 $U_{\varphi_{1绿左}}$、$U_{\varphi_{-1绿左}}$、$U_{\varphi_{1绿右}}$、$U_{\varphi_{-1绿右}}$、$U_{\varphi_{1黄左}}$、$U_{\varphi_{-1黄左}}$、$U_{\varphi_{1黄右}}$、$U_{\varphi_{-1黄右}}$。

（3）已知绿光，$\lambda = 546.07$ mm，$d = \dfrac{\lambda}{\sin\overline{\varphi}_{绿}}$

不确定度：

$$U_d = \frac{\lambda}{\sin\overline{\varphi}_{绿}^2}\left|\cos\overline{\varphi}_{绿}\right| U_{\overline{\varphi}_{绿}}$$

相对不确定度：

$$U_{rd} = \frac{U_d}{d}\times 100\%$$

$$d = (d \pm U_d)\ \text{nm},\quad U_{rd} =$$

（4）黄光波长：$\lambda = d\sin\overline{\varphi}_{黄}$（$d$ 多取一位有效数字）

$$U_\lambda = \sqrt{(U_d\sin\overline{\varphi}_{黄})^2 + (U_{\varphi_{黄}}\, d\cos\overline{\varphi}_{黄})^2}$$

$$U_{r\lambda} = \frac{U_\lambda}{\lambda}\times 100\%$$

$$\lambda = (\lambda \pm U_{r\lambda})\ \text{nm},\quad U_{r\lambda} =$$

注意：对于式（3.11.1），由于分光计刻度尺的结构原因，当$\left|\varphi_{1绿左} - \varphi_{-1绿左}\right|$与$\left|\varphi_{1绿右} - \varphi_{-1绿右}\right|$相差很大，例如，当$\left|\varphi_{1绿左} - \varphi_{-1绿左}\right| = 341°$，$\left|\varphi_{1绿右} - \varphi_{-1绿右}\right| = 19°4'$时，不能直接将 341°和 19°4′代入式（3.11.1）进行计算，而应将 360° − 341°和 19°4′代入计算；当$\left|\varphi_{1绿左} - \varphi_{-1绿左}\right|$与$\left|\varphi_{1绿右} - \varphi_{-1绿右}\right|$相差很小（如只相差几分）时，则将其直接代入式（3.11.1）计算即可。

【思考题】

（1）什么叫视差？为什么要调节望远镜使从光栅反射回来的小“十”字与分划线无视差？

（2）为什么仪器要设计两个读数窗？

（3）狭缝的宽度对光谱的观测有什么影响？

实验 12　光的偏振

马吕斯（E.J.Malus）于 1809 年在实验中发现了光的偏振现象。光的电磁理论和光的偏振性质证实了光波是横波，即光的振动方向垂直于其传播方向。对光波偏振性质的研究，使人们加深了对光的传播规律和光与物质相互作用规律的认识。随着科学技术的发展，光的偏振理论在越来越多的领域得到应用，如实验应力分析、计量测试、晶体材料分析和光信息处理方面等。

【实验目的】

（1）理解并观察光的偏振现象，加深对光偏振基本规律的认识。

（2）掌握产生偏振光和检验偏振光的基本方法和布儒斯特角的测量方法。

（3）掌握产生椭圆偏振光、圆偏振光的方法和 1/4 波片、1/2 波片对偏振光的作用。

（4）验证马吕斯定律。

（5）了解旋光现象。

【实验仪器】

WZP-1 型偏振光实验仪、偏振片（两个）、1/4 波片、1/2 波片、测角度盘、白屏、数字式检流计、旋光管。

【实验原理】

1. 偏振光的基本概念

光波是一种电磁波，它的电矢量 E（光矢量）和磁矢量 H 相互垂直，并垂直于光的传播方向。通常人们用电矢量 E 代表光的振动方向，并将电矢量 E 和光的传播方向所构成的平面称为光的振动面。在传播过程中，电矢量的振动始终在某一确定方向的光称为平面偏振光或线偏振光，如图 3.12.1（a）所示。电矢量的振动在垂直于传播方向的平面内有无穷多个、均匀分布、振幅相等，这样的光为自然光，如图 3.12.1（b）所示。电矢量的振动在垂直于传播方向的平面内每个方向都有，但其振幅大小受方向限制，有的方向上大，有的方向上小，这样的光为部分偏振光，如图 3.12.1（c）所示。

振动面的取向和光波电矢量的大小随时间作有规律的变化，光波电矢量末端在垂直于传播方向的平面上的轨迹呈椭圆或圆时，称为椭圆偏振光或圆偏振光。将自然光变成偏振光的器件称为起偏器，用来检验偏振光的器件称为检偏器。实际上，起偏器和检偏器是互相通用的，下面介绍几种常用的起偏和检偏方法。

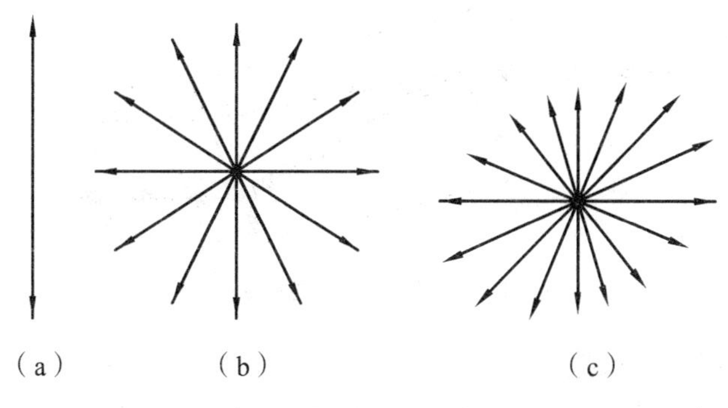

图 3.12.1　平面偏振光、自然光和部分偏振光

2. 利用偏振片起偏、检验平面偏振光和马吕斯定律

物质对不同方向的光振动具有选择吸收的性质，称为二向色性，如天然的电气石晶体，硫酸碘奎宁晶体等，它们能吸收某方向的光振动而仅让与此方向垂直的光振动通过。将硫酸碘奎宁晶粒涂于透明薄片上并使晶粒定向排列，就可制成偏振片。当自然光射到偏振片上时，振动方向与偏振化方向垂直的光被吸收，振动方向与偏振化方向平行的光透过偏振片，从而获得偏振光。如图 3.12.2 所示，自然光透过偏振片后，只剩下沿透光方向的光振动，透射光变成平面偏振光。

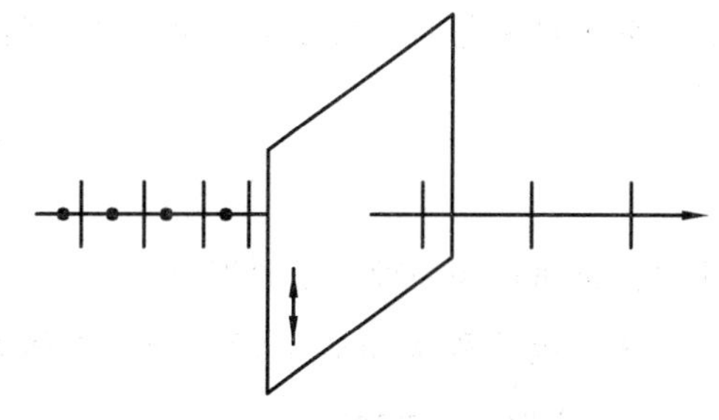
图 3.12.2　偏振片作为起偏器

若在偏振片 P_1 后面再放一偏振片 P_2，P_2 就可以用于检验经 P_1 后的光是否为偏振光，即 P_2 起到检偏器的作用。当起偏器 P_1 和检偏器的偏振化方向间有一夹角，则通过检偏器 P_2 的偏振光强度满足马吕斯定律：

$$I = I_0 \cos^2 \theta \tag{3.12.1}$$

当 $\theta = 0$ 时，$I = I_0$，光强最大；当 $\theta = \pi/2$ 时，$I=0$，出现消光现象；当 θ 为其他值时，透射光强介于 $0 \sim I_0$。

（1）双折射起偏。

某些单轴晶体（如方解石和石英等）具有双折射现象。研究发现，这类晶体存在这样一个方向，沿该方向传播的光不发生双折射，该方向称为晶体的光轴。当一束自然光沿其他方向射入到这些晶体上时，射入晶体内部的折射光常为传播方向不同的两束折射光线，这两束折射光是光矢量振动方向不同的线偏振光。如图 3.12.3 所示，其中一束折射光始终在入射面内其振动垂直于传播方向，称为寻常光（或 o 光）；另一束折射光一般不在入射面内且不遵守折射定律，其振动在传播方向和晶体光轴方向所决定的主平面内，称为非常光（或 e 光）。

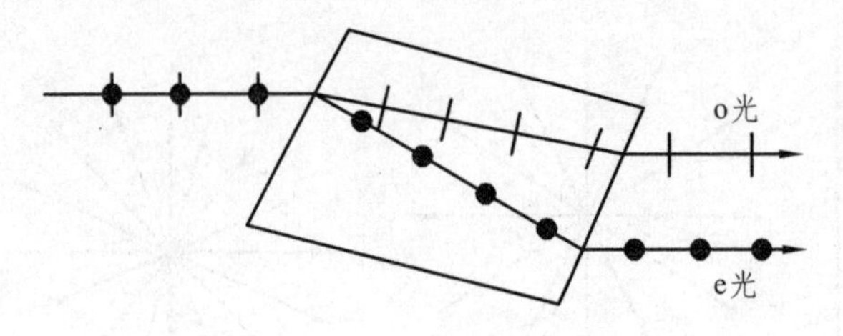

图 3.12.3　双折射产生的偏振光

（2）反射和折射时光的偏振。

自然光在两种透明媒质的界面上反射和折射时，反射光和折射光就能成为部分偏振光或平面偏振光，其中反射光中垂直入射面的振动较强，折射光中平行入射面的振动较强（部分偏振光是指光波电矢量只在某一确定的方向上占相对优势）。实验发现，当改变入射角 i 时，反射光的偏振程度也随之改变。当 i 等于特定角 i_0 时，反射光只有垂直于入射面的振动，变成了平面偏振光（图 3.12.4）。此时入射角 i_0 满足

$$\tan i_0 = \frac{n_2}{n_1} \tag{3.12.2}$$

式中，n_1 和 n_2 为两种介质的折射率。

这个规律称为布儒斯特定律，i_0 称为起偏角或布儒斯特角。当光线自空气射向玻璃（$n_2 = 1.5$）时，$i_0 \approx 56°$。

可以证明：当入射角为起偏角时，反射光和折射光传播方向是互相垂直的。如图 3.12.5 是利用玻璃片堆产生平面偏振光。

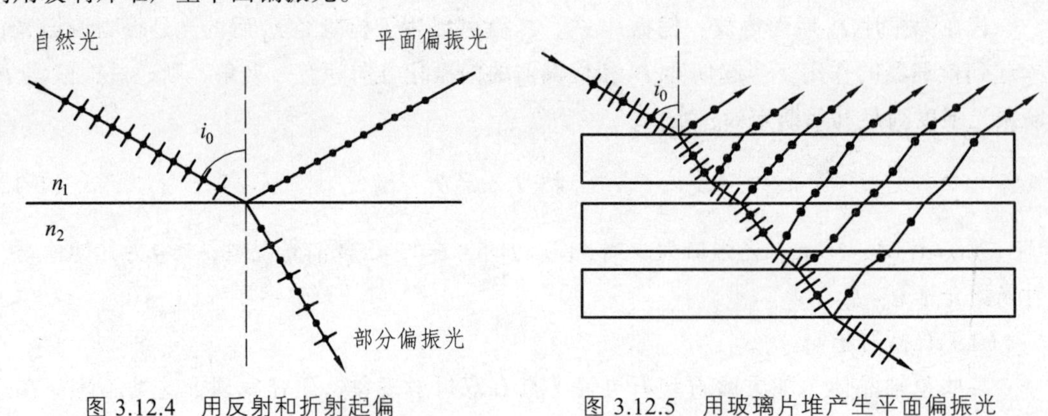

图 3.12.4　用反射和折射起偏　　图 3.12.5　用玻璃片堆产生平面偏振光

3. 1/4 波片、圆偏振光和椭圆偏振光

当平面偏振光垂直入射到厚度为 d，表面平行于自身光轴的单轴晶片时，o 光和 e 光沿同一方向前进，但传播速度不同，因而会产生光程差或相位差。在方解石晶体（负晶体）中，e 光速度比 o 光快，而在石英晶体（正晶体）中，o 光速度比 e 光快。因此，通过晶片后两束光的光程差和相位差分别为：

$$\delta = (n_o - n_e)d \tag{3.12.3}$$

$$\Delta\varphi = \frac{2\pi}{\lambda}(n_o - n_e)d \tag{3.12.4}$$

式中，λ为光在真空中的波长；n_o和n_e分别为晶片对o光和e光的折射率。

由$\Delta\varphi = \frac{2\pi}{\lambda}(n_o - n_e)d$可知，经晶片出射后，o光和e光合成会随相位差的不同，有不同的偏振方式。在偏振技术中，常将这种能使互相垂直的光振动产生一定相位差的晶体片叫作波片。波片的厚度不同，相应的相位差和光程差也不同。

当光程差满足

$$\delta = (2k+1)\frac{\lambda}{2} \quad (k=0，1，2，\cdots)$$

时，为1/2波片；

当光程差满足

$$\delta = (2k+1)\frac{\lambda}{4} \quad (k=0，1，2，\cdots)$$

时，为1/4波片。

平面偏振光通过1/4波片后，出射光一般为椭圆偏振光；但当$\theta = 0$或$\pi/2$时，出射光仍为平面偏振光；当$\theta = \pi/4$时，出射光为圆偏振光。由此可见，可用1/4波片获得椭圆偏振光和圆偏振光。

4. 旋光现象

当偏振光通过某些晶体或物质的溶液时，其振动面以光的传播方向为轴线发生旋转，该现象称为旋光现象，具有旋光现象的晶体或溶液称为旋光物质。最早发现石英晶体有这种现象，后来陆续发现在糖溶液、松节油、硫化汞、氯化钠等液体中存在旋光现象。有的旋光物质使偏振光的振动面顺时针方向旋转，该物质被称为右旋物质，反之称为左旋物质。

【实验内容与步骤】

光的偏振现象比光的干涉和衍射现象更加抽象，必须借助于专门的器件和方法才能鉴别出光的偏振性。

1. 偏振光的观察、起偏和检偏

（1）如图3.12.6所示，以偏振片P_1为检偏器，将激光直接射到偏振片上，以其传播方向为轴转动P_1一周，观察光电接收器上光强度的变化，也可用白屏直接观察光强度的变化。

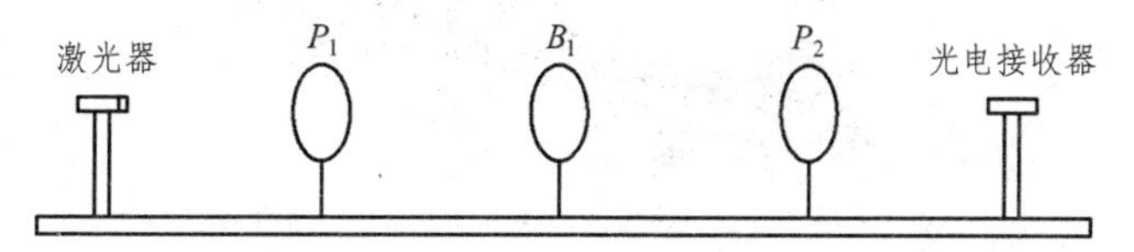

图3.12.6　检偏光路、验证马吕斯定律光路图

（2）在 P_1 偏振片的后面放上 P_2 偏振片，再转动 P_2 一周，观察透射光强度变化情况。将两次观察结果记入表 3.12.1，同时对上述现象做出解释。

2. 验证马吕斯定律

（1）如图 3.12.6 所示，保持 P_1 的出射光光强为最大，加上 P_2 后转动 P_2 使出射光光强为最大。此时，P_1 与 P_2 的夹角 θ 为 0°。

（2）转动 P_2 开始测量，每转 15°测量一次光强的数值（即电流值），将测量结果记入表 3.12.2 中。

（3）以 I 为纵坐标，$\cos^2\theta$ 为横坐标作图。如果图线为通过坐标原点的直线，则表明马吕斯定律已被验证。

3. 圆偏振光和椭圆偏振光的产生与观察

（1）按图 3.12.6 在光路上依次调整好光源、起偏器 P_1 及检偏器 P_2，转动 P_2 到消光位置，即 P_1 和 P_2 正交，这时应看到消光现象。

（2）插入 1/4 波片 B_1，转动 B_1，使光通过检偏器 P_2 后处于消光位置。

（3）依次把 1/4 波片 B_1 转动（从消光位置起计）0°、15°、30°、45°、60°、75°、90°，并每次把偏振片 P_2 转动 360°，记录所观察到的现象，说明 B_1 各角度透射出的光的偏振性质，将测量数据记入表 3.12.3 中。

4. 布儒斯特角的测量

（1）仪器配置：光源、测角度盘、玻璃堆、偏振片、光电池、白屏。

（2）如图 3.12.7 所示（上图为俯视图，下图为三维图立体图），将玻璃堆置于测角度盘上，使玻璃堆垂直光轴，此时入射光通过玻璃堆的法线方向射向光电池，放入偏振片、白屏。旋转测角度盘使入射光以 50°～60°射入玻璃堆（即入射角为 50°～60°），反射光射到偏振片的中心并使偏振片、白屏与反射光垂直。旋转偏振片，使光处于较暗的位置。

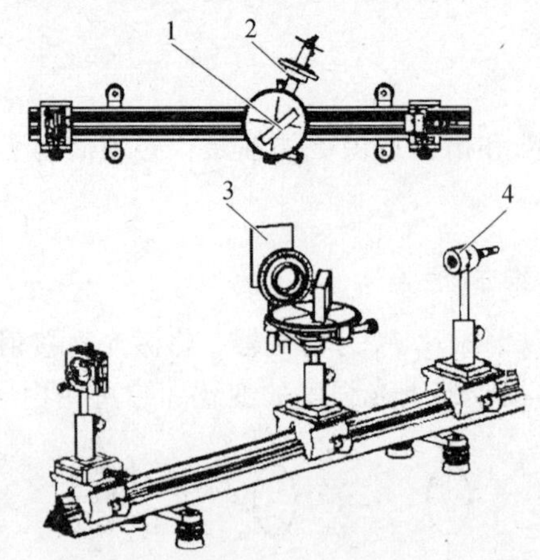

1—玻璃堆；2—偏振片；3—白屏；4—光电池。

图 3.12.7　布儒斯特角的测量光路图

（3）转动测角度盘，观察白屏上反射光亮度的变化。如果亮度渐渐变弱，再旋转偏振片使亮度更弱。反复调整直至亮度最弱，接近全暗。这时再转偏振片，如果反射光的亮度由黑变亮，再变黑，说明此时反射光已是线偏振光，记下角度盘读数 θ_1。

（4）转动角度盘，使入射光与玻璃堆的法线同轴并射到光电池上，使数显表头读数最大。记下角度盘的读数 θ_2，如图 3.12.8 所示。最后，获得布儒斯特角 $i_0=|\theta_1-\theta_2|$。

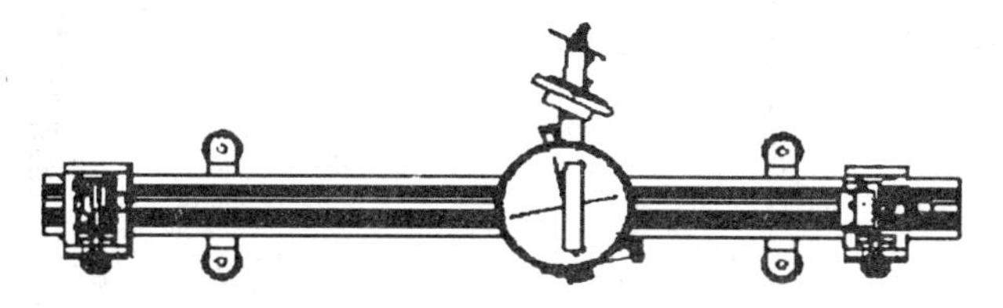

图 3.12.8　玻璃堆法线与入射光同轴

5. 旋光现象的观察

在光源前放入两偏振片使其正交，将装有糖溶液的旋光管 2 放入两偏振片之间，如图 3.12.9 所示。由于糖溶液的旋光作用，视场由暗变亮，将偏振片旋转某一角度后，视场由亮变暗。说明偏振光透过旋光物质后仍是偏振光，但其振动面旋转了一个角度。

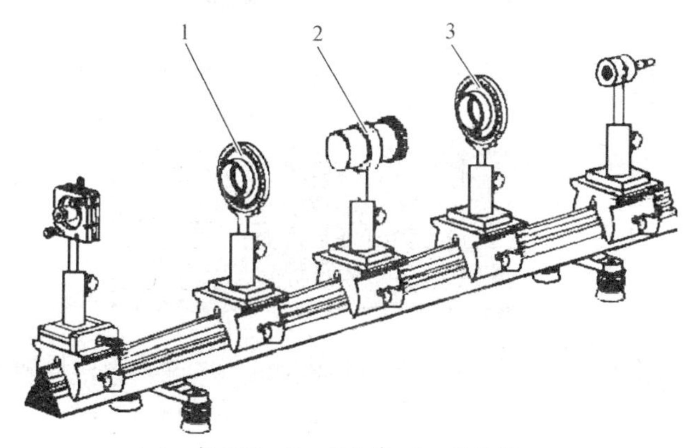

1—起偏器；2—旋光管；3—检偏器。

图 3.12.9　旋光现象观察的光路图

6. 仪器配件介绍

仪器配件如图 3.12.10 所示。

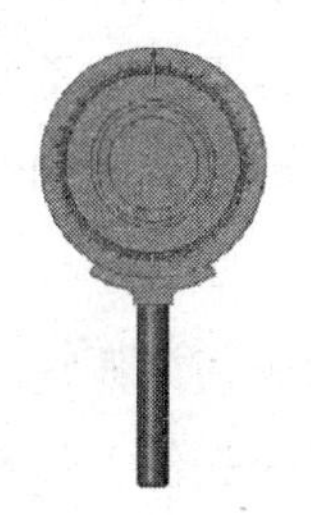

（a）偏振片：转盘刻度 360°、分度值 1°

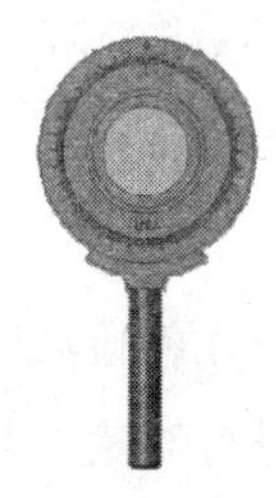

（b）波片：转盘刻度 360°、分度值 1°

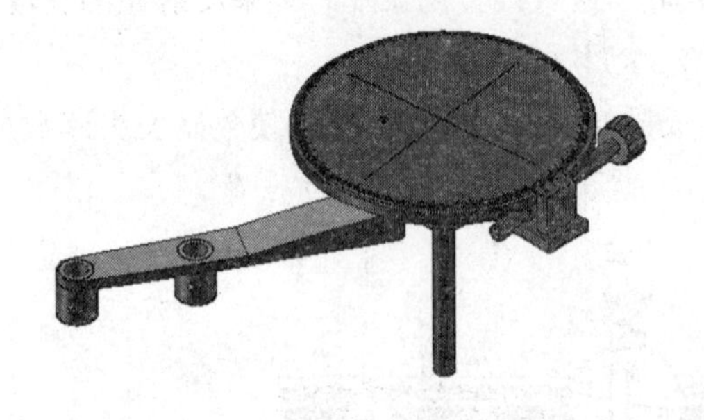

（c）测角度盘：分度值 0.1°

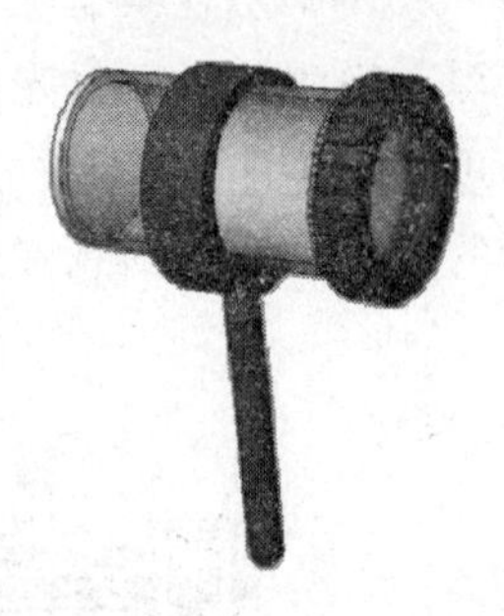

（d）旋光管：ϕ45 mm×85 mm

（e）玻璃堆：通光口径 86 mm×46 mm；折、反射面：厚度 16 mm

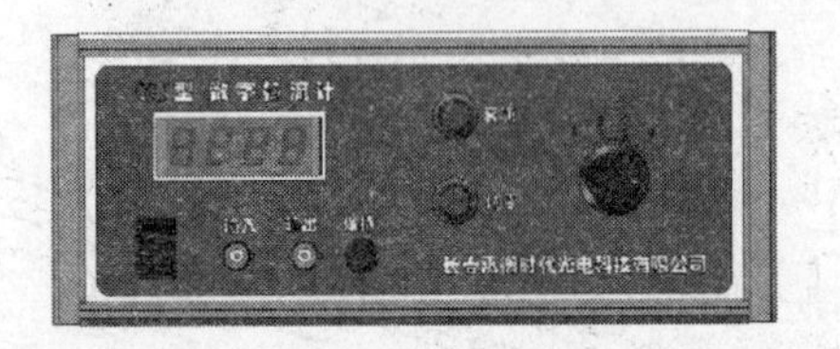

数字式检流计（量程：第一挡：1.999×10^{-6} A；第二挡：19.99×10^{-6} A；第三挡：199.9×10^{-6} A；第四挡：$1\,999\times10^{-6}$ A）

图 3.12.10　仪器配件

数字检流计的调整：将仪器所配电源线与电源接通，打开电源开关，开机预热 3 min。测量前，要对仪器进行“调零”。调零时，先将量程调节旋至 4 挡，调节衰减旋钮，使数字表显示为 0（0.000，顺时针为增大，逆时针为减小）。此时，再将量程调节旋钮由 1 挡逐渐旋至 4 挡。若每一挡均显示为 0，则调零结束，可进行测量。若不是则重复上述过程，直至各个挡位全部显示为零。仪器调零结束后，测量过程中不可再旋动衰减和调零旋钮，以免影响测量精度。

在进行测量前，先将检流计量程旋至 4 挡，再将检测探头与检流计连接，根据显示电流大小选择合适挡位进行测量。测量中，可根据光强的变化更换挡位。当输入电流（或光强）超过当前量程时，数显表会显示“1”，此时应将量程调节旋钮旋至量程更大挡。

【数据记录与处理】

本实验的数据记录与处理见表 3.12.1 ~ 表 3.12.4。

表 3.12.1　光波变化数据记录

加入偏振片 P_1					
P_1 转动 360°观察到的现象	入射光的性质	最大光强方位角		最小光强方位角	
加入偏振片 P_2					
P_2 转动 360°观察到的现象	入射光的性质	最大光强方位角		最小光强方位角	

表 3.12.2　验证马吕斯定律数据记录

θ	0°	15°	30°	45°	60°	75°	90°
I							
$\cos^2\theta$							

表 3.12.3　圆偏振光、椭圆偏振光的产生和检验数据记录

1/4 波片转角度	P_2 转动 360° 观察到的现象	P_2 入射光的性质
0°		
15°		
30°		
45°		
60°		
75°		
90°		

表 3.12.4　布儒斯特角测量数据

θ_1 =	θ_2 =
布儒斯特角 $i_0 = \lvert\theta_1 - \theta_2\rvert =$	
$U_{i_0} = \sqrt{U_{\theta_1}{}^2 + U_{\theta_2}{}^2}$	
测量结果标准式：$i_0 =$ $U_{\mathrm{r}i_0} =$	

【注意事项】

（1）本实验采用半导体激光光源，具有很好的单色性，波长为 650 nm，功率小于 5 mW，不要用眼睛正视激光光源。

（2）激光器发出的光束应平行于工作平台的工作面。

（3）光束应通过放入光路中的偏振片、波片、接收器等部件的中心，保证光束垂直入射到接收器上。

（4）仪器放置处不可长时间受阳光照射。

【思考题】

（1）光的偏振现象说明了什么？一般用哪个矢量表示光的振动方向？

（2）偏振器的特性是什么？什么是起偏器和检偏器？

（3）产生线偏振光的方法有哪些？将线偏振光变成圆偏振光或椭圆偏振光要用何种器件？在什么状态下产生？实验中如何判断线偏振光、圆偏振光和椭圆偏振光？

【附录】阅读材料

1．线偏振光的产生与鉴别

当自然光通过偏振器（通常称之为起偏器）后，只有电矢量振动方向平行于偏振化方向的光可以通过，因此由偏振器出射的光为线偏振光。

判断偏振光是否为线偏振光，只要让偏振光通过一个偏振器（称之为检偏器）。转动检偏器改变检偏器的偏振化方向与线偏振光之间的夹角，出射光的光强随之改变。根据偏振器的性质可知，当偏振化方向与线偏振光的振动方向平行时，出射光的光强最大；而垂直于线偏振光的振动方向时出现消光，即出射光的光强为零。

2．椭圆偏振光和圆偏振光

如图 3.12.11 所示，自然光通过起偏器后产生的偏振光（振幅用 A 表示）偏振方向与晶面上光轴的方向成 α 角。偏振光进入晶体后就分解为 $A_e = A\cos\alpha$（沿光轴方向）的 e 光和 $A_o = A\sin\alpha$（垂直光轴方向）的 o 光。这两束光是同频率、有恒定相位差且相互垂直的相干光，它们射出晶体后，具有相位差 $\Delta\varphi = \frac{2\pi}{\lambda}(n_o - n_e)d$。由于相位差不同，它们将合成线偏振光或圆偏振光、椭圆偏振光。当 $\Delta\varphi$ =0、π、2π 时，两束光合成为线偏振光；若两束光的振幅相等（即 $A_o = A_e$，或 $\alpha = 45°$），且 $\Delta\varphi = \frac{\pi}{2}$，即 $(n_o - n_e)d = \frac{\lambda}{4}$，则 e 光和 o 光合成为圆偏振光；若 A_o 和 A_e 不相等，或 $\Delta\varphi$ 为其他角度，则两束光合成为椭圆偏振光。

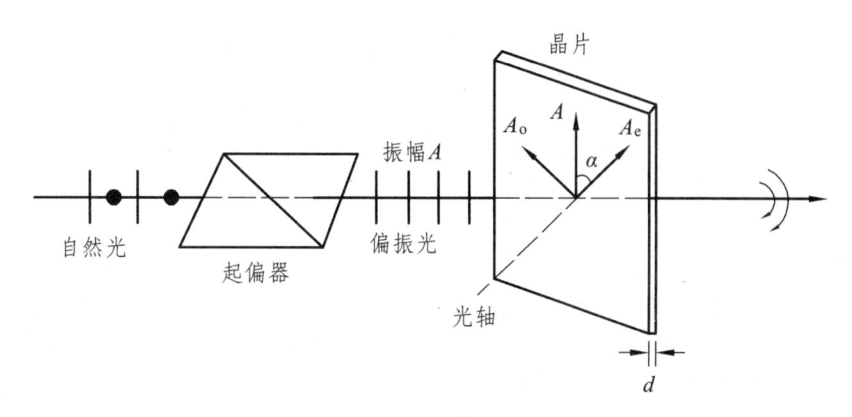

图 3.12.11　自然光通过起偏器分解为 o 光和 e 光

综上所述，可以通过 1/4 波片（满足 $\Delta\varphi = \pi/2$ ）把线偏振光变成圆偏振光；反之，若让圆偏振光通过 1/4 波片，则获得线偏振光。半波片（满足 $\Delta\varphi = \pi$ ）的作用是，线偏振光通过该波片后仍为线偏振光，只是振动方向相对原来的振动方向转过了 2α 角度。

3．圆偏振光的产生与鉴别

产生圆偏振光的方法是先得到线偏振光，然后将线偏振光垂直入射到 1/4 波片上。如果线偏振光的振动方向与 1/4 波片的光轴成 45°角，透过 1/4 波片的光就是圆偏振光。

4．椭圆偏振光的产生与鉴别

产生椭圆偏振光的方法是先得到线偏振光，然后将线偏振光垂直入射到 1/4 波片上。当椭圆偏振光通过旋转的检偏器时，光强将出现两明两暗。光强出现最亮时，检偏器的偏振化方向就是椭圆的长轴方向；光强出现最暗时，检偏器的偏振化方向就是椭圆的短轴方向。

实验 13　惠斯通电桥

电桥测量法是在电学领域中被广泛应用的测试技术，不仅应用于电工测试，而且在非电量测量中也有广泛应用，如实现电阻、电流、电感、电容、频率、压力、温度等的测量。电桥测量法具有较高的灵敏度和精确度，同时具有结构简单和使用方便的特点。在现代自动化控制、仪器仪表等的功能就是利用电桥的这些特点进行设计、调试和控制的。

测量电阻有多种方法，如伏安法、欧姆表法等，其中大多数方法都不同程度地受到电表精度接入误差的影响。电桥法测电阻采用的是比较法，相比之下，上述影响较小。只要测量时选择的标准电阻足够精确，检流计足够灵敏，那么被测电阻就会有较高的准确度。但需要指出的是，电桥法测量电阻在实现高阻值电阻测量时其测量精度不高，建议在测量高阻值电阻时选择其他方法进行测量，如冲击电流计法、兆欧表法、伏安法等。

根据电源性质不同，电桥可分为直流电桥和交流电桥。本实验涉及的惠斯通电桥为直流电桥，它是学习其他电桥的基础。早在 1833 年就有人提出基本的电桥网络，但一直未引起人们的注意。直至 1843 年，在英国数学家 S.克里斯蒂的建议下，开发了一种测量电阻的电桥，用于电报试验和电工测量，该电桥被称为惠斯通电桥，其可测电阻范围为 $1 \sim 1\times10^6\ \Omega$。

【实验目的】

（1）了解惠斯通电桥测量电阻的原理。

（2）掌握惠斯通电桥测量电阻的线路组成。

（3）掌握用滑线式电桥测电阻。

（4）掌握成品箱式电桥的使用。

【实验仪器】

FMQJ23a 型直流单臂电桥、直流稳压电源、滑线电阻器、转柄电阻箱（0 ~ 99 999.9 Ω）、转柄电阻箱（0 ~ 9 999 Ω）、待测电阻、XD-ZPY 平衡指示仪、导线若干。

【实验原理】

1. 电桥测量原理

图 3.13.1 为惠斯通电桥的原理图。该电路是由 4 个电阻连成的一个四边形回路构成，连接的 4 个电阻 R_x、R_1、R_2、R_0 被称为电桥的 4 个臂。四边形的一条对角线连接检流计，另一个对角线连接电源 E，其中连接检流计的支路被称为“桥”。

接通电源，电桥线路中各支路均有电流通过。当 C、D 两点之间的电位不相等时，桥路中的电流 $I_g \neq 0$，检流计的指针发生偏转；当 C、D 两点之间的电位相等时，桥路中的电流 $I_g = 0$，检流计指针指零，这时电桥处于平衡状态。当电桥平衡时，电桥相对臂电阻的乘积相等，即 $R_x R_2=R_0 R_1$ 是电桥平衡的条件。

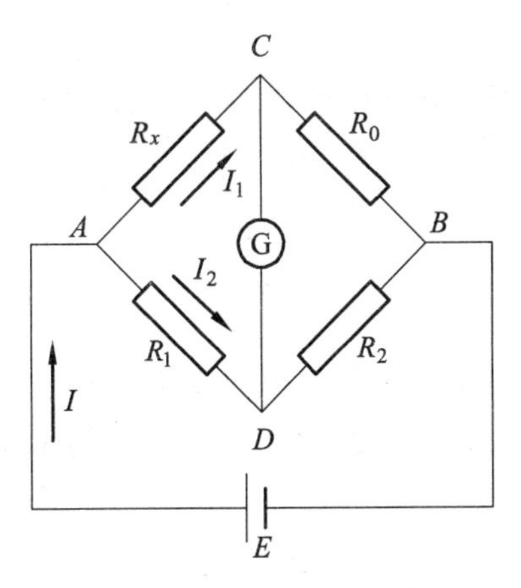

图 3.13.1　电桥原理图

根据电桥的平衡条件，若已知其中 3 个臂的电阻，就可以计算出另一个桥臂电阻。由此，电桥测电阻的计算式为：

$$R_x = \frac{R_1}{R_2} R_0 \tag{3.13.1}$$

其中，电阻 R_1，R_2 为电桥的比率臂；R_0 为比较臂；R_x 为待测臂。R_0 作为比较的标准，常用电阻箱。

由式（3.13.1）可以看出，待测电阻 R_x 由倍率 $\frac{R_1}{R_2}$ 和标准电阻 R_0 决定。检流计在测量过程中起判断桥路有无电流的作用，电阻的测量结果与检流计的精度无关。这是因为标准电阻一般制作非常精密，所以利用电桥的平衡原理测量电阻具有很高的准确率，大大优于伏安法测电阻，这也是电桥法广泛应用的一个重要原因。

2. 电桥的灵敏度

电桥能否达到平衡，是由桥路中有无电流确定的，而桥路中有无电流又是以检流计的指针是否发生偏转来判断的。我们知道，检流计的灵敏度始终是有限的。例如，若使用指针偏转一格所对应的电流为 1 μA 的检流计，那么当桥路的电流小于 0.1 μA 时，检流计指针偏转不到 0.1 格，通过肉眼很难觉察出指针的偏转，这就引入了电桥灵敏度的问题。检流计的灵敏度 S_i 是以单位电流变化量 ΔI_g 引起电表指针偏转的格数 Δn 来定义的，即

$$S_i = \frac{\Delta n}{\Delta I_g} \tag{3.13.2}$$

在完全处于平衡的电桥里，若测量臂电阻 R_x 改变一个微小量 ΔR_x，将引起检流计指针所偏转的格数 Δn，定义为电桥灵敏度，即

$$S = \frac{\Delta n}{\delta R_x} \tag{3.13.3}$$

电桥灵敏度不能直接用来判断电桥在测量电阻时所产生的误差，故用其相对灵敏度来衡量电桥测量的精确程度，即有

$$S = \frac{\Delta n}{\Delta R_x / R_x} \tag{3.13.4}$$

假如检流计指针偏转的格数Δn与测量电阻R_x的相对误差（$\Delta R_x/R_x$）的比值，定义为电桥的相对灵敏度，有时也被称为电桥灵敏度，S 越大电桥灵敏度越高。**请思考，电桥的相对灵敏度与哪些因素有关呢？**

将式（3.13.2）整理代入式（3.13.4），则有

$$S = S_i \cdot R_x \frac{\Delta I_g}{\Delta R_x} \tag{3.13.5}$$

因ΔI_g和ΔR_x变化很小，可用其偏微商形式表示

$$S = S_i \cdot R_x \frac{\partial I_g}{\partial R_x} \tag{3.13.6}$$

当电桥处于非平衡状态时由基尔霍夫定律联立方程，用行列式求解，得非平衡电流（流经检流计之电流I_g）为

$$I_g = \frac{E(R_x R_2 - R_1 R_0)}{A} \tag{3.13.7}$$

其中，$A = R_1 R_2 R_x + R_2 R_0 R_x + R_0 R_2 R_1 + R_0 R_1 R_x + R_g (R_1 + R_x)(R_2 + R_0)$。

若将 A 视为常量，由式（3.13.7）对R_x求微分得

$$\frac{\partial I_g}{\partial R_x} = \frac{R_2 E}{A} \tag{3.13.8}$$

将式（3.13.8）代入式（3.13.6）中，得电桥灵敏度S为

$$S = \frac{S_i \cdot R_x \cdot R_2 E}{A} \tag{3.13.9}$$

经整理得

$$S = \frac{S_i E}{(R_1 + R_2 + R_0 + R_x) + R_g \left[2 + \left(\frac{R_1}{R_x} + \frac{R_0}{R_2} \right) \right]} \tag{3.13.10}$$

由式（3.13.10）分析可知：

（1）电桥灵敏度 S 与检流计的灵敏度 S_i 成正比，检流计灵敏度越高电桥的灵敏度也越高。

（2）电桥的灵敏度与电源电压 E 成正比，若要提高电桥灵敏度可适当提高电源电压 E。

（3）电桥灵敏度随着 4 个桥臂上的电阻值 R_0、R_1、R_2、R_x 的增大而减小，随着 $\left(\frac{R_1}{R_x}+\frac{R_0}{R_2}\right)$ 的增加而减小。若臂上的电阻阻值选得过大，会大大降低电桥灵敏度；此外，臂上的电阻阻值相差太大，也会降低其灵敏度。

基于上述分析，就可以找出实际工作中电桥出现灵敏度不高、测量误差大的原因。同时，为了提高其测量灵敏度，一般成品电桥通常都会安装外部检流计与外接电源接线柱。但是外接电源电压不能简单地为提高灵敏度而无限制地提高，还必须考虑桥臂电阻的额定功率，不然就会有烧坏桥臂电阻的风险。

3. 用滑线式电桥测电阻

滑线式电桥是为了便于理解电桥的原理而设计的一种教学用电桥，电路图如图 3.13.2 所示。AB 为长为 l 的电阻丝，滑动触头 D 可在电阻丝上滑动。当电桥平衡时，$R_xR_2 = R_0R_1$，则 $R_x=\frac{R_1}{R_2}R_0$。由于电阻丝粗细均匀，又是由同一种材料制成的，它们的电阻之比就可用其长度之比来表示：

$$R_x=\frac{l_{AD}}{l_{\mathrm{BD}}}R_0 \tag{3.13.11}$$

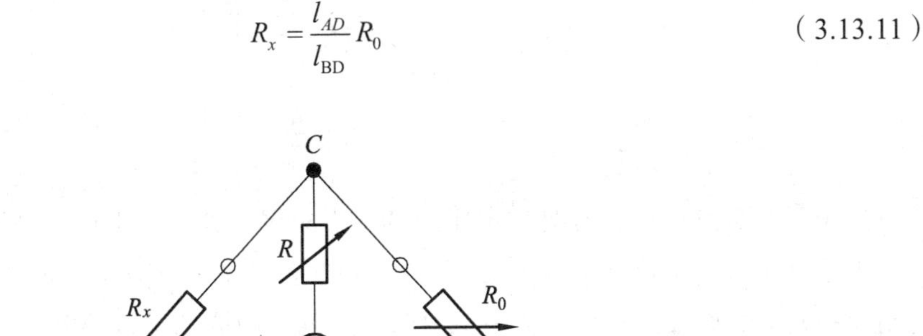

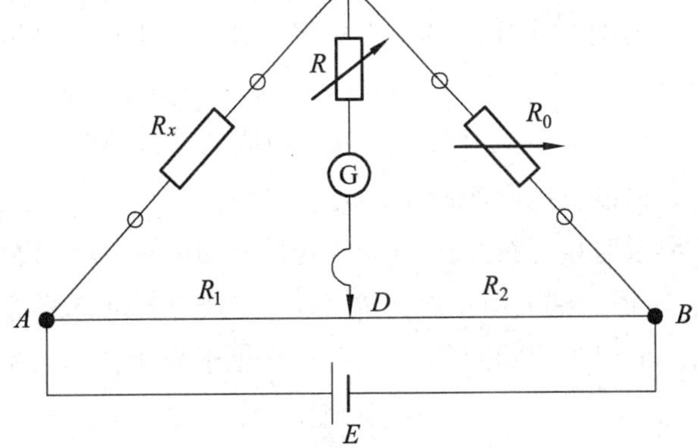

图 3.13.2　滑线式电桥

其中，l_{AD}、l_{BD} 分别表示电阻丝 AD 和 BD 段的长度。设 $l_{AD}=l_x$，$l_{BD}=l-l_x$，故

$$R_x = \frac{l_x}{l-l_x}R_0 \tag{3.13.12}$$

可见，欲求 R_x 只需确定 AD 与 BD 段电阻丝的长度之比，并读出标准电阻的阻值，即可求得。

现讨论，滑动触头 D 处于什么位置时，测量误差最小？

由（3.13.12）式可得

$$\ln R_x = \ln l_x - \ln(l-l_x) + \ln R_0 \tag{3.13.13}$$

于是有

$$\frac{\mathrm{d}R_x}{R_x} = \left(\frac{1}{l_x}+\frac{1}{l-l_x}\right)\mathrm{d}l_x \tag{3.13.14}$$

由上式可知，测量的最有利位置是$\left(\frac{1}{l_x}+\frac{1}{l-l_x}\right)$为极小值。

由$\frac{\mathrm{d}}{\mathrm{d}l_x}\left(\frac{1}{l_x}+\frac{1}{l-l_x}\right)=\frac{1}{(l-l_x)^2}-\frac{1}{l_x^2}$，二阶导数始终大于零，因此一阶导数等于零便为极小值的条件，即

$$\frac{1}{(l-l_x)^2}-\frac{1}{l_x^2}=0 \tag{3.13.15}$$

故

$$l_x = \frac{l}{2} \tag{3.13.16}$$

这表明，当滑动触头 D 处在电阻丝的中点位置时使电桥平衡，是测量的最优位置。

上述讨论假定电阻丝是均匀的，实际上电阻丝并非完全均匀，而且电阻丝使用时间愈久，电阻丝中间部分磨损愈严重。为消除电阻丝不均匀引起的系统误差，可将待测电阻与标准电阻箱交换位置进行测量，以减少电阻丝所带来的影响。

要满足以上要求，测量时可保持触头 D 置于电阻丝 AB 的中点位置。然后调节电阻箱的阻值，设阻值为 R_0 时，电桥达到平衡；再将 R_x 和 R_0 交换位置进行测量，随后调节电阻箱，当电桥再次实现平衡时，此时电阻箱阻值设为 R_0'。根据平衡条件，关系式如下：

$$\frac{R_x}{R_0}=\frac{l_x}{l-l_x},\quad \frac{R_0'}{R_x}=\frac{l_x}{l-l_x} \tag{3.13.17}$$

由此可得

$$\frac{R_x}{R_0}=\frac{R_0'}{R_x},\quad R_x=\sqrt{R_0R_0'} \tag{3.13.18}$$

这样就避免了因长度测量不准带来的误差。

4. 成品箱式电桥

在工业生产和研究中，测量电阻基本上都使用成品箱式电桥。它的基本原理和调节使用方法仍为惠斯通电桥的方法。

箱式电桥是把电桥的各个元件，包括标准电阻箱、检流计、保护电阻、电源、开关等，装在一个箱子里，便于携带、使用方便。箱式电桥型号各异，本实验使用的是 FMQJ23a 型直流单臂电桥，即惠斯通电桥，适用于测量 1 Ω以上的中值电阻。

将 FMQJ23a 型单臂直流电桥平放于桌上，使用时首先将待测电阻 R_x 接在标注 R_x 的接线柱两侧，然后按下按钮 B 并旋动一个方向，就接通了电桥内的直流电源。根据所测电阻阻值的大小，适当选择倍率开关 K，尽量使比较臂上有 4 位读数。参考电桥后板上的表格，中间为比较臂上的 4 个电阻调节旋钮。选定好 K 值（表 3.13.1），按下按钮 G，调节电阻箱 R_s，使电桥平衡，则

$$R_x = K \cdot R_s \tag{3.13.19}$$

本实验使用的是 FMQJ23a 型直流单臂电桥，其实物图和示意图如图 3.13.3 所示。

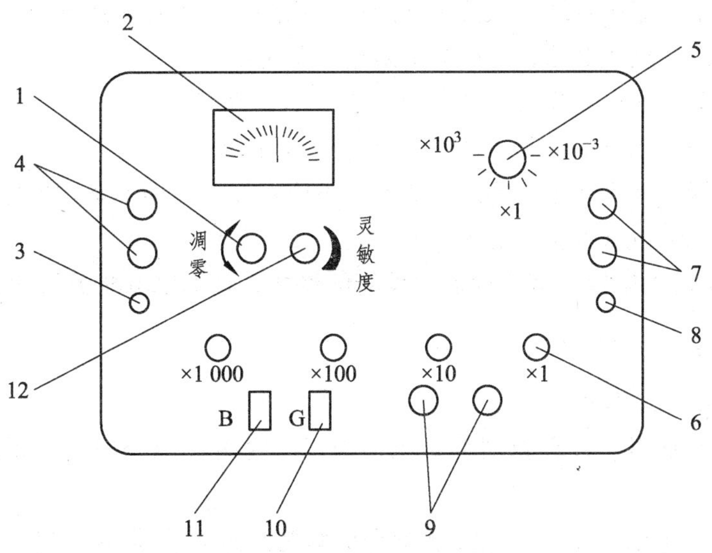

1—指零仪零位调整器；2—指零仪；3—内、外接指零仪转换开关；4—外接指零仪接线端端钮；5—量程倍率变换器；6—测量盘；7—外接电源接线端钮；8—内、外接电源转换开关；9—测量电阻器接线端钮；10—指零仪开关（G）；11—电源开关（B）；12—指零仪灵敏度调节旋钮。

图 3.13.3　FMQJ23a 型电桥示意图

表 3.13.1　倍率选择表

被测电阻值/Ω	倍率选择
9.999 以下	0.001
10 ~ 99.99	0.01
100 ~ 999.9	0.1
1 000 ~ 9 999	1
10 000 ~ 99 990	10
100 000 ~ 999 900	100
1 000 000 ~ 9 999 000	1 000

【实验内容与步骤】

1. 自组电桥

（1）用滑线式电桥测量未知电阻。

① 根据所给仪器按滑线式电桥原理图接好线路，但不要接通电源。

② 检查线路后接通电源，对待测电阻进行测定。

③ 每个阻值要求用交换法（R_1与R_2交换位置）测量。

④ 根据表格记录数据，并计算出待测电阻的阻值。

⑤ 根据间接测量不确定度传递公式计算不确定度，写出不确定度标准表达式。

（2）选做实验：测量电桥灵敏度。

微调电路中的电阻箱，观察检流计偏转的格数，计算出电桥灵敏度。

2. 成品箱式电桥

用成品电桥测量未知电阻：

① 仪器水平放置，打开仪器盖，项 3 处于“内接”，项 8 处于“内接”，打开电源开关。

② 调节项 1 和 12 后，调节项 5（量程倍率变换器），根据表 3.13.1 及被测电阻器的估算值，选择适当的量程倍率。若指针向“+”方向偏转，表示被测电阻器大于估算值，则增加测量盘示值，使指零仪趋向于零位。若指零仪仍偏向于“+”边，则可增加量程倍率，再调节测量盘使指零仪趋向于零位；若指针向“-”方向偏转，表示被测电阻小于估算值，即减小测量盘示值使指零仪趋向于零位。

③ 若测量盘示值减少到 1 000 Ω时，指零仪仍偏向“-”边，则可减少量程倍率，再调节测量盘，使指零仪趋向于零位。当指零仪指零位时，电桥平衡，计算出测试电

阻值。

④ 从电桥说明表中记录精度 $a\%$，用 $U_{R_x} = K \cdot R_s \cdot a\%$ 算出不确定度，写出不确定度的标准表达式。

【注意事项】

接通电源前，务必请教师检查线路，以免烧毁电路。

【思考题】

（1）电桥法测电阻的原理是什么？在电桥法测电阻实验中，怎样既好又快地找到平衡点？

（2）在测量前检流计指针没有指到零处，是否会影响电桥测量的准确性？若没有检流计，该实验能否进行？

（3）用数学分析的方法推论滑线式电桥，当滑动触头 D 处在 l 的什么位置时（$l_x = ?$），测量误差最小？（提示：设法求其相对误差 $\frac{\Delta R_x}{R_x}$ 的最小值）

（4）为了提高电桥测量的灵敏度，应采取哪些措施？为什么？

（5）用电桥测电阻时，线路接通后，检流计指针总是偏向一边，无论怎样调节，电桥均达不到平衡，试分析原因？

实验 14　双臂电桥测低值电阻

双臂电桥又名开尔文电桥，是在惠斯通电桥基础上发展起来的，它可以消除（或减小）附加电阻对测量的影响，因此是测量 1 Ω 以下低值电阻的常用仪器，如测量金属材料的电阻率，电机、变压器绕组的电阻，低阻值线圈电阻等。

双臂电桥中采用的四端接线法，也是为实现准确测量、精确定义电阻而安排的，生产实际中常常采用，如标准电阻都有电压接头、电流接头各一对，掌握双臂电桥线路构成具有普遍意义。

【实验目的】

（1）了解双臂电桥的原理和方法。

（2）学会用双臂电桥测金属棒的电阻，从而求出材料的电阻率。

【实验仪器】

QJ-44 型直流双臂电桥、待测金属棒、米尺、螺旋测微计、导线、检流计、直流电源（3 V）、金属膜电阻 2 个（1 kΩ）、六位转柄电阻箱 2 个标准电阻（0.1 Ω）、电流表（0 ~ 5 A）、滑线电阻（50 ~ 100 Ω）。

1. QJ - 44 型双电桥的结构说明

QJ - 44 型双电桥的原理与实验原理相同。图 3.14.1 是 QJ-44 型双电桥的线路图。

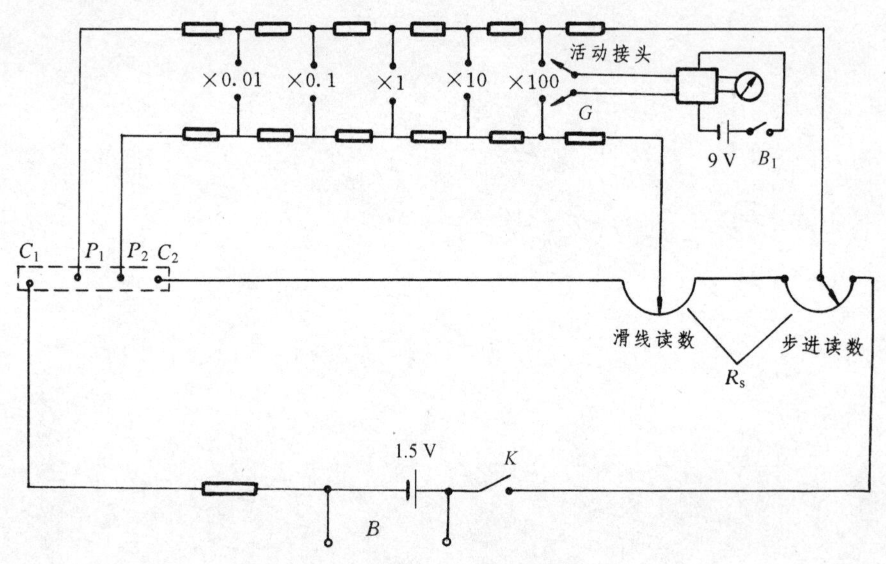

图 3.14.1　QJ-44 型双电桥线路图

由图可以看出：

（1）当晶体管检流计的活动接头接在不同的位置，则 $R_1/R_2=K$ 的值不同，也就是说，$K=\dfrac{R_1}{R_2}$ 的值可有 0.01、0.1、1.1、10、100 五个值。

（2）R_s 的值是步进读数和滑线读数两部分之和，其中滑线读数是可以连续变化的，这样可以使测量准确度提高。

（3）$R_x=K\cdot R_s=$ 倍率读数×（步进读数+滑线读数）。

将图 3.14.2 的面板图和图 3.14.1 的线路图进行比较可知：C_1、C_2、P_1、P_2 接待测电阻 R_x，B 为接通电源的按钮，G 为接通检流计的按钮，B_1 为晶体管检流计放大器工作电源开关，“调零”为晶体管检流计的零点调节器，“灵敏度调节”用来调晶体管检流计的灵敏度。

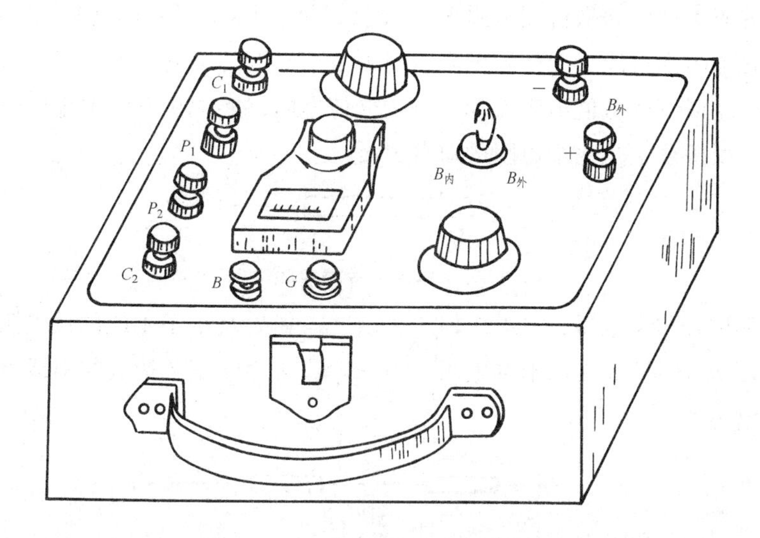

图 3.14.2　QJ-44 型双电桥的面板

由以上讨论可知，此仪器的测量步骤为：

（1）在电池盒内装入 1.5 V 的 1 号电池 4 ~ 6 节并联使用（或外接 1.5 V 的直流电源）和 2 节 9 V 的 6 号电池并联使用，此时电桥就能正常工作。

（2）“B_1”开关置于“通”位置，等稳定后（约 5 min），调节检流计指针在零位。

（3）灵敏度旋钮应放在最低位置。

（4）将被测电阻按四端连接法接在电桥相应的 C_1、C_2、P_1、P_2 的接线柱上，如图 3.14.3 所示。

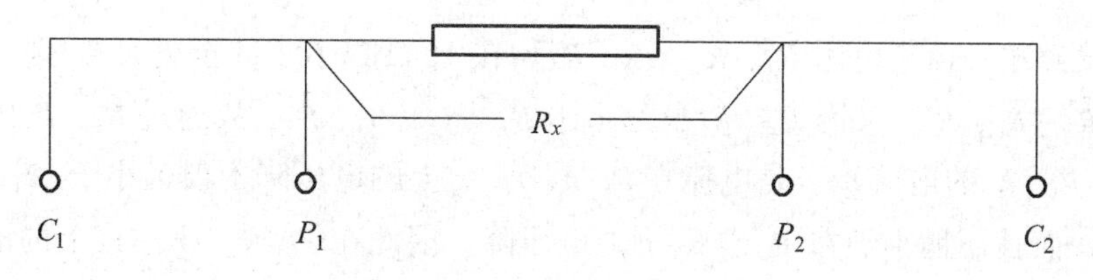

图 3.14.3　被测电阻连线

（5）估计被测电阻大小，选择适当倍率位置，先按 G 按钮再按 B 按钮，调节步进读数和滑线读数，使检流计指针在零位上，如发现检流计灵敏度不够，应增加其灵敏度。移动滑线盘 4 小格，检流计指针偏离零位约 1 格，就能满足测量要求。在改变灵敏度时，会引起检流计指针偏离零位，在测量之前，随时都可以调节检流计零位。

【实验原理】

把如图 3.14.4 所示的电阻 R_x 接入单臂电桥进行测量时，由于引线 AA_1 及 BB_1 是有电阻的，接触点 A、A_1、B、B_1 也存在电阻，引线的电阻叫引线电阻，接触点的电阻叫接触电阻，这些附加电阻又是与待测电阻串联的，所以，测量值是待测电阻与附加电阻的总和。这些附加电阻的数量级约在 $10^{-4} \sim 10^{-2}\ \Omega$ 左右。如果待测电阻 R_x 是 1 Ω 以上的电阻，那么引线电阻和接触电阻均可忽略不计；如果待测电阻 R_x 是 1 Ω 以下（$1\times10^{-6}\sim1\times10^{-4}\ \Omega$）的低值电阻，引线电阻和接触电阻都可能大于待测电阻，对测量精确度的影响不可忽视，所以一般的电桥不能用来测定 1 Ω 以下的低值电阻。为了测定低值电阻，必须从电路中排出引线电阻和接触电阻，从而设计了桥臂上是两个电阻的双臂电桥。

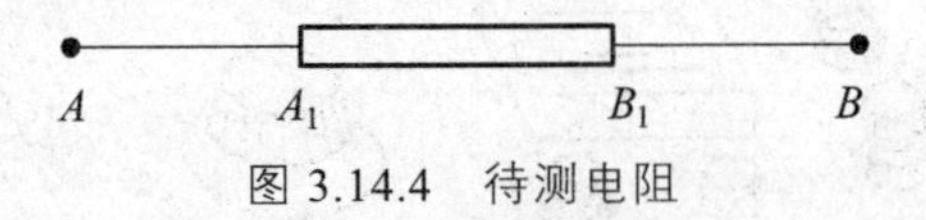

图 3.14.4 待测电阻

双臂电桥又称开尔文电桥，如图 3.14.5 所示，其中 R_x 是小于 1 Ω 的低电阻，R_s 是标准电阻，R_1、R_2、R_3、R_4 均是 10 Ω 以上的电阻，r_1、r_2、r_3、r_4 和 r 是各接线的引线电阻和接点的接触电阻（附加电阻）。

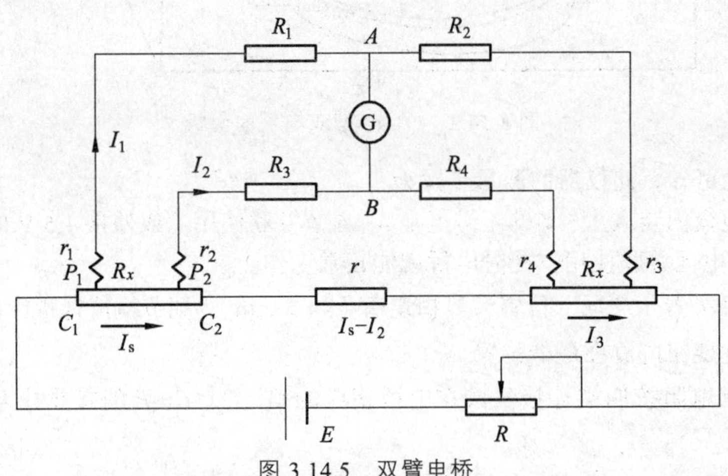

图 3.14.5 双臂电桥

在实际线路中，由于电阻 R_1、R_2、R_3、R_4 均在 10 Ω 以上（甚至更大），则 r_1、r_2、r_3、r_4 远小于 R_1、R_2、R_3、R_4，又因 R_x、R_s 也远小于 R_1、R_2、R_3、R_4，故通过 R_x、R_s 的电流远大于通过 R_1、R_2、R_3、R_4 的电流，于是电流在 r_1、r_2、r_3、r_4 上的电压降不仅远小于 R_1、R_2、R_3、R_4 上的电压降，而且还远小于在 R_x 或 R_s 上的电压降，因此在 r_1、r_2、r_3、r_4 上的电压降可以忽略不计。

将待测电阻 R_x 接入电桥电路中，采用四端钮结构，即电阻的每一端有两个接线端钮，图 3.14.5 中的 C_1、C_2 叫电流端钮，P_1、P_2 叫电位端钮。同样在连接 R_s 时也采用四端结构，电阻 R_x 和 R_s 用一根电阻为 r 的粗导线连接起来，并和电源组成闭合回路，它们的电位端钮分别与桥臂电阻 R_1、R_2、R_3 和 R_4 连接。

为什么要将本来是两端钮的电阻分成四端钮，即分成电流端钮和电位端钮呢？把电流端钮和电位端钮分开，电流从 C_1 点流向 C_2 点，待测电阻 R_x 的两端由 P_1、P_2 引出再用导线与 R_1、R_2 相连，这样 R_1、R_2 处的接触电阻已包含在 r_1 和 r_2 中（由于电位端钮所接入的测试回路电阻较大，故分流很小，产生的接触电阻可以忽略），而 C_1、C_2 处的接触电阻已被排除在 R_x 之外，它只对电源回路产生影响，而对桥路平衡影响甚微，以致可以忽略。同时电流端与电压端分开后，便可将 R_s 及 R_x 一端的接触电阻放入 R_1 及 R_2 桥路上去，由于 R_1、R_2 阻值较大，故此接线电阻与其相比也可忽略；更重要的是，由于 R_x 和 R_s 一般很小，故所在支路中电流一般均很大，若不区分电流端钮与电位端钮，则由电桥中检测的电压必然包括了接触电阻上的电压，这会给测量结果带来很大误差，为此，在低阻测量中，一定要将低电阻及标准电阻做成四端钮结构。

由上可知，R_x 和 R_s 一端的接触电阻和引线电阻都可消除，而消除 r 的影响，则是通过电桥满足一定的平衡条件来解决的，也即电桥为什么要制成“双臂”的道理。

适当调节各桥臂电阻，使 $I_g = 0$，这时电桥达到平衡，A、B 点电位相等，于是有

$$I_1R_1 = I_2R_x + I_2R_3 \tag{3.14.1}$$

$$I_1R_2 = I_3R_s + I_2R_4 \tag{3.14.2}$$

$$(I_3 - I_2)r = I_2(R_3 + R_4) \tag{3.14.3}$$

解得

$$R_x = \frac{R_1}{R_2}\cdot R_s + \frac{r(R_1R_4 - R_2R_3)}{R_2(R_3 + R_4 + r)} \tag{3.14.4}$$

式中，$\frac{R_1}{R_2}\cdot R_s$ 相当于惠斯通电桥测电阻的公式；后面一项相当于惠斯通电桥的修正项，这是由 r 造成的，为消除 r 的影响，通常把双臂电桥做成一种特殊的结构，即 R_1 和 R_3 的滑动臂连一起，使得 $\frac{R_1}{R_2} = \frac{R_3}{R_4}$ 成立，这样平衡条件为

$$R_x = \frac{R_1}{R_2}\cdot R_s = K\cdot R_s$$

选择适当的 K、R_s，使电桥平衡，即可求出 R_x。

用直尺单次测量待测金属棒电位端 P_{1x}、P_{2x} 之间的距离 L，用游标卡尺测量待测金属棒

不同部位直径 5 次，将各材料的 R_x、L_x、d_x 代入，计算出电阻率：

$$\rho_x = \frac{\pi d_x^2}{4l_x}\cdot R_x \quad 或 \quad \rho_x = \frac{\pi d_x^2}{4l_x}\cdot\frac{R_1}{R_2}\cdot R_s$$

【实验内容与步骤】

1. 组装双臂电桥测样品的电阻率

（1）ZX-21 型六位转柄电阻箱两个，做双桥中的 R_2、R_4，在调节过程中两电阻箱必须数值相同——严格保证 R_2、R_4 同步调节，线路图见图 3.14.6。

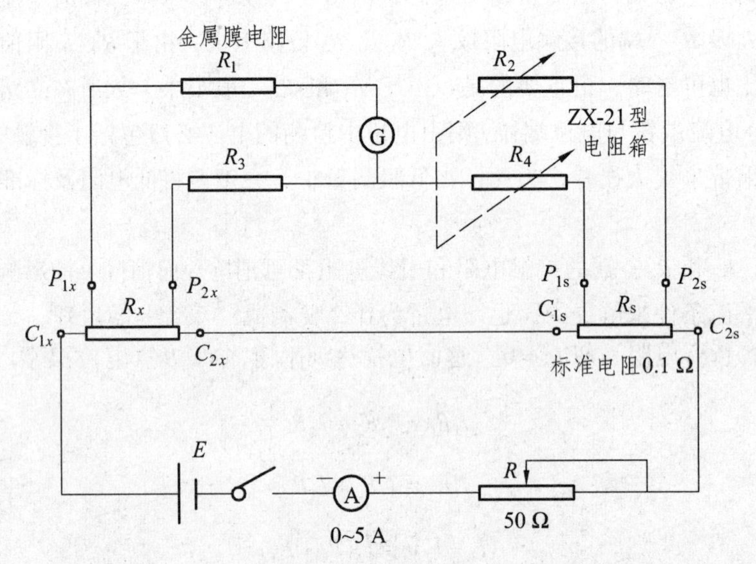

图 3.14.6　测量线路图

（2）R_1 和 R_3 用精密金属膜电阻，阻值1 kΩ，R_s 用 BZ-10 型标准电阻 0.1 Ω，注意四端钮引线，检流计 G 处串联保护电阻，线路接好后一定要请教师检查后方能接通开关 K。

（3）根据所给数据，估算 R_2和R_4 的阻值，并将两电阻值同步调节在此附近，然后对待测电阻进行测量。

（4）分别对铜棒和铝棒的阻值重复测量 5 次，按多次重复测量计算实验结果及误差。

2. 用 QJ-44 型双臂电桥测样品的电阻率

（1）了解该仪器的结构，接好线路。

（2）分别测铜棒、铁棒和铝棒的电阻各 3 次。

（3）用直尺、螺旋测微计分别量出它们的长度 l 及直径 d。

（4）分别算出铜、铁、铝的电阻率，并与公认值比较，算出 E_{ρ_x}。

（$\rho_{铜} = 1.7\times10^{-3}$ Ω · m，$\rho_{铁} = 7.8\times10^{-3}$ Ω · m，$\rho_{铝} = 2.7\times10^{-3}$ Ω · m）

【数据记录与处理】

1．测金属棒的电阻（表 3.14.1）

给定 $R_1 = R_x =$ 　　　Ω，R_s=（0.100 00 ± 0.000 01）Ω。

表 3.14.1　测金属棒的电阻数据记录

材料	测量值					
	R_2/Ω	$\Delta R_2/\Omega$	R_x/Ω	E/V	σ_x/Ω	$R_x \pm \sigma_x/\Omega$
铜						
铝						
铁						

电阻箱仪器误差：

$$\Delta R_2 = \Delta R_4 = \text{示值} \times 0.1\% = \sigma_{R_2} = \sigma_{R_4}$$

$$\sigma_x = R_x \cdot E, \quad R_x = (R_1 / R_2) \cdot R_s$$

2．测金属材料的电阻率（记录表格自己设计）

$$\sigma_l = 0.05 \text{（cm）}$$

$$\sigma_d = \sqrt{S_d^2 + \Delta_{\text{仪}}^2}$$

$$S_d = \sqrt{\frac{\sum_{i=1}^{n} \Delta d_i^2}{n-1}}$$

$$E_{\rho x} = \sqrt{\left(\frac{2\sigma_d}{d}\right)^2 + \left(\frac{\sigma_l}{l}\right)^2 + \left(\frac{\sigma_{R_1}}{R_1}\right)^2 + \left(\frac{\sigma_{R_2}}{R_2}\right)^2 \left(\frac{\sigma_{R_s}}{R_s}\right)^2}$$

$$\rho_x = \frac{\pi d_x^2}{4 l_x} \cdot \frac{R_1}{R_2} R_s \text{（cm · Ω）}$$

$$\sigma_{\rho_x} = \rho_x \cdot E_{\rho_x}$$

$$\rho_x \pm \sigma_{\rho_x} =$$

【注意事项】

（1）连接用的导线应该短而粗。各接头必须干净、接牢，避免接触不良。

（2）由于通过待测电阻的电流较大，在测量过程中，通电时间应尽量短，在不测量时把主电路开关断开，即按键松开。

（3）在测量电感电路的直流电阻时，应先按下 B 按钮，再按 G 按钮，断开时，应先断开 G 按钮，后断开 B 按钮。

（4）测量 0.1 Ω以下阻值，B 按钮应间歇使用。

（5）在测量 0.1 Ω以下阻值时，C_1、P_1、C_2、P_2 接线柱到被测电阻之间的连接导线电阻为 0.005 ~ 0.01 Ω，测量其他阻值时，连接导线电阻可不大于 0.05 Ω。

（6）电桥使用完毕后，B、G 按钮应松开。B_1 开关应置于“断”位置，避免浪费晶体管检流计放大器的工作电源。

（7）实验完毕，应松开 B、G 按键，并将倍率开关旋到“短路”位置。

（8）如电桥长期搁置不用，应将电源取出。

（9）仪器应保持清洁，并避免阳光直接曝晒和剧烈振动。

（10）电桥应储放在环境温度 5 ~ 45 °C、相对湿度小于 80%的条件下，室内空气中不应含有能腐蚀仪器的气体和有害杂质。

【思考题】

（1)双臂电桥在惠斯通电桥基础上有哪些改进？能否用双臂电桥测中值(约 1 kΩ)电阻？

（2）总结已学过的测电阻的方法，并比较它们各自的优缺点。

（3）总结电桥实验中出现下列现象的可能原因：

① 检流计总往一边偏。

② 检流计指针不动。

（4）分析下列因素对电桥测量误差的影响：

① 电源电压不稳。　　② 检流计灵敏度不够高。

③ 导线电阻、接触电阻。　　④ 比率臂电阻不均匀。

（5）当电桥达到平衡后，若互换电源和检流计位置，电桥是否仍保持平衡？试证明。

实验 15　阴极射线示波器的使用

【实验目的】

（1）了解示波器为什么能把看不见的电压变换成看得见的图像。

（2）掌握示波器的使用方法。

（3）学会使用示波器观察波形，测量电压、频率、周期。

【实验仪器】

XJ4210A 型示波器一台、TOP-W1 增强型信号发生器一台、GAG-808 型信号发生器一台、专用导线若干。

1. XJ4210A 型示波器面板介绍

面板如图 3.15.1 所示。

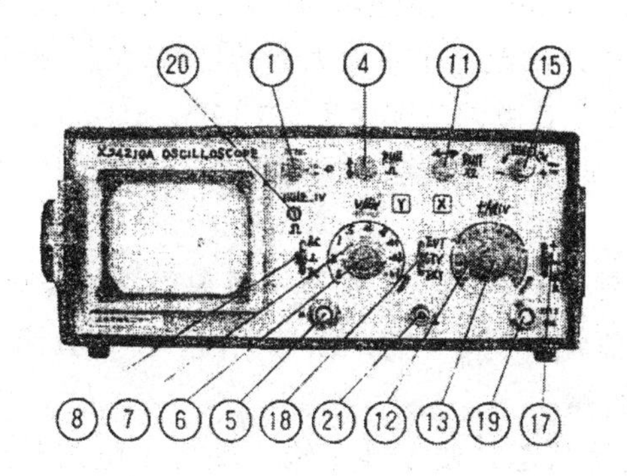

（a）前面板

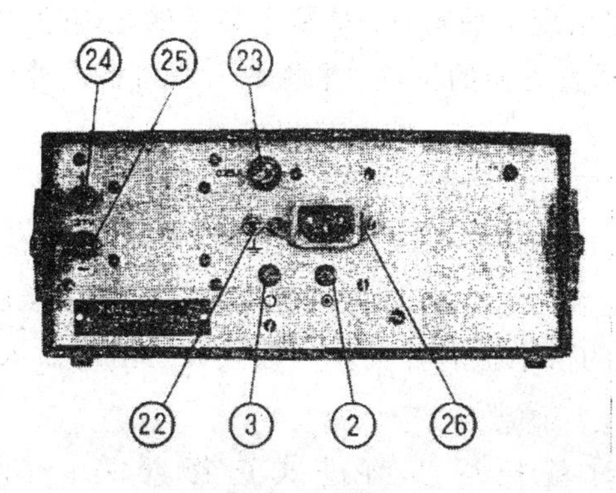

（b）后面板

图 3.15.1　XJ4210A 型示波器面板

功能介绍：

① 拉开。仪器电源开关。当此开关拉出“开”时，指示灯发红光，经预热时间后，仪器即可正常工作，此开关附于 1W1 上。

（1W1）辉度调节装置，顺时针方向转动辉度亮度增加，反之减弱，直至辉度消失。光点长期停留在屏幕上不动时，宜将辉度减弱或熄灭，以延长示波管的寿命。

②（1W4）聚焦调节装置。用以调节示波管中电子束的焦距，使其焦点恰好会聚于屏幕上，此时显示的光点应为清晰的圆点。此旋钮位于后面板。

③（1W5）辅助聚焦。用以控制光点在有效工作面内的任何位置上使焦点最小，通常与聚焦调节装置配合使用。此旋钮位于后面板。

④（20W2）垂直位移。用以调节屏幕上光点或信号波形在垂直方向上的位置，顺时针方向转动，光点或信号波形向上移，反之向下移。

拉（K1）为校准信号开关（附于 20W2），当开关拉出时校准信号发生器电源接通，输出端将输出幅度为 1 V，频率为 1 kHz 的矩形波校准信号，供仪器校准。

⑤ *Y*（20CZ1）垂直放大系统的输入插座。

⑥ V/div（21K1）垂直输入灵敏度前进式选择开关。输入灵敏度为 0.01 ~ 5 V/div，按 1—2—5 进位分几个挡级，可根据被测信号的电压幅度，选择适当的挡级位置以利观测。当“微波”旋钮位于校准位置时，“V/div”挡的标称值即可视为示波器的垂直输入灵敏度。

⑦ 微调（20W1）。用以连续改变垂直放大器的增益，当“微调”旋钮顺时针旋到底，即位于校准位置时，增益最大。其微调范围大于 2.5 倍。

⑧ DC⊥AC（20K1）。改变垂直被测信号输入耦合方式的转换开关。耦合方式分“DC”“⊥”“AC”。

“DC”：输入端处于直流耦合状态，特别适用于观察各种缓慢变化的信号。

“AC”：输入端处于交流耦合状态，它隔断被测信号中的直流分量，使屏幕上显示的信号波形位置不受直流电平的影响。

“⊥”：输入端处于接地状态，便于确定输入端为零电位时光迹在屏幕上的基准位置。

⑨ 平衡（21W1）。使垂直放大系统的输入级电路中的直流电平保持平衡状态的调节位置，当垂直放大系统输入端电路出现不平衡时，屏幕上显示的光迹随“V/Div”开关挡级的转换和“微调”装置的转动而出现垂直方向的位移，平衡调节器可将这种位移减至最小。该控制器调节孔位于仪器底箱板上。

⑩ 增益校准（21W3）。用以校准垂直输入灵敏度的调节装置，可借助于 1 V 矩形波信号，对垂直放大器的增益进行校准，使“微调”位于校准位置，V/div 开关置于 0.2 V/div 时，屏幕上显示示波器波形的幅度恰为 5 div。该控制器调节孔位于仪器底箱板上。

⑪（30W3）水平移位的水平扩展开关。当该开关拉出时，水平放大器增益为原来的 2 倍，随之扫描基因数亦提高 1 倍。

⑫ t/div（31K3）。时基扫逐步前进式选择开关：扫描速度的选择范围由 0.2 μs/div ~ 100 ms/div 按 1—2—5 进位分十八挡级，可根据被测信号频率的高低，选择适当的挡级。当“微调”旋钮位于校准位置时，“t/div”挡级的标称值即可视为时表扫描速度。

⑬ 微调（30W2）。用于连续调节时基扫描速度，当旋钮顺时针方向旋至满度，亦即处于“校准”状态时，扫描位于快端。微调扫描的调节范围能大于 2.5 倍。

⑭ 扫描校准（31W4）。水平放大器增益的校准装置，用以对时基扫描速度进行校准。在校准扫速时，可借助于机内 1 V、1 kHz 矩形波校正信号的周期为 1 ms，此时可将“t/div”开关置于 1 mV/div 挡级，并调节“扫描校准”电位器，使屏幕上显示 10 个完整的方波周期在水平方向的宽度恰为 10 div。该电位器的调节孔位于底箱板上。

⑮ 电平（30W1）。用以调节触发点的相应电平值，使在这一电平上启动扫描。顺时针方向转动趋向信号波形的正向部分，若将“电平”拉出，并使此电位器连动的开关 30K1 接通，使电平电位器的中点接通 31C10 被短路，此时扫描电路处于触发状态。若将“电平”按入，“电平”电位器此时由于中点断开而不起作用。

⑯ 稳定度（31W2）。用以改变扫描电路的工作状态，一般应处于待触发状态，使用时只需调“电平”旋钮即能使波形稳定显示。该控制器调节孔位于底箱板上。

调整“稳定度”使扫描电路进入待触发状态的步骤如下：

a. 将垂直输入耦合方式开关（20K1）置于“⊥”。

b. 用小起子把稳定度电位器顺时针方向旋到底，此时屏上应出现扫描线，然后缓慢地向反时针方向转动，务使到达扫描线正好消失，此一位置即表示扫描电路已达到待触发的临界状态。

⑰ “+”“－”外接 X（31K2）。触发信号极性开关，用于选择触发信号的上升或下降部分来触发扫描电路，促使扫描启动。当开关置于“外接 X”时，使“X 外触发”插座成为水平信号的输入端。

⑱ “内　电视场　外”（31K1）。触发信号源选择开关，当开关位于“内”时，触发信号取自垂直放大器中引离出来的被测信号；当开关位于“电视场”时，将来自垂直放大器中被测电视信号通过积分电路，使屏幕上显示的电视信号与场频同步；当开关位于“外”时，触发信号将来自“X 外触发”插座。输入的外加信号与垂直被测信号应具有响应的时间关系。

⑲ X 外触发（30CZ1）。为水平信号或外触发信号的输入端。

⑳ 校准信号输出装置（CS1）。

㉑ 测量接地装置（CH1）。

㉒ 安全接地装置（9CK2）。

㉓ 保险丝座（内含 1 A 保险丝）。

㉔ 外接直流 27 V 电源正极插孔（CZ2）。

㉕ 外接直流 27 V 电源负极插孔（CZ3）。

㉖ 交流 22 V 电源插座（CZ1）。

2. 双踪示波器几个特殊控制器功能说明

双踪示波器和普通示波器一样，在面板上除了装有荧光屏外，面板控制器通常也可分为光点控制、Y 轴控制和 X 轴控制等三大部分。大部分控制器的功能与普通示波器相仿。下面以 SR-8 型双踪示波器为例，对有明显差别的控制器的功能加以说明。

（1）双踪示波器有两个 Y 轴通道，所以 Y 轴输入插座有两个，Y_A 和 Y_B，可以分别输入两个待测电压信号。

（2）“交替 Y_A　Y_A+Y_B　Y_B　断续”显示方式开关。用以转换两个 Y 轴前置放大器工作状态的控制器，具有五项功能：

① 置于“交替”位置——Y_A 和 Y_B 通道受扫描频率控制，交替轮流工作，从而实现双踪信号。此工作方式不适用于观测低频信号。

② 置于“Y_A”——Y_A 通道单独工作，作为单踪示波器使用。

③ 置于“Y_A+Y_B”——Y_A 和 Y_B 两个通道同时工作，进行两个信号的叠加，并通过 Y_A 通道的“极性”开关选择，可以显示两个通道输入信号的和或差。

④ 置于“Y_B”——Y_B 通道单独工作，作为单踪示波器使用。

⑤ 置于“断续”——电子开关的自激振荡频率（约 200 kHz）控制 Y_A 和 Y_B 两通道前置放大器交换工作，以实现两信号波形的显示。此工作方式适用于低频信号的观测。

（3）“极性　拉 Y_A”开关。

在 Y_A 通道系统中，设有极性转换控制器件，它是按拉式开关，当开关拉出时，使 Y_A 信号倒相显示。

（4）“内触发　拉 Y_B”开关。

此按拉式开关为选择内触发源而设立。在“按”的位置上，扫描触发信号取自经电子开关后的 Y_A 和 Y_B 通道的输入信号。两触发信号之间没有确定的时间关系，所以在此触发状态下双踪显示不能作时间比较。

在“拉”的位置上，扫描触发信号取自 Y_B 通道的输入信号。此状态适用于有时间关系的两个信号波形显示，从而能够进行比较分析。

（5）“AC　AC（H）　DC”触发耦合方式开关：

① 开关置于“AC”时，触发形式属于交流耦合状态。由于触发信号的直流成分被去除，因而触发性能不受直流成分的影响。这是常用的一种耦合方式，但观测低频信号时不适用。

② 置于“AC（H）”时，触发形式属低频抑制状态，通过高通滤波器进行耦合。高通滤波器对叠加在触发信号上的低频噪声或低频信号有抑制作用，只有高频分量可以与触发电路耦合而获得较稳定的扫描。

③ 置于“DC”时，触发形式属于直流耦合状态，用于变化缓慢信号的扫描触发。

（6）“高频　常态　自动”触发方式开关：

① 置于“高频”时，扫描处于“高频”同步状态。由机内产生的约 200 kHz 的自激振荡信号对待测信号进行同步。此状态宜用于高频信号观测。

② 置于“常态”时，由来自 Y 轴或外接触发源的输入信号进行触发扫描。它是观测信号常用的触发扫描方式。

③ 置于“自动”时，扫描处于自激状态，不必调整“电平”旋钮，就能自动显示扫描线。

【实验原理】

阴极射线示波器（以下简称示波器）是一种用途较广的电子仪器，它可以把原来肉眼看不见的电压变化变换成可见的图像，以供人们分析、研究。示波器除了可以直接观测电压随时间变化的波形外，还可以测量频率、相位等，如果利用换能器还可以将应变、加速度、压力以及其他非电学量转换成电压进行测量。由于电子质量非常小，没有机械示波器所具有的惯性，因而可以在很高的频率范围内工作，这是示波器很重要的优点。

1. 普通示波器

普通示波器包括两大部分：示波管和控制示波管工作的电路。

（1）示波管。

示波管是呈喇叭形的玻璃泡，抽成高真空，内部装有电子枪和两对相互垂直的偏转板，喇叭口的球面壁上涂有荧光物质，构成荧光屏。

示波管的侧视图如图 3.15.2 所示。电子枪由灯丝 f、阴极 K、栅极 G 以及一组阳极 A 组成。灯丝通电后炽热，使阴极发热而发射电子。由于阳极电位高于阴极，所以电子被阳极加速。当高速电子撞击在荧光屏上会使荧光屏发光，在屏上就能看到一个亮点。改变阳极组电位分布，可以使不同发射方向的电子恰好会聚在荧光屏某一点上，这种调节称为聚焦。栅极 G 电位比阴极 K 低，改变 G 电位的高低，可以控制电子枪发射电子流的密度，甚至完全不使电子通过，这称为辉度调节，实际上就是调节荧光屏上亮点的亮度。

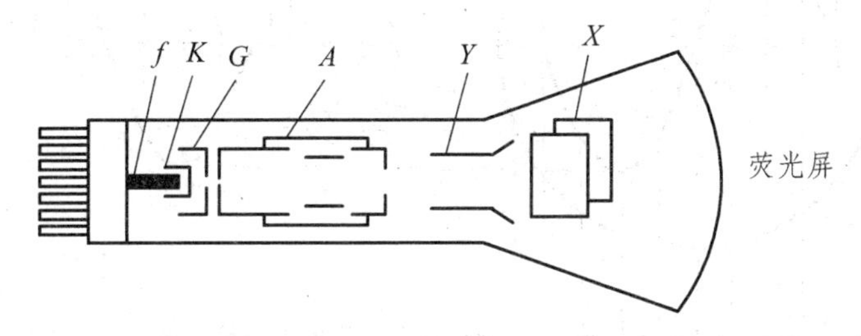

图 3.15.2　示波管结构示意图

Y 偏转板是水平放置两块电极。当 Y 偏转板上电压为零时，电子束正好射在荧光屏正中 P 点。如果 Y 偏转板加上电压，则电子束受到电场力作用，运动方向发生偏移（图 3.15.3）。如果所加的电压不断发生变化，P 点的位置也跟着在铅垂直线上移动。在屏上看到的是一条铅直的亮线。荧光屏上亮点在铅直方向位移 y 和加在 Y 偏转板的电压 U_y 成正比。

X 偏转板是垂直放置的两块电极。在 X 偏转板加上一个变化的电压，荧光屏上亮点在水平方向的位移 x 也与加在 X 偏转板的电压 U_x 成正比，于是在屏上看到的是一条水平的亮线。

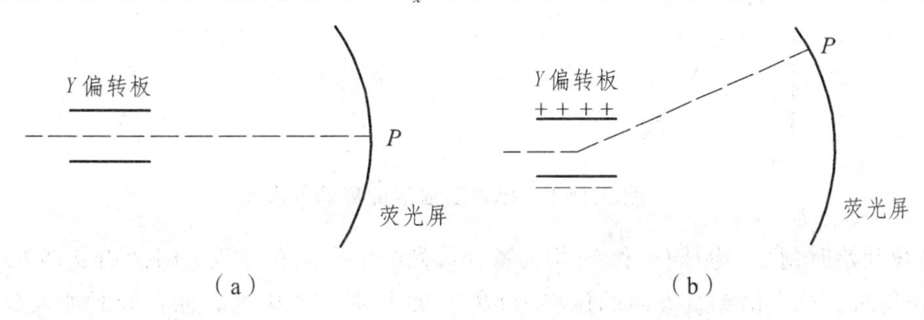

图 3.15.3　Y 偏转板电子束作铅直方向运动

（2）示波器显示波形的原理。

如果在 Y 偏转板上加上一个随时间作正弦变化的电压，$U_y = U_{ym}\sin\omega t$，我们在荧光屏上看到一条铅直的亮线，而看不到正弦曲线。只有同时在 X 偏转板上加上一个与时间成正比的锯齿形电压 $U_x = U_{xm}t$（图 3.15.4），才能在荧光屏上显示出信号电压 U_y 和时间 t 的关系曲线，其原理如图 3.15.5 所示。

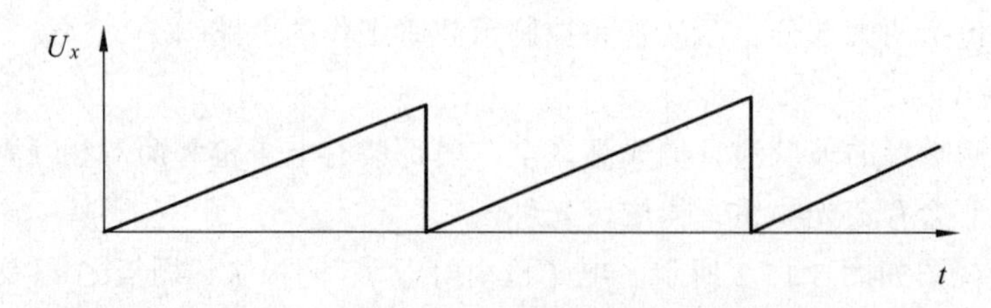

图 3.15.4 锯齿形电压

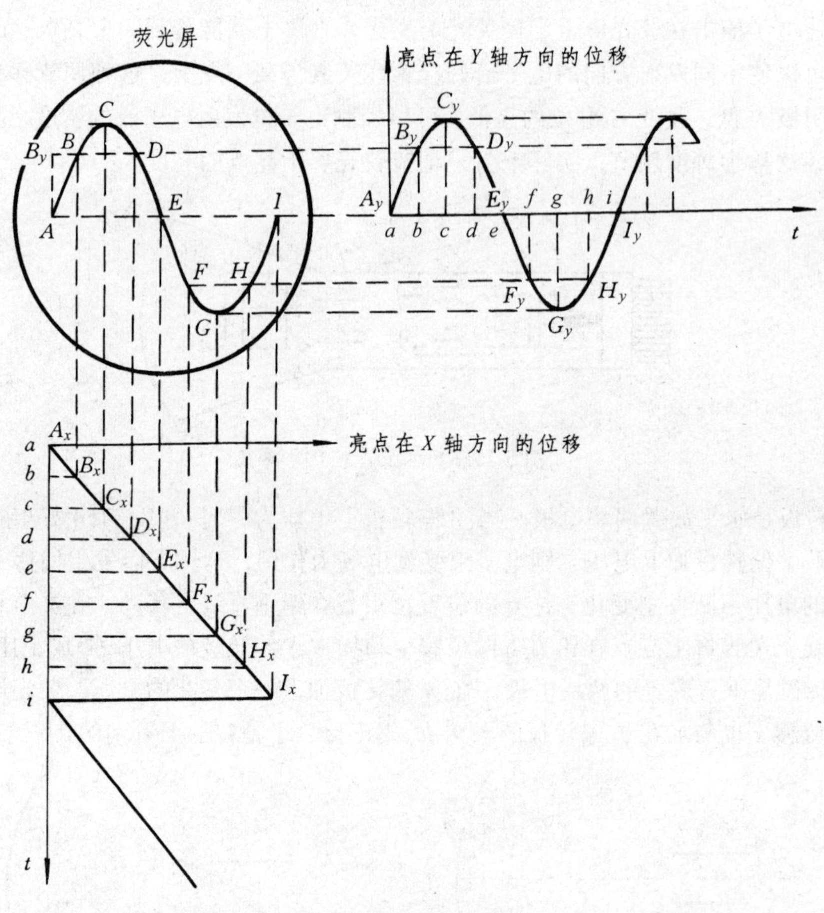

图 3.15.5 示波器显示波形的原理图

设在开始时刻 a，电压 U_y 和 U_x 均为零，荧光屏上亮点在 A 处，时间由 a 到 b，在只有电压 U_y 作用时，亮点沿铅直方向的位移为 bB_y，屏上亮点在 B_y 处，而在同时加入 U_x 后，电子束既受U_y作用向上偏转，同时又受U_x作用向右偏转（亮点水平位移为bB_x），因而亮点不在B_y处，而在B处。随着时间推移，以此类推，便可显示出正弦波形来。所以，在荧光屏上看到的正弦曲线实际上是两个相互垂直的运动（$U_y = U_{ym}\sin\omega t$ 和 $U_x = U_{xm}t$）合成的轨迹。

由此可见，要想观测加在Y偏转板上电压U_y的变化规律，必须在X偏转板上加上锯齿形电压，把U_y产生的垂直亮线“展开”。这个展开过程称为“扫描”，锯齿形电压又称为扫描电压。

怎样才能使荧光屏上显示的波形稳定，是示波器使用的一个重要问题。如果显示的波形处于不断变化的状态，那么，测量就无法进行。目前我们所用示波器只能测量周期性变化的电压信号。对于周期性电压信号，只要保证每次扫描起始点（图3.15.6中的A点）位置不变，就可以达到显示波形稳定不变的目的（见下面“同步电路”的叙述）。

综上所述，示波器显示稳定波形的条件：① Y偏转板上必须加上足够大的待测信号；② X偏转板必须加上锯齿形电压；③ 保持每次扫描起始点的位置不变。

（3）示波器控制电路的功能。

普通示波器控制电路主要包括垂直放大电路、水平放大电路、扫描发生器、同步电路以及电源等部分。其结构如图3.15.6所示。

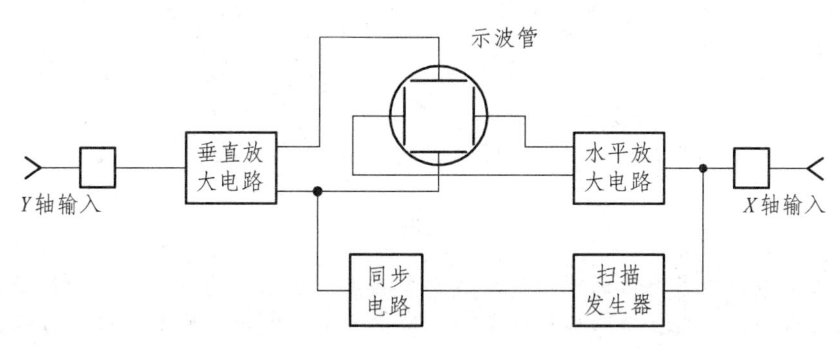

图3.15.6 普通示波器结构示意图

① 垂直放大电路。它的功能是满足上述第一个条件。首先是要不失真地放大待测的电信号，同时保证示波器测量灵敏度的要求。示波器垂直输入灵敏度的单位为 V/div 或 mV/div（div为英文division的缩写，它是荧光屏上一格的长度，1 div=0.6 cm），例如，ST16型示波器的垂直输入灵敏度为S_y=20 mV/div ~ 10 V/div，即当待测信号为20 mV或10 V（峰-峰值）时，示波器荧光屏垂直方向显示应为1格。

此外，还要求垂直放大电路有一定的频率响应范围、足够大的增益调整范围和比较高的输入阻抗。输入阻抗是表示示波器对被测系统影响程度大小的指标，输入阻抗越高，对被测系统的影响就越小。

② 扫描发生器与水平放大电路。它们的功能是满足上述第二个条件。扫描发生器产生线性良好、频率连续可调的锯齿形信号，作为波形显示的时间基线。水平放大电路将上述锯齿波信号放大，输送到X偏转板，以保证扫描基线有足够的宽度。另外，水平放大电路也可以

直接放大外来信号，这样示波器可作为 *X-Y* 显示之用。

③ 同步电路。它的功能是满足上述第三个条件。同步电路从垂直放大电路中驱除部分待测信号，输入到扫描发生器，迫使锯齿波与待测信号同步，此称为“内同步”。如果同步电路信号从仪器外部输入，则称为“外同步”。如果同步信号从电源变压器获得，则称为“电源同步”。为了有效地使显示波形稳定，目前多数的示波器都采用触发扫描电路来达到同步的目的。操作时，使用“电平”（LEVEL）旋钮，改变触发电平高度。当待测电压达到触发电平时，扫描发生器便开始扫描，直到一个扫描周期结束。扫描周期长短由扫描速度选择开关控制。

如图 3.15.7 所示，锯齿波电压在待测信号触发电平值，且在 $\mathrm{d}U_y/\mathrm{d}t$ 符号相同的 A，A_1，A_2，…点处开始扫描。于是，在荧光屏上就能稳定地显示出从 A 到 P（以及从 A_1 到 P_1、从 A_2 到 P_2……）那一段波形来。

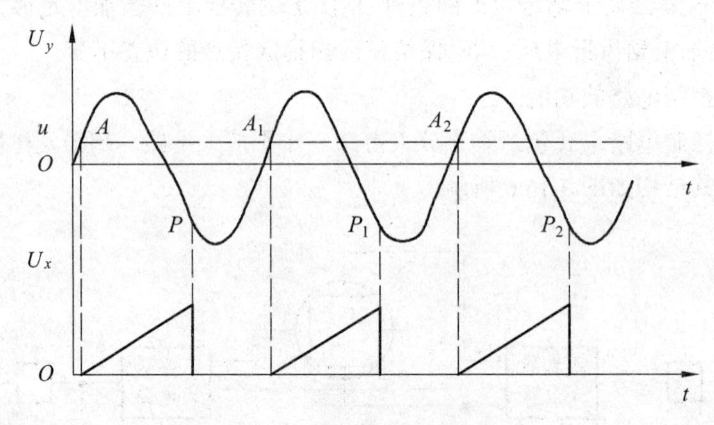

图 3.15.7　触发扫描原理图

注意：如果触发电位高度超出所显示波形最高点与最低点的范围，将导致锯齿形扫描电压消失，扫描停止，所以，通常我们把触发电平高度调节在波形的最高点与最低点的当中区域附近。

（4）电源。它为示波管和示波器各部分电路提供合适的电源，使它们能正常工作。

2. 双踪示波器

（1）特点。

一般示波器在同一时间里只能观察一个电压信号，而双踪示波器可以在荧光屏上同时显示两个电压信号，以进行观测。为了在只有一个电子枪的示波管（称为单束示波管）的荧光屏上能够同时观测到两个电压信号，这种示波器内设有电子开关线路。用电子开关来控制两个 *Y* 轴通道的工作状态，使得待测的两个电压信号 Y_A 和 Y_B 周期性地轮流作用在 *Y* 偏转板上，这样在荧光屏有时显示 Y_A 信号波形，有时显示 Y_B 信号波形。由于荧光屏荧光物质的“余晖”以及人眼视觉滞留效应，在荧光屏上看到的便是两个波形。图 3.15.8 是双踪示波器的控制电路方框图。

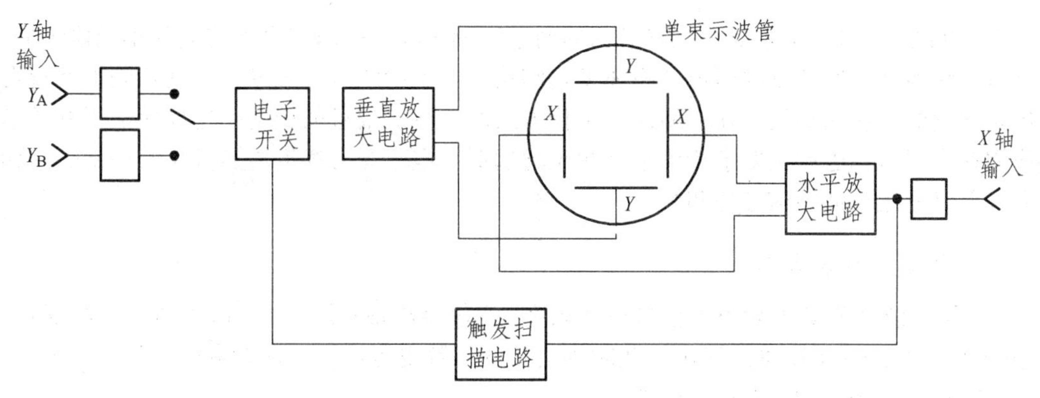

图 3.15.8　双踪示波器的控制电路图

（2）“交替”与“断续”两种工作方式。

双踪示波器的 Y 轴输入有两个通道，利用电子开关线路把信号 Y_A 和 Y_B 分别周期性地轮流加到示波管的 Y 偏转板上。其工作方式可以分为“交替”与“断续”两种。

①“交替”工作方式。

常用 ALT 表示，它是英文 alternate 的缩写。它表示第 1 次扫描接通 Y_A 信号，那么第 2 次扫描就接通 Y_B 信号，如此重复下去，这就是“交替”工作方式。其原理如图 3.15.9（a）所示。处于“交替”工作方式时，尽管 Y_A 和 Y_B 信号波形是交替显示的，但如果扫描频率大于 25 Hz，由于荧光物质的余辉和视觉滞留效应，所观察到的波形似乎仍然是持续的，不会有闪烁的感觉。为了能至少显示一个周期的完整波形，待测信号频率不宜低于扫描频率，因此“交替”工作方式不适用于观测低频信号。

②“断续”工作方式。

也可用英文 chopping 的缩写 CHOP 表示。在每次扫描过程中，快速地轮流接通两个输入信号 Y_A 和 Y_B，这种方式称为“断续”工作方式。图 3.15.9（b）是“断续”工作方式的原理图。

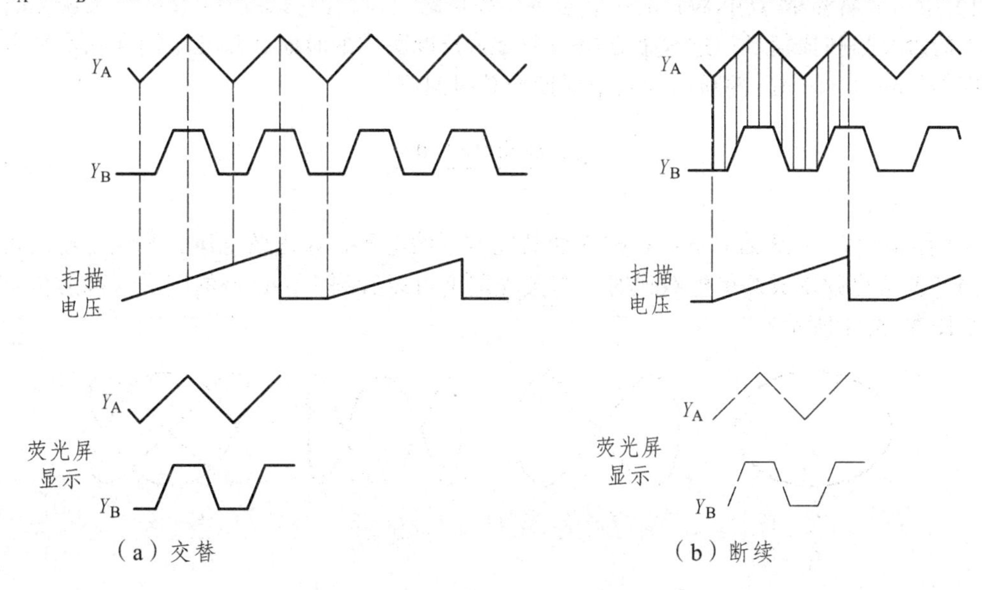

图 3.15.9　双踪示波器两种工作方式原理图

在“断续”工作方式时，荧光屏显示的两个波形实际上是由许多不连续的小线段组成的。只要电子转换开关所控制的通道转换速度足够快，显示的线段足够密集，观察到的波形看起来还是连续的。显而易见，在“断续”工作方式时，待测信号的周期一定要比电子开关通道转换周期大得多，也就是要求待测信号频率远远低于电子开关通道转换频率。因此，这种工作方式仅仅适用于低频信号的测量。

3. 示波器测量原理

（1）用示波器测量 TOP-W1 信号最大幅度，当信号出现在屏上时，峰值所占的高度（div，最小分格为 0.2 div）E 可以读出，此时 V/div 的示数也可读出（微调顺时针旋到最大），则 $U_{\text{p-p}} = E(\text{div}) \times \text{V}/\text{div}$，如图 3.15.10 所示。

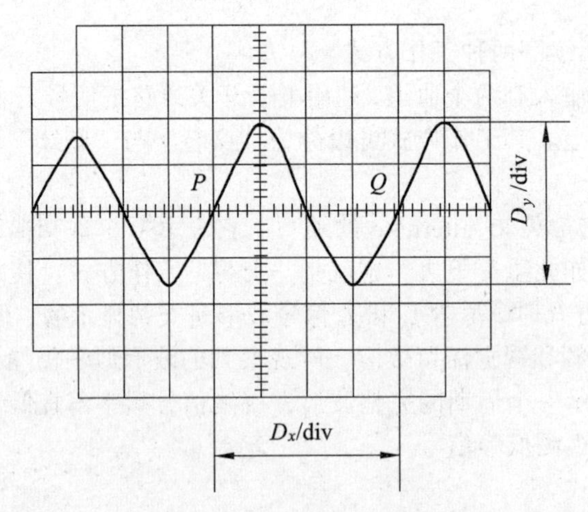

图 3.15.10　$U_{\text{p-p}}$ 值和时间的测量

（2）用示波器测量 TOP-W1 正弦信号最高频率的周期，因扫描速度 t/div（微调顺时针最大时）的含义是扫描信号扫过水平方向一个 div 长度所用的时间，故几个周期在水平方向所占长度 D（div）与 t/div 的乘积为几个周期的总时间。

$$T = \frac{D(\text{div}) \times \text{t}/\text{div}}{n} \tag{3.15.1}$$

（3）如果我们在 X 轴上不加扫描而加其他波形的电压，如正弦电压，Y 轴也输入正弦电压，当二者信号频率成简单整数比时，在荧光屏上可以看到一个稳定的图形，称为李萨如图形，如图 3.15.11 所示。

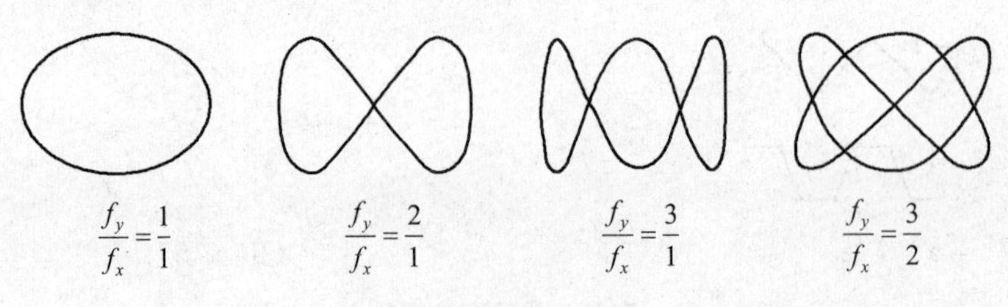

图 3.15.11　李萨如图

设输入 Y 轴的信号频率为 f_y，输入 X 轴的信号频率为 f_x，只有当二个相互垂直的振动的频率之比为整数时，才能出现稳定的封闭图形，且有

$$\frac{f_y}{f_x}=\frac{x\text{方向切线对图形的切点数}(N_x)}{y\text{方向切线对图形的切点数}(N_y)} \tag{3.15.2}$$

式中，f_y、f_x 分别为 Y、X 方向信号的频率。

如果上式中 f_x 为已知，则可由李萨如图形对应的比例求得 f_y 值。

【实验内容与步骤】

1. 示波器使用前的校准

（1）将示波器面板上各控制器置于表 3.15.1 所列的位置。

表 3.15.1　示波器使用前校准位置

控制器	作用位置	控制器	作用位置
¤	逆时针旋到底	AC ⊥ DC	AC
⊙	居中	LEVEL（电平）	顺时针旋到底
O	居中	t/div	0.1 ms
↕	居中	+− EXTX（或+−外 X）	+
↔	居中	INT　TV　EXT	INT
V/div	0.2 V/div	（或内 TV 外）	（或内）
微调	校准		

对于 XJ4210 型示波器，它的校准信号为方波，$U_{\text{p-p}}=(1.00\pm0.02)\ \text{V}$，$f=(1.00\pm0.22)\ \text{kHz}$。用电缆线连接 y 轴输入端和校准信号输出端。若示波器性能正常，荧光屏上显示出方波，幅值为 5.0 div（$U_{\text{p-p}}=5.0\ \text{div}\times0.2\ \text{V/div}=1.0\ \text{V}$），周期宽度为 10.0 div（$T$=10.0 div × 0.1 ms/div= 1.0 ms）。否则，需要调整 Y 轴增益调节和 X 轴扫描校准。

（2）接通电源，指示灯应有红灯显示，稍待片刻，仪器进入正常工作状态。顺时针调节辉度旋钮，此时屏上显示出不同步的校准信号方波，辉度不宜太亮，以免损伤荧光物质。

（3）将“LEVEL”电平旋钮反时针转动直至方波稳定（同步），然后将方波移至荧光屏中间。将 Y 轴输入灵敏度“微调”旋钮和 X 轴扫描“微调”旋钮顺时针旋到底，如果屏上显示的方波 Y 轴坐标刻度为 5.0 div（大格），方波周期在 X 轴坐标刻度为 10.0 div，说明示波器性能基本正常。如果不符，应向教师反映，调节正常后，才能进行测量。

2. 用示波器观察正弦信号波形

（1）“AC ⊥ DC”转换开关置于“AC”。

（2）将 TOP-W1 正弦信号输入示波器 Y 轴输入端。

（3）调节 V/div 选择开关，使屏上波形的垂直幅度在坐标刻度以内；调节 t/div 扫描开关，使屏上出现一个变化缓慢的正弦波形；调节“LEVEL”电平旋钮，使波形稳定。

（4）改变扫描电压的频率（t/div），观察正弦波形的变化，使屏上出现两个、三个……正弦波形。

3. 用示波器测量 TOP-W1 信号最大幅度 $U_{\text{p-p}}$

（1）将 TOP-W1 正弦信号调至最大幅度。

（2）调节示波器使屏上出现完整的正弦信号。

（3）读出 E、V/div，改变 E、V/div，再次记录，共 3 次，将数据填入表 3.15.2 中。

注意：本实验采用的导线一个探头为 1∶10 衰减。

4. 用示波器测量 TOP-W1 正弦信号最高频率的周期，计算最高频率

（1）将 TOP-W1 正弦信号调至最高频率。

（2）调示波器使屏上 10 div 长度内出现几个完整的正弦波形。

（3）将 t/div 微调顺时针旋至最大。

（4）记录 D、t/div、n。

（5）改变 t/div、n，再次记录，共 3 次，将数据填入表 3.15.3 中。

5. 用李萨如图形测 TOP-W1 正弦信号最高频率

（1）将 TOP-W1 和 GAG-808 型正弦信号分别接入示波器的 Y 和 X 轴输入。

（2）接通 EXTX 开关。

（3）根据内容 4 的最高频率值选择 GAG-808 型发生器的倍率。

（4）调节 GAG-808 发生器使屏上出现椭圆和 8 字形，分别记录 f_x、$f_y:f_x$ 之值。

（5）计算 $\overline{f}_y$，并与内容 4 的 f_y 测量值比较，算出百分误差。

6. 观测其他波形信号

正弦波观测完毕，可以继续观测半波整流、全波整流、三角波、方波和衰减振荡等波形，并分别测量它们的电压峰-峰值及其周期、频率等。

7. 相位差的测量（选做）

双踪示波器的使用，如波形显示、电压与时间的测量等，其方法与普通示波器大体上相同。这里重点叙述一下频率相同的两个信号，如何测量它们的相位差。

用双踪示波器测量两个同频率信号的相位差时，除了根据待测电压信号频率的高低，考虑显示工作方式开关选择“交替”还是“断续”外，同时还要注意，由于是对两个信号的时间关系进行比较，因此触发点正确与否极为重要。观测时应将“内触发　拉 Y_B”开关置于“拉 Y_B”位置，然后用内触发形式启动扫描，从而使双踪波形真实地显现出两个同频率信号的相位差。

图 3.15.12 所示的双踪波形，其一个周期占 10 div，于是 X 轴 1 div 代表相位差 $360°/10=36°$ 或 $2\pi/10=0.2\pi$，所以信号 Y_A 与信号 Y_B 的相位差为

$$\phi = D(\text{div})\cdot 36°/\text{div} \tag{3.15.3}$$

或

$$\phi = D(\text{div})\cdot 0.2\pi/\text{div} \tag{3.15.4}$$

式中，D 为 Y_A 和 Y_B 两个波形在 X 轴上的间距，单位用 div（格）。

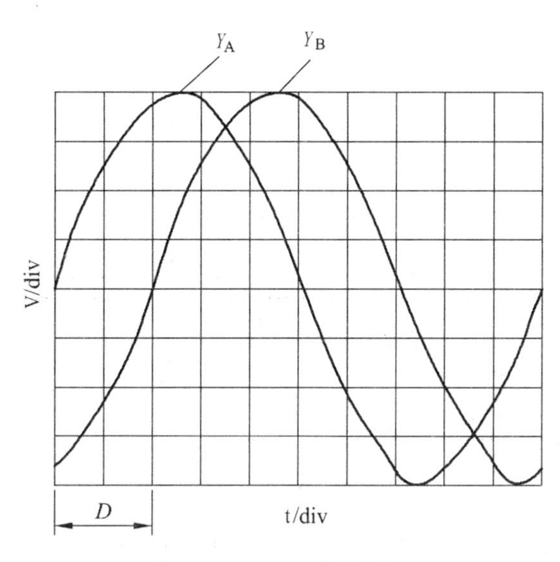

图 3.15.12　双踪波形图

由于示波器的扫描是自左向右进行的，X 轴方向应是自左向右，所以信号 Y_A 超前于信号 Y_B。

【数据记录与处理】

1. 用示波器测量 TOP-W1 信号最大幅度 $U_{p\text{-}p}$（表 3.15.2）

表 3.15.2　测信号最大幅度数据记录

次数	E/div	V/div
1		
2		
3		
平均		

$U_{p\text{-}p}=E\,(\text{div})\times\text{V/div}$

2. 用示波器测量 TOP-W1 正弦信号最高频率的周期，计算最高频率（表 3.15.3）

表 3.15.3　测正弦信号最高频率的周期数据记录

次数	D/div	（t/div）/（s · div^{-1}）	n	T/s	ΔT/s	f/Hz	Δf/Hz
1							
2							
3							
平均							

$$T=\frac{D\times \mathrm{t/div}}{n},\quad f=\frac{1}{T}$$

$$T=\bar{T}\pm\frac{n}{\Delta T},\quad f=\bar{f}\pm\Delta\bar{f}$$

3. 用李萨如图形测 TOP-W1 正弦信号最高频率（表 3.15.4）

表 3.15.4　测正弦信号最高频率数据记录

图形	$f_y:f_x$	f_x/Hz	f_y/Hz	Δf_y/Hz
椭圆	1∶1			
“8”形	1∶2			

【思考题】

（1）示波器的辉度调节、聚焦调节是分别调节电子枪中的哪些部件的电位？

（2）示波器为什么能把看不见的变化电压变换成看得见的图像？简述其原理。

（3）用示波器测量信号电压的峰-峰值和周期事先一定要对示波器进行校准，如何校准？简述其方法和步骤。

（4）示波器“电平”旋钮的作用是什么？什么时候需要调节它？观察李萨如图形时，能否用它把图形稳定下来？

（5）如果示波器是良好的，但由于某些旋钮的位置未调好，荧光屏上看不见亮点。试问哪几个旋钮位置不合适可能造成这种情况？应该怎样操作才能找到亮点？

（6）一正弦电压信号从 y 轴输入示波器，荧光屏上仅显示一条铅直的直线，这是什么原因造成的？应调节哪些开关和旋钮，才能使荧光屏显示出正弦波来？

（7）为了提高示波器的读数准确度，在实验中应注意哪些问题？用示波器测量信号的电压峰-峰值和周期，其测定值能得到几位有效数字，为什么？

（8）试说明如何用示波器来测量直流电压。

提示：① 荧光屏上零电位基准线如何确定，此时 y 轴输入耦合转换开关“AC⊥DC”应拨到什么位置？

② 测量直流电压时，y 轴输入耦合开关应置于什么位置？y 轴输入灵敏度选择开关 V/div 应如何选择？

（9）所用示波器能够直接测量的最大电压峰-峰值是多少？如果信号通过 10∶1 的探极输入，它能测量的最大电压峰-峰值又是多少？

4
综合及应用性实验

这部分实验涉及的基础理论知识比上一章范围更广泛，仪器调节要求更加精密，是独具特点的代表性实验技术。通过本章的学习将有助于较全面地培养学生的科学实验能力。学习这部分内容要求预习更为充分，做实验时要特别注意物理现象的观察和分析，以及典型实验技术的掌握，力求在能力和智力开发方面有更大的提高。

实验 16　用拉伸法测金属的杨氏模量

【实验目的】

（1）测定钢丝的杨氏模量。

（2）了解光杠杆测量微小长度的原理和方法。

（3）学会不同测量工具的使用和读数方法。

（4）学习用最小二乘法处理数据。

（5）学会不确定度的计算方法和正确表达。

【实验仪器】

杨氏弹性模量测量仪（包括望远镜、测量架、光杠杆、标尺）、数字拉力计、钢卷尺（0～3 000 mm，1.0 mm）、游标卡尺（0～150 mm，0.02 mm）、螺旋测微器（0～25 mm，0.01 mm）

【实验原理】

材料在受到外力的作用时会发生形变，当外力撤去后，能完全恢复原状的形变称为弹性形变，而不能完全恢复原状、仍有剩余的形变称为塑性形变。

根据胡克定律，材料在弹性限度内，应力与应变成正比，其比值称为材料的杨氏模量，该模量由英国医生兼物理学家托马斯·杨（Thomas Young，1773—1829）的名字命名。杨氏模量是表征材料性质的物理量，是衡量材料发生弹性变形难易程度的指标，其数值越大，说明材料发生变形所需的应力也就越大。

在 SI 单位制中，杨氏模量与压强的单位一样都为 Pa，也就是帕斯卡。但在工程应用过程中，因材料的杨氏模量量值都很大，通常以兆帕斯卡（MPa）或吉帕斯卡（GPa）为单位。

杨氏模量的测试方法有静态法和动态法，其中动态法有脉冲激振法、声频共振法、声速法等。

1. 静态法

静态法是指在试样上施加恒定的弯曲应力，测定其弹性弯曲挠度；或是在试件上施加恒定的拉伸（或压缩）应力，测量其弹性变形量；或根据应力和应变计算弹性模量。

假设长度为 L、横截面积为 S 的均匀金属丝（或棒），在受到轴向力 F 的作用时，伸长量为 ΔL。金属丝相对于原长的改变量 $\Delta L / L$ 称为应变（ε 或胁变），金属丝单位横截面上受的力 F/S 称为应力（σ 或胁强）。根据胡克定律，有

$$F / S = E \frac{\Delta L}{L}$$

得到

$$E = \frac{F / S}{\Delta L / L} \tag{4.16.1}$$

式中，L 为金属丝原长，E 为杨氏弹性模量。

对于圆柱形金属丝，杨氏模量为

$$E = \frac{\sigma}{\varepsilon} = \frac{F / S}{\Delta L / L} = \frac{mg \Big/ \left(\dfrac{1}{4}\pi d^2\right)}{\Delta L / L} = \frac{4mgL}{\pi d^2 \Delta L} \tag{4.16.2}$$

式中，L（金属丝原长）可用钢卷尺测量；d（金属丝直径）可用螺旋测微器测量；F（外力）可由实验中数字拉力计上显示的质量 m 求出，即 $F = mg$（g 为重力加速度）；而 ΔL 为微小长度变化（mm 级）。本实验利用光杠杆的光学放大作用实现金属丝微小伸长量 ΔL 的间接测量。

2. 光杠杆放大原理

光杠杆放大原理主要是利用平面反射镜转动，将微小角位移放大成较大的线位移后进行测量。仪器利用光杠杆组件实现放大测量功能，光杠杆由反射镜、发射镜转轴支座和与反射镜固定连动的动足等组成，其结构示意图如图 4.16.1 所示。

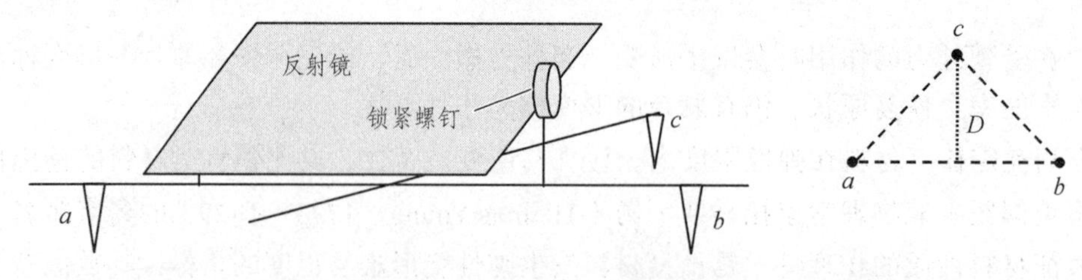

图 4.16.1　光杠杆结构示意图

图中，a、b、c 分别为三个尖状足，a、b 为前足（定足），c 为后足（动足），实验中 a、b 不动，c 随着金属丝伸长或缩短而向下或向上移动，锁紧螺钉用于固定反射镜的角度。三个

足构成一个三角形，两前足连线的高 D 称为光杠杆常数（与图 4.16.2 中的 D 相同），可根据需求改变 D 的大小。

光杠杆两个前足（定足）尖放在弹性模量测定仪的固定平台上，而后足（动足）尖放在待测金属丝的测量端面上。金属丝受力产生微小伸长时带动动足向下移动，光杠杆绕前足尖（定足）转动一个微小角度，从而带动光杠杆反射镜转动相应的微小角度，这样标尺的像在光杠杆反射镜和调节反射镜之间反射，便把这一微小角位移放大成较大的线位移，如图 4.16.2 所示。

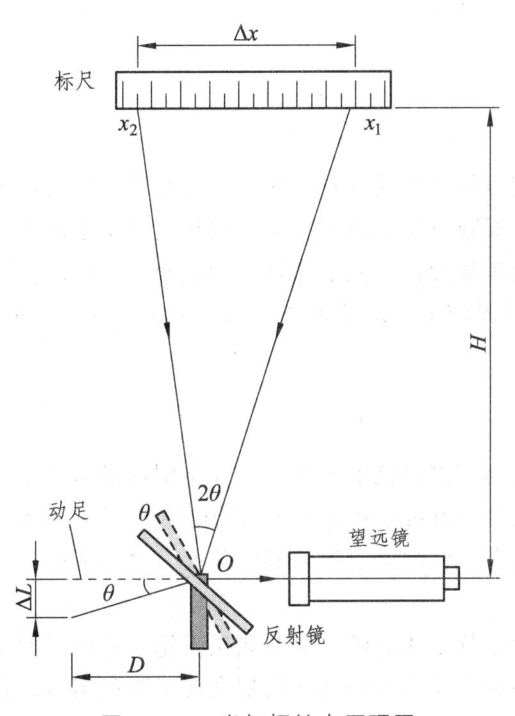

图 4.16.2　光杠杆放大原理图

开始时，光杠杆的反射镜法线与水平方向成一夹角，在望远镜中恰能看到标尺刻度 x_1 的像。当金属丝受力后，产生微小伸长 ΔL，动足尖下降，从而带动反射镜转动相应的角度 θ。根据光的反射定律可知，在出射光线（即进入望远镜的光线）不变的情况下，入射光线转动了 2θ，此时望远镜中看到标尺刻度为 x_2。

实验中 $D \gg \Delta L$，所以 θ 甚至 2θ 会很小（一般小于 2.5°）。从图 4.16.2 的几何关系中不难看出，当 2θ 很小时，有

$$\Delta L \approx D \cdot \tan\theta = D \cdot \theta,\quad \Delta x = H \cdot \tan 2\theta = H \cdot 2\theta$$

$$\Delta x = \frac{2H}{D}\Delta L$$

$$\Delta L = \frac{D}{2H}\Delta x \tag{4.16.3}$$

式中，$\frac{2H}{D}$（$D/2H$ 的倒数）为光杠杆的放大倍数。由于 D、H 可调，放大倍数一般选 $\frac{2H}{D}>20$，待测长度 ΔL 被放大 20 倍以上，测量精度更易于控制。

将式（4.16.2）代入式（4.16.1）得到杨氏模量 E 的表达式为

$$E=\frac{8mgLH}{\pi d^2 D}\cdot\frac{1}{\Delta x} \tag{4.16.4}$$

式中，d 为金属丝直径；D 为光杠杆常数；m 为数字拉力计上显示的质量；L 为金属丝原长；H 为反射镜转轴到标定的垂直距离。

【实验内容与步骤】

1. 调节支架

调节杨氏弹性模量测量仪底座处于水平状态。打开数字拉力计电源开关，预热 10 min。背光源被点亮，标尺刻度清晰可见。数字拉力计面板上显示金属丝上加载力的大小。

旋松光杠杆动足上的锁紧螺钉，调节光杠杆动足至适当长度。旋转施力螺母，施力由小到大（避免回转），给金属丝施加一定的预拉力 m_0（3.00 kg ± 0.02 kg），将处于松弛状态的金属丝拉直。

2. 调节望远镜

放置望远镜镜面，使其与测量仪平面垂直，并将望远镜移近正对实验架平台（望远镜前沿与平台板边缘的距离在 0 ~ 30 mm 之间）。调节望远镜，使其从实验架侧面目视时，反射镜转轴大致处于镜筒中心线上。仔细调节反射镜的角度，直到从望远镜中能看到标尺背光源发出的亮光。

调节目镜手轮，使十字分划线清晰。调节调焦手轮，使标尺的像清晰可见。再次仔细调节反射镜的角度，使十字分划线横≤2.0 cm 的刻度线（避免实验做到最后超出标尺量程）。

注意：此后不能再调整望远镜，并尽量保证实验桌不要有震动，以保证望远镜稳定。同时，在加力和减力过程中，施力螺母不能回旋。

【数据记录与处理】

1. 测量 L、H、D、d

用钢卷尺测量金属丝的原长 L。测量时，钢卷尺的一端与拉力计上夹头的下表面对齐，另一端与下夹头上表面对齐，实现金属丝原长 L 的测量。

用钢卷尺测量反射镜转轴到标尺的垂直距离 H。钢卷尺的始端放在标尺板上表面，另一端与垂直卡座的上表面对齐（该表面与转轴等高）。

用游标卡尺测量光杠杆常数 D。

以上各物理量为单次测量值，将实验数据记入表 4.16.1 中。测量时注意不同测量工具的读数方法，保证测量数据的准确性。

表 4.16.1　单次测量数据

L/mm	H/mm	D/mm

用螺旋测微器测量不同位置、不同方向的金属丝直径视值 $d_{视i}$（至少 6 处），注意测量前记下螺旋测微器的零差 d_0。将实验数据记入表 4.16.2 中，计算直径视值的算术平均值 $\overline{d}_{视}$，并根据 $\overline{d}=\overline{d}_{视}-d_0$ 计算金属丝的平均直径。

表 4.16.2　金属丝直径测量数据

螺旋测微器零差 d_0=__________mm

序号 i	1	2	3	4	5	6	平均值
直径视值 $d_{视i}$/mm							
金属丝直径/mm $d_i=d_{视i}-d_0$							

2. 测量标尺 x 刻度与拉力 m

点击数字拉力计上的“清零”按钮，之前 m_0=3.00 kg ± 0.02 kg，记录此时对齐十字叉丝的横叉丝的刻度 x_1。缓慢旋转施力螺母加力，逐渐增加金属丝的拉力，每隔 1.00（±0.02）kg 记录一次标尺刻度 x_i^+，加力至 9.00（±0.02）kg，记录加力时最后一个数据后，继续增加至 9.50 kg 左右，然后反向旋转施力螺母至 9.00（±0.02）kg，并记录数据，逐渐减小钢丝的拉力，每隔 1.00（±0.02）kg 记录一次标尺的刻度 x_i^-，直到拉力为 0.00（±0.02）kg，将实验数据记录表 4.16.3 中。

表 4.16.3　加减力时标尺刻度与对应拉力的数据

序号 i	1	2	3	4	5	6	7	8	9	10
拉力视值 m_i/kg										
加力时标尺刻度 x_i^+/mm										
减力时标尺刻度 x_i^-/mm										
平均标尺刻度/mm $x_i=(x_i^+ + x_i^-)/2$										

实验过程中需用到的测量工具及其相关参数、用途见表 4.16.4。

表 4.16.4　测量工具及其相关参数、用途

量具名称	量程/mm	精度/mm	Δ_{inst}/mm	用于测量
标尺	80.0	1	0.5	Δx
钢卷尺	3 000.0	1	0.5	L、H
游标卡尺	150.00	0.02	0.02	D
螺旋测微器（千分尺）	25.000	0.01	0.004	d

金属丝直径的平均值：

$$\overline{d}=\frac{1}{n}\sum_{i=1}^{n}d_i=\frac{1}{n}\times\left(d_1+d_2+\cdots+d_{n-1}+d_n\right)= \tag{4.16.5}$$

金属丝的杨氏模量：

$$E=\frac{8\Delta mgLH}{\pi\overline{d}^2D}\cdot\frac{1}{\Delta x} \tag{4.16.6}$$

3. 最小二乘法处理数据

设 x 和 y 之间有线性关系，则可把函数形式写成

$$y=A+Bx$$

最小二乘法用 m-x 直线的斜率 k 来替换 $\Delta x/\Delta m$。

用 Excel 拟合 m-x 直线的斜率 k、截距 b、相关系数 r。

r 趋近于 1，说明设定的直线方程合理，x 与 m 存在非常好的线性关系。于是

$$E=\frac{8\Delta mgLH}{\pi\overline{d}^2D}\cdot\frac{1}{\Delta x}=\frac{8gLH}{\pi\overline{d}^2D}\cdot\frac{\Delta m}{\Delta x}=\frac{8gLH}{\pi d^2D}\cdot\frac{1}{k} \tag{4.16.7}$$

则拟合的 m-x 直线的相关系数 r：

$$r=\frac{\overline{mx}-\overline{m}\cdot\overline{x}}{\sqrt{\left(\overline{m^2}-\overline{m}^2\right)\left(\overline{x^2}-\overline{x}^2\right)}} \tag{4.16.8}$$

4. 杨氏模量的不确定度和完整表达式

（1）单次测量数据的不确定度 u 等于 $\varDelta_{\text{inst}}$（$\varDelta_{\text{inst}}$ 表示测量该物理量的仪器误差）。

$$L\text{ 的不确定度：}u_L=\varDelta_{\text{仪}L}=0.5\ \text{mm}$$

$$H\text{ 的不确定度：}u_H=\varDelta_{\text{仪}H}=0.5\ \text{mm}$$

$$D\text{ 的不确定度：}u_D=\varDelta_{\text{仪}D}=0.02\ \text{mm}$$

（2）假设 g 是准确的，即 g 的不确定度 u_g=0。

（3）d 是多次测量值，所以不确定度既有 A 类分量，也有 B 类分量。

$$S_d=\sqrt{\frac{\sum_{i=1}^{n}(d_i-\overline{d})^2}{n-1}},\quad u_{\text{d}}=\frac{\varDelta_{\text{仪}d}}{\sqrt{3}}$$

$$U_d=\sqrt{S_d^2+u_d^2} \tag{4.16.9}$$

（4）采用最小二乘法求得的斜率 k 的不确定度为

$$
\begin{gathered}
S_y=\sqrt{\frac{\sum_{i=1}^{n}(y_i-kx_i-b)^2}{n-2}} \\
U_y=\sqrt{S_y^2+u_y^2} \\
D=\overline{x^2}-\overline{x}^2 \\
u_k=U_y\sqrt{\frac{1}{nD}}
\end{gathered}
\tag{4.16.10}
$$

杨氏模量 E 的不确定度为

$$
U_E=E\cdot\sqrt{\left(\frac{U_L}{L}\right)^2+\left(\frac{U_H}{H}\right)^2+\left(-2\cdot\frac{U_d}{d}\right)^2+\left(-\frac{U_D}{D}\right)^2+\left(-\frac{U_k}{k}\right)^2} \tag{4.16.11}
$$

金属丝杨氏模量的标准形式为

$$
E=\overline{E}\pm U_E\,,U_{\mathrm{r}E}= \tag{4.16.12}
$$

实验 17　音视频信号光纤传输技术

【实验目的】

（1）了解 LED、SPD、PIN 的结构及工作原理。

（2）掌握 LED 电光特性、SPD 光电特性的测量方法。

（3）了解模拟信号光纤传输系统的结构及各主要部件的选配原则。

（4）掌握模拟信号光纤传输系统的调试技术。

【实验仪器】

OFE-C 型光纤传输与光电技术综合实验仪、数字示波器、数字万用表。

【实验原理】

现代制造工艺使光导纤维具有较低损耗和较小色散，同时具有很强的抗电磁干扰能力。光纤通信已成为人们生活的重要通信工具，在利用光纤传输信号时，可分为模拟信号和数字信号两类。本实验只涉及模拟信号（包括音频信号和视频信号）光纤通信的有关问题。

1. 光导纤维的结构、传光机理与特性

光导纤维是由石英材料拉制而成的，分纤芯和包层两部分，其结构如图 4.17.1 所示。芯子的半径为 a，折射率为 n_1，包层的外径为 b，折射率为 n_2，且 $n_1>n_2$，光纤的这种结构实际上就是一个圆柱形光波导结构。光波是一种波长很短的电磁波，在光纤中传播时的规律也应遵从电磁波理论。根据麦克斯韦方程及电磁场矢量在纤芯与包层界面处应满足的边界条件可知，在光波导结构中，允许多种电磁场形态的光波沿光纤轴线传播[1]。光纤的纤芯直径和光纤的数字孔径 $\varDelta = (n_1 - n_2)/n_1$ 愈大，光纤中允许传播的电磁场形态的数目就愈多，这种光纤称为多模光纤。当光纤的数字孔径 $\varDelta$ 和纤芯半径小到一定程度时，只允许一种基模的电磁场传播，这种光纤称为单模光纤。单模光纤的纤芯直径只有 5 ~ 10 μm，多模光纤的纤芯直径为 50 μm 或 62.5 μm，两种光纤的包层直径均为 125 μm。

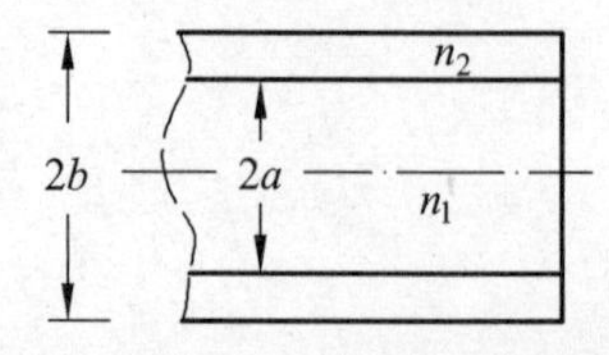

图 4.17.1　光导纤维的结构示意图

衡量光导纤维性能好坏有两个重要指标：

一是传输信息的距离，这决定于光纤的损耗特性。经过对光纤材料的提纯，目前已使光

纤的损耗做到 0.2 dB/km。光纤的损耗与工作波长有关，所以在光源器件的选用上，应尽量选用低损耗工作波长的光源器件。

二是携带信息的容量，这决定于光纤的脉冲响应或基带频率特性。所谓光纤的脉冲响应特性，就是指在光纤的输入端输入一个具有一定宽度的光脉冲时，经过一定距离传输后到达输出端时光脉冲加宽的特性。

光纤传输中引起脉冲加宽主要有下列三个影响因素：

（1）模式色散。

由于各个模式的光波所携带的光能量沿光纤轴线传播的速度不同，从而在接收端引起光脉冲加宽，称为模式色散。

（2）材料色散。

由于光源器件发出的光波不是单一波长的光波，而是具有一定的谱线宽度，而纤芯材料折射率又与波长有关，所以在单模光纤中即使只有基模传播，对应着不同波长的基模传播速度也不一样，这也会导致光脉冲加宽，这一因素引起的光脉冲加宽称为材料色散。

（3）波导色散。

即使纤芯折射率与波长无关，因光纤是圆柱形光波导，根据理论分析[1]，不同波长同一模式的光传播速度也不一样，这一原因引起的脉冲加宽称为波导色散。

在多模光纤中，模式色散是引起脉冲加宽的主要因素。在单模光纤中，引起脉冲加宽的因素只有材料色散和波导色散。因此单模光纤的带宽性能更好，适用于远距离大容量通信系统，而多模光纤只用于局域光纤通信系统。

2. 二极管工作原理

二极管采用两种不同特性的半导体材料制成，一块是 P 型半导体，另一块是 N 型半导体，通过特殊工艺使两块半导体连接在一起，在其界面形成一个 PN 结，所以二极管的基本结构是 PN 结，特性也就是 PN 结特性。

根据二极管半导体材料中载流子成分比例不同，可分为空穴型半导体和电子型半导体，其中 P 型半导体称之为空穴型半导体，N 型半导体称之为电子型半导体。两种半导体在自然电场的作用下，PN 结中间会形成空间电荷区，如图 4.17.2 所示。

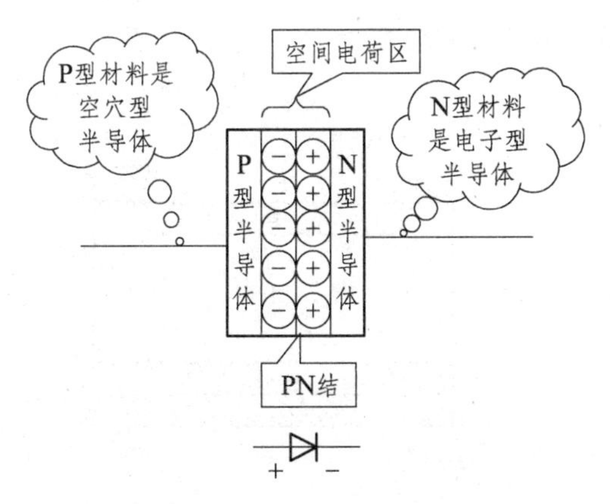

图 4.17.2　PN 结示意图

发光二极管是大多由Ⅲ-Ⅳ族化合物，如 GaAs（砷化镓）、GaP（磷化镓）、GaAsP（磷砷化镓）等半导体制成的，其核心是 PN 结，因此它具有一般 PN 结的特性。此外，在一定条件下，它还具有发光特性。在正向电压下，电子由 N 区注入 P 区，空穴由 P 区注入 N 区。进入对方区域的少数载流子（少子）一部分与多数载流子（多子）复合而发光，如图 4.17.3 所示。

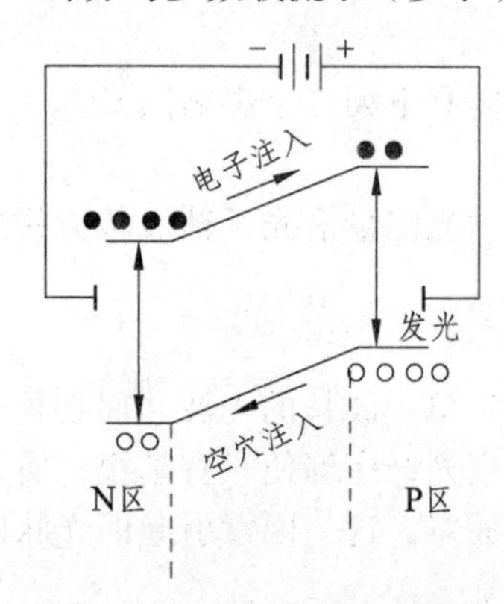

图 4.17.3　LED 原理示意图

半导体光电二极管 SPD（图 4.17.4）与普通的半导体二极管一样，都具有一个 PN 结，光电二极管在外形结构方面有它自身的特点，这主要表现在光电二极管的管壳上有一个能让光射入其光敏区的窗口。光敏区受到光照，在光电效应作用下产生载流子，形成光电流。光电流由光电二极管负极流向正极，类似于直流电源。

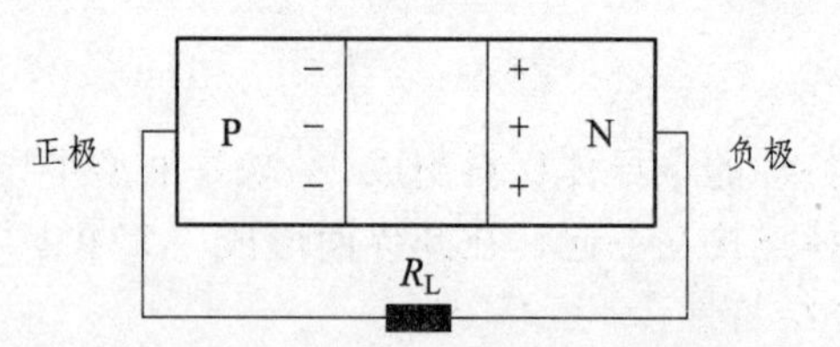

图 4.17.4　SPD 作为直流电源

由于增加空间电荷区的宽度对提高光电转换效率有很大帮助，光电二极管 PIN（图 4.17.5）是在光电二极管 SPD 的 PN 结中间掺入一层浓度很低的 N 型半导体，可以增大耗尽区的宽度，减小扩散运动，提高响应速度。

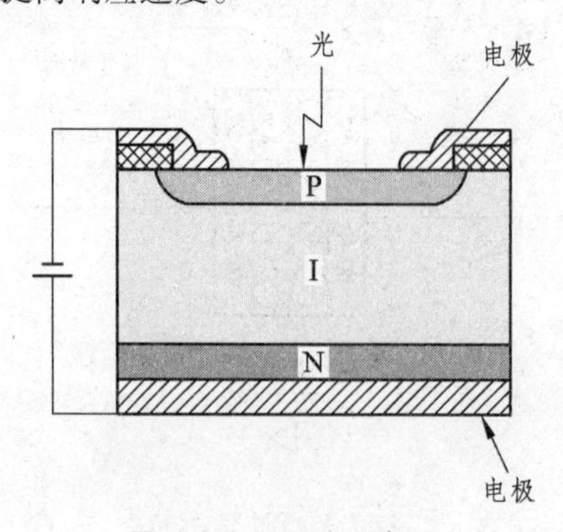

图 4.17.5　PIN 示意图

3. 发光二极管（LED）的电光特性

光纤通信系统中对光源器件在发光波长、电光效率、工作寿命、光谱宽度和调制性能等很多方面均有特殊要求。目前在上述各方面都能较好满足要求的光源器件主要有半导体发光二极管（LED）和半导体激光二极管（LD）。模拟信号光纤传输系统中常用半导体发光二极管。有关 LED 结构和工作原理请查阅半导体物理方面的书籍[2]，在此只对其外部特性做简单介绍。LED 的电光特性（出光功率和驱动电流的关系）如图 4.17.6 所示。为了使传输系统发送端产生一个无非线性失真和峰-峰值最大的光信号，使用 LED 时应预先给它一个最佳的偏置电流（其值应等于 LED 电光特性线性段中点对应的电流值）；而调制电流的峰-峰值要尽可能大地处于 LED 电光特性的线性范围内，如图 4.17.6 中的点 A 所示。由图 4.17.6 可知，在输入同样幅度电信号情况下，由于 LED 偏置状态不同，LED 输出的光信号幅度也不同。因此，正确选择 LED 偏置电流是设计模拟信号光纤传输系统中必须考虑的问题。

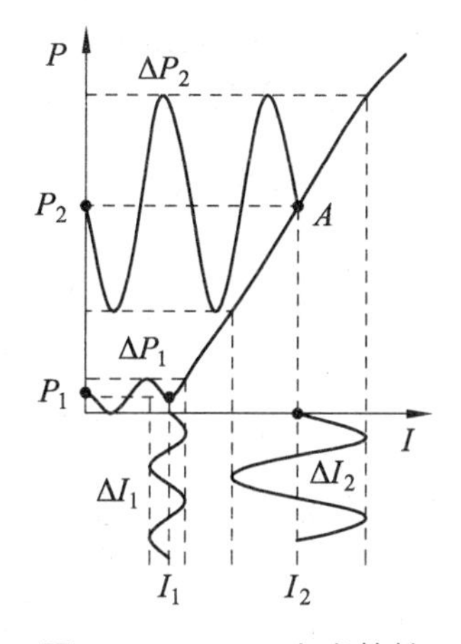

图 4.17.6　LED 电光特性

在实验中，设备所使用的 LED 调制驱动电路如图 4.17.7 所示，其中三极管采用的是 NPN 型三极管（图 4.17.8）。

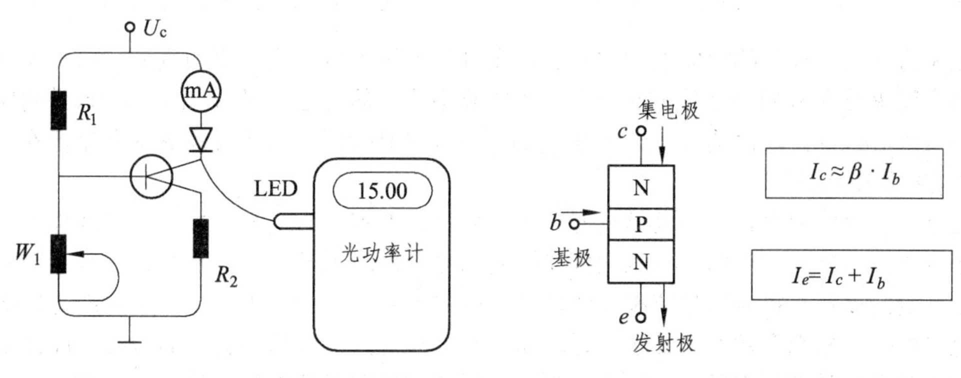

图 4.17.7　LED 电光特性原理图　　图 4.17.8　NPN 型极管示意图

通过调节 W_1 的阻值，来调节三极管基极电流大小，以改变集电极电流大小，从而调节 LED 调制电流。

LED 接收电信号后，将电信号转换为光信号通过光纤传输到光功率计。光功率计由光电二极管 SPD 和其内部测试电路构成，输入的光信号首先由 SPD 接收，并将其转换为电信号，再导入测试电路进行测量。

4. 光电二极管（SPD）的光电特性

在光纤通信技术中，起光电转换作用的主要器件是半导体光电二极管，在此只就其外部特性给予简单论述，关于其内部结构和工作原理可参考半导体物理相关资料[2]。

与普通二极管不同，光电二极管可以经常工作在反向偏置电压状态和无偏压状态，如图 4.17.9 所示。在该工作状态下，光电流均是从负极流向正极。反偏压工作状态下光电二极管 PN 结空间电荷区的势垒增高、宽度加大、结电阻增加、结电容减小，所有这些均有利于提高光电二极管的高频响应性能。反压状态下，从光电二极管流出的光电流几乎与反压无关，只与入射到光敏面的光功率有关。因此，在光电转换电路中，光电二极管可视为一个电流源。

在短路状态下，光电二极管的光电流与入射光功率具有很好的线性关系，这一关系称为光电二极管的光电特性（图 4.17.10）。这一特性在 I_O-P 坐标系中的斜率

$$R = \Delta I_O / \Delta P \tag{4.17.1}$$

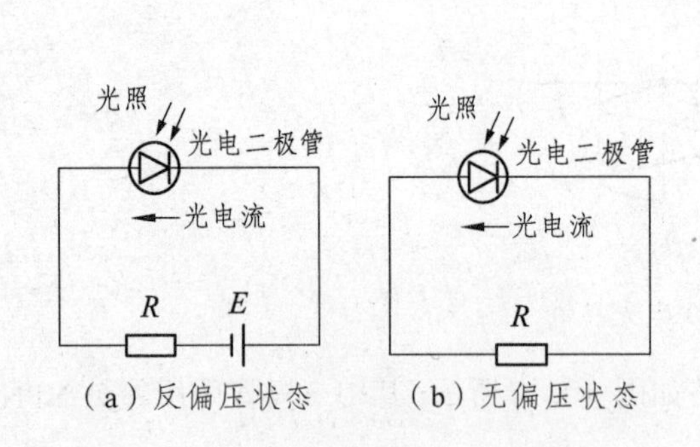

图 4.17.9　光电二极管的两种工作状态

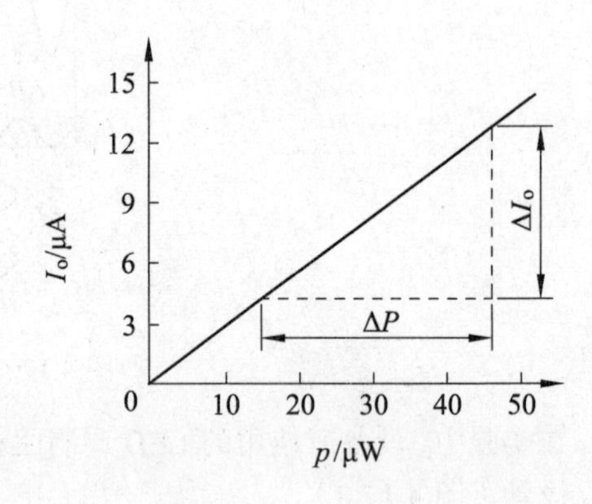

图 4.17.10　光电二极管的光电特性

定义为光电二极管的响应度，它是表征光电二极管光电转换效率的重要参数。光电二极管的响应度 R 值与入照光波的波长有关。本实验中采用的光电二极管 SPD，其光谱响应波长在 0.4 ~ 1.1 μm 之间，峰值响应波长为 0.9 μm。在峰值响应波长下，响应度 R 的典型值在 0.25 ~ 0.5 μA/μW 的范围内。

光电二极管的频率特性与其结电容有关，而其结电容又与光电二极管的光敏面大小和反压大小有关。所以，在音频信号范围内能够使用光敏面较大的光电二极管，在视频信号范围内就不一定能使用。视频信号范围内使用的光电二极管，光敏面很小。为了提高光纤输出端与光电二极管的光耦合效率，要求光纤的出光端面与光电二极管的光敏面对准。即使如此，所获得的光电信号还是很弱，在后续的处理中还需进行前置放大。

测定 SPD 光电特性的电路如图 4.17.11 所示。LED 在这里仅作为光源使用，其光功率由光导纤维输出。

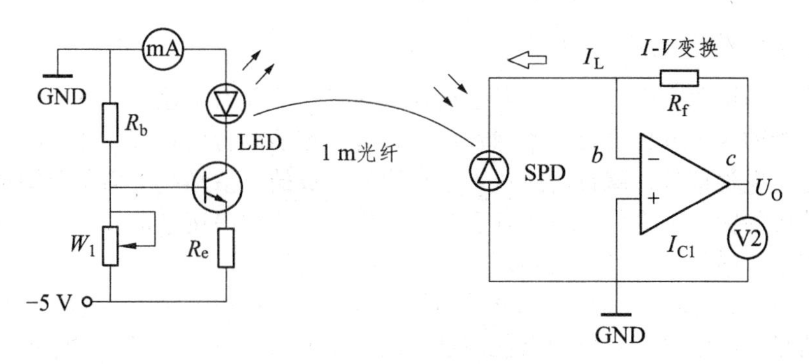

图 4.17.11　SPD 光电特性测定

光电流 I_L 转换为与其成正比的 I_{C1} 输出电压 U_O。I-V 变换电路的工作原理如下：由于 I_{C1} 的反相输入端具有很大的输入阻抗，光电二极管受光照时产生的光电流 I_L 几乎全部流过 R_f 并在其上产生电压降 $U_{cb}=I_L \cdot R_f$。另外，又因 I_{C1} 的反相输入端 b 具有与同相输入端相同的地电位，故 I_{C1} 的输出电压：

$$U_O = I_L \cdot R_f \tag{4.17.2}$$

在本实验仪中，R_f 可通过万用表进行测量。因此，根据式（4.17.2），由 U_O 就可以计算出相应的光电流 I_O。

5. 模拟信号光纤传输系统的组成

图 4.17.12 给出了一个模拟信号光纤传输系统的结构方块图。发送端包括被传输的信号源、半导体发光二极管（LED）及其调制、驱动电路；接收端包括光电二极管 SPD、光电转换和放大电路、信号还原设备（音响设备或图像显示器）等。

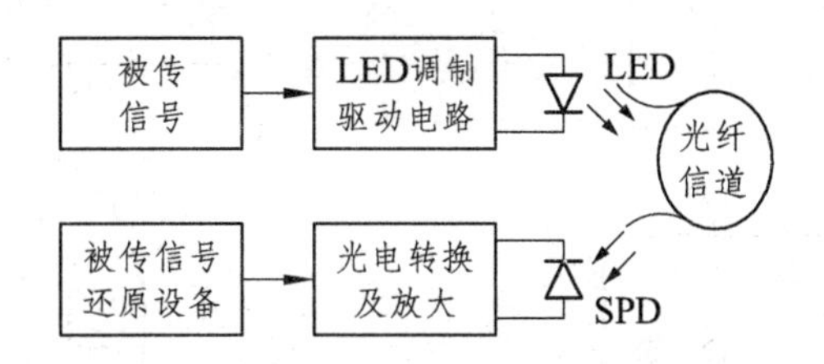

图 4.17.12　模拟信号光纤传输系统结构

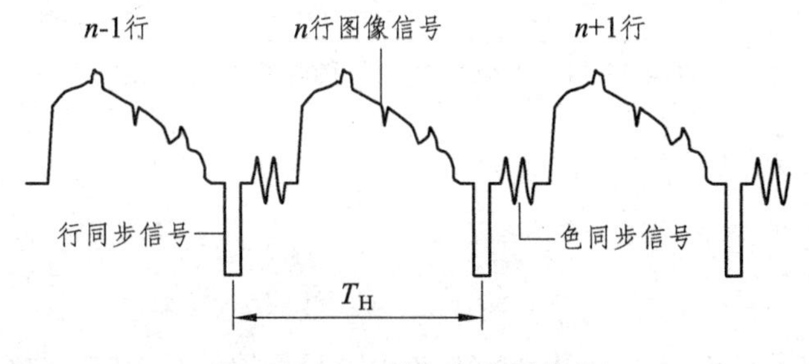

图 4.17.13　彩色全电视信号

6. 彩色全电视信号源

本实验所用的彩色全电视信号由彩色摄像机提供。下面对彩色全电视信号方面的问题作定性说明，详细的理论分析已超过本课程范围，有兴趣的读者可查阅参考文献[3]。

所谓彩色全电视信号，就是对经过光电转换后形成的“活动”平面彩色图像信息，按适合人眼视觉效应的抽样频率，进行空域和时域抽样所形成的串行电信号。为了在接收端再现稳定图像，在这一串行电信号中还必须加上行场同步信号、色同步信号以及行场消隐信号等等。彩色全电视信号可通过 CCD 摄像机获得。CCD 摄像机由摄像镜头、棋盘式滤色器的 CCD 器件、色彩信号分离电路及彩色全电视信号生成电路等部分组成。彩色全电视信号的波形如图 4.17.13 所示，其中，图像信号包括亮度信号和色度信号。亮度信号是代表图像的明暗程度，色度信号是反映图像的色调和色饱和程度。在接收端，彩色图像接收设备把色度信号解调为两个色差信号，再利用矩阵解码电路把亮度信号、两个独立的色差信号变换成图像的三基色信号。最后，利用图像的三基色信号去驱动彩色图像显示器，实现彩色图像的再现。视频信号光纤传输系统的连接如图 4.17.14 所示。

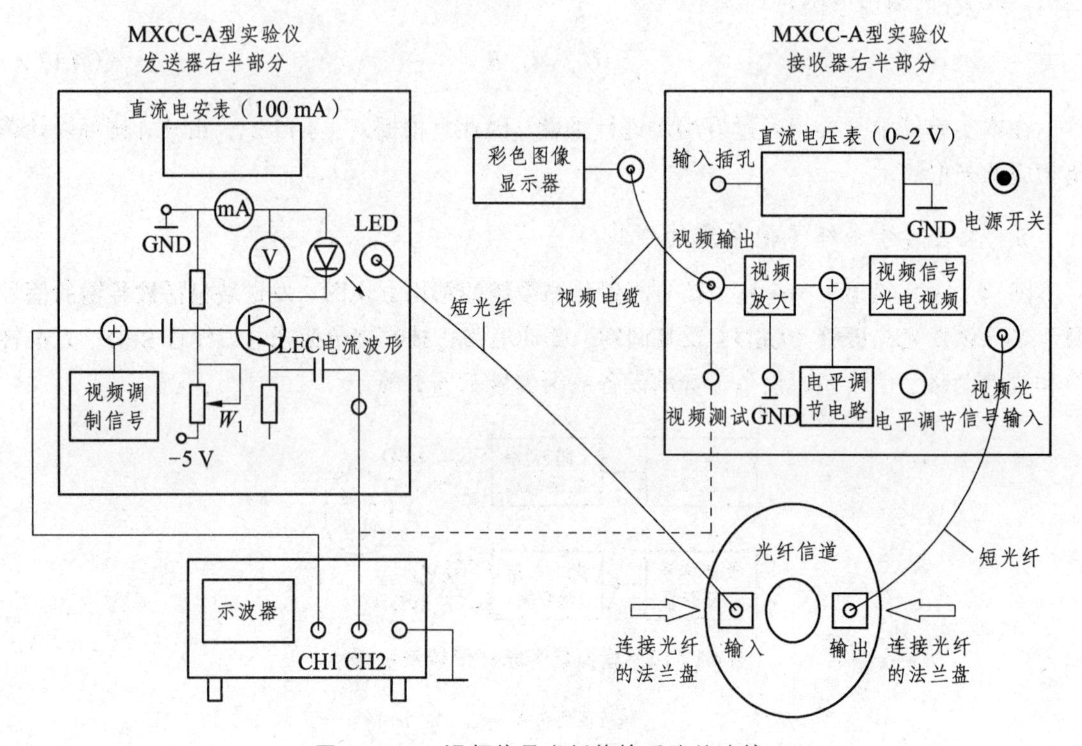

图 4.17.14　视频信号光纤传输系统的连接

【实验步骤与内容】

1. LED 电光特性测定

操作步骤：

第一步，打开试验仪电源，使用“光纤-光电二极管”连接 LED 光输出口与 SPD 插口。

第二步，将 SPD 端接入仪器光功率计（SPD 切换开关向左）。

第三步，将毫安表置 0，测定并记录光功率计的 0 差。

第四步，调节 LED 电流分别为 0 mA、3.0 mA、6.0 mA、9.0 mA…51.0 mA（消去 0 差：用仪表数字减去 0 差）。

第五步，记录数据，完成表格计算，并找出线性度较好的线段和线性中点。

2. SPD 光电特性的测定

操作步骤：

第一步，使用万用表测量 R_f 阻值。

第二步，按照光源器件（LED）电光特性测定的前三步进行。

第三步，将 SPD 切换开关向右，用数字万用表测量 U_0（R_f 两端电压，负极需接地），记录 U_0 的 0 差。

第四步：重复第二、三步调整电流至光功率为 0 μw、3.0 μw、6.0 μw、9.0 μw…27.0 μw，记录 P、U_0，消去 0 差，并计算 I_L。

第五步，记录数据。

3. 音频信号光纤传输实验

如图 4.17.15 所示，连接好实验系统后，进行以下操作：

第一步，在调制信号幅度为零的情况下，调节图 4.17.15 中的 W_1 电位器，使直流毫安表的读数为由表 4.17.1 实验数据所确定的 LED 最佳偏置电流值（线性中点）。

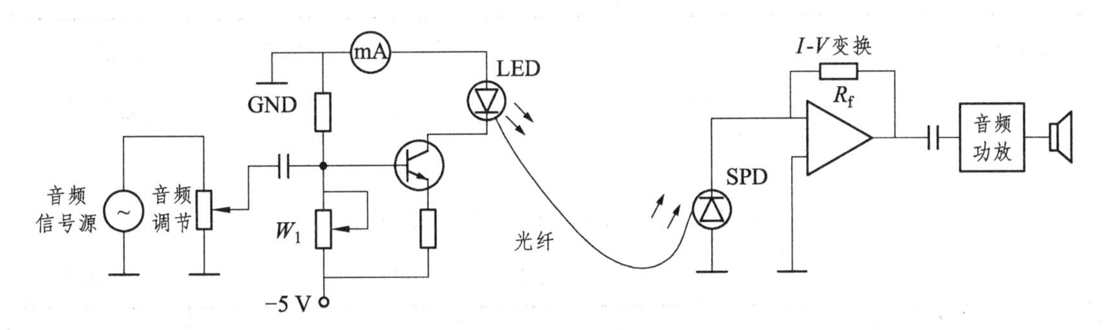

图 4.17.15 音频信号光纤传输实验系统连接

第二步，用音频传输线连接手机与模拟信号机，将音频信号输入到模拟信号机。

第三步，将耳机连接到模拟信号机。

第四步，从耳机听见手机所播放的音频文件。

4. 视频信号光纤传输实验

操作步骤：

第一步，使用视频信号传输线连接摄像头与模拟信号机，并且用另一根视频信号传输线连接显示器与视频检测口，检测视频信号是否顺利输入模拟信号机。

第二步，调节各个开关并且用光纤连接 LED 驱动与调制电路和视频信号放大电路。

第三步，将显示器连接到视频输出口，调节视频调制旋钮和 LED 电流调节旋钮至图像清晰。

第四步，使用数字示波器正确显示输出视频信号的波形，按数字示波器上的 STOP 键，观察其行同步信号和色同步信号（图 4.17.13），在实验报告上大致画出信号波形，并且标注行同步信号和色同步信号。

【数据记录与处理】

本实验的数据记录与处理见表 4.17.1 和表 4.17.2。

表 4.17.1　LED 电光特性测定实验数据记录

I/mA	0.0	3.0	6.0	9.0	12.0	15.0	18.0	21.0	24.0
P/ μW									
ΔP/ μW	无								
I/mA	27.0	30.0	33.0	36.0	39.0	42.0	45.0	48.0	51.0
P/ μW									
ΔP/ μW									

P=仪表读数 − P^*　　　　光功率零差 P^*：________μW

线性段电流：________________ mA　　　　线性中点电流：________mA

（$\Delta P_{max}-\Delta P\leqslant 0.1$）

表 4.17.2　SPD 光电特性测定实验数据记录

U_0=仪表读数 − U_0^*　　R_f=________kΩ　　$I_L=U_0/R_f$　　输出电压零差 U_0^*：________mV

P/ μw	0.0	3.0	6.0	9.0	12.0	15.0	18.0	21.0	24.0	27.0
U_0/mV										
I_L/ μA										

注意：测量 U_0 时，万用表选用直流 2 V 挡位，记录入表需要换算为 mV。

数据处理要求：

（1）手绘 LED 电光特性曲线（必须使用坐标纸），注明线性度较好的线段。

（2）用最小二乘法处理 SPD 曲线，测出被测光电二极管的响应度 R 值，将处理过程及结果完整附在实验报告上，参考群文件 SPD 及 PIN 光电特性数据处理。（注意：测量了多少组，数据就要处理多少组。）

【参考文献】

[1] 朱世国，付克祥. 纤维光学（原理及实验研究）成都：四川大学出版社，1992.
[2] 顾祖毅，田立林，富力文. 半导体物理学. 北京：电子工业出版社，1995.
[3] 惠启明. 应用电视技术. 昆明：云南科技出版社，1997

实验 18　密立根油滴实验

【实验目的】

（1）理解密立根油滴实验的设计思想。

（2）掌握密立根油滴实验仪器的操作方法。

（3）掌握利用密立根油滴实验测定电子的电荷值并验证电荷的不连续性的方法。

【实验仪器】

密立根油滴仪（钟油、喷雾器）、监视器等。

【实验原理】

密立根油滴实验是近代物理学发展史上十分重要的实验。在前人研究电荷基本量的基础上，1909 年美国实验物理学家密立根（Robert Andrews Millikan，1868—1953）首先设计并进行油滴实验，它证明了任何带电体所带的电荷都是某一最小电荷（基本电荷）的整数倍，并精确测定了基本电荷的数值。因为密立根在基本电荷和光电效应方面的工作，他获得了 1923 年的诺贝尔物理学奖。在油滴实验过程中，通过观察均匀电场中带电油滴的运动来测量电子的电荷。用喷雾器将油喷入油滴盒，并通过平行板顶上的一个小孔落入两块水平放置且相距为 d 的平行板之间。油在喷射撕裂成油滴时，经过摩擦后油滴一般都会带电。设油滴的质量为 m，所带的电荷为 q，两极板间的电压为 U，则油滴在平行极板间将同时受到重力 mg、浮力 F' 和电场力 qE 的作用，受力状态如图 4.18.1 所示。

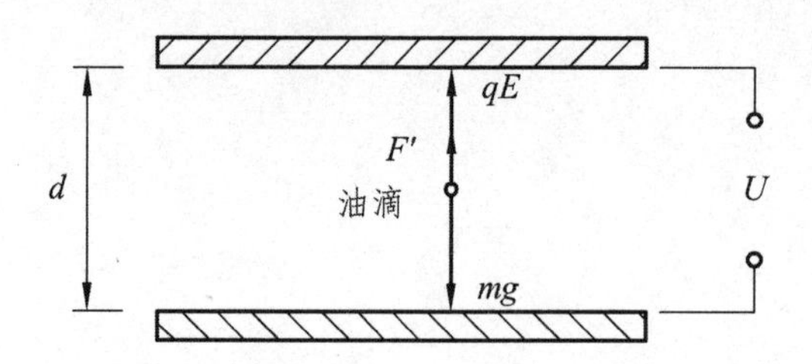

图 4.18.1　油滴在均匀电场中的受力分析

如果调节两极板间的电压 U，可使该三力达到平衡，这时

$$mg = qE + F'$$

即

$$mg = q\frac{d}{U} + F' \tag{4.18.1}$$

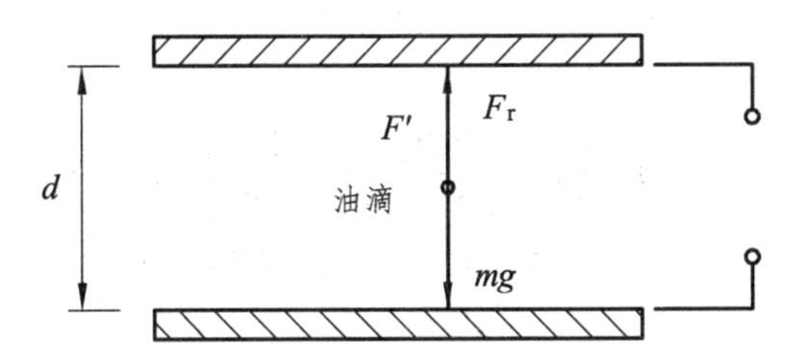

图 4.18.2　不加电压下油滴受力图

当平行极板不加电压时，油滴受重力作用而加速下降，油滴的速度逐渐加大。由于 m 很小，随着速度的加快油滴受到的空气黏滞力也逐渐加大。当空气的黏滞阻力 F_r 与浮力 F' 之和刚好与重力相等时，油滴将匀速下降。利用油滴匀速下降的速度可换算出油滴所带的电量，如图 4.18.2 所示。设油滴下降一段距离后以速度 v_g 匀速下降，由斯托克斯定律有

$$F_r + F' = mg \tag{4.18.2}$$

设油的密度为 ρ，空气的密度为 $\rho' = 1.20\ \text{kg}/\text{m}^3$，则

$$m = \frac{4}{3}\pi r^3 \rho, \quad m' = \frac{4}{3}\pi r^3 \rho' \tag{4.18.3}$$

$$6\pi r \eta v_g + \frac{4}{3}\pi r^3 \rho' g = \frac{4}{3}\pi r^3 \rho g \tag{4.18.4}$$

式中，η 为空气的动力黏度，r 为油滴的半径（油滴在表面张力作用下呈球状）。

联立式（4.18.2）和式（4.18.3）得，油滴半径

$$r = \sqrt{\frac{9\eta v_g}{2(\rho-\rho')g}} \tag{4.18.5}$$

对于半径小于 $1\times10^{-6}\,\text{m}$ 的小球，空气的动力黏度 η 应作如下修正

$$\eta' = \frac{\eta}{1+\dfrac{b}{pr}} \tag{4.18.6}$$

式中，b 为修正常数，p 为大气压强（$p = 1.013\times10^5\,\text{Pa}$）。则

$$r = \sqrt{\frac{9\eta v_g}{2(\rho-\rho')g}\cdot\frac{1}{1+\dfrac{b}{pr}}} \tag{4.18.7}$$

可得

$$m=\frac{4}{3}\pi\left[\frac{9\eta v_g}{2(\rho-\rho')g}\cdot\frac{1}{1+\frac{b}{pr}}\right]^{\frac{3}{2}}\cdot\rho \tag{4.18.8}$$

设油滴匀速下降的距离为 l，时间为 t_g，则 $v_g=\frac{l}{t_g}$，代入式（4.18.1）及式（4.18.8）得

$$q=\frac{18\pi}{\sqrt{2(\rho-\rho')g}}\left[\frac{\eta l}{t_g\left(1+\frac{b}{pr}\right)}\right]^{\frac{3}{2}}\frac{d}{U} \tag{4.18.9}$$

实验发现，对于某一颗油滴，如果我们改变它所带的电量 q，则能够使油滴达到平衡的电压必须是某一特定值 U_n。研究这些电压变化的规律发现，它们满足下列方程：

$$q=mg\frac{d}{U}=ne \tag{4.18.10}$$

式中，$n=\pm1, \pm2, \cdots$，而 e 则是一个不变的值。

对于任意一颗油滴，可以发现同样满足式（4.18.10），而且 e 值是一个相同的常数。由此可见，所有带电油滴所带的电量 q，都是最小电量 e 的整数倍。这个事实说明，物体所带的电荷不是以连续方式出现的，而是以一个不连续的量出现，这个最小电量 e 就是电子的电荷值。

$$e=\frac{q}{n} \tag{4.18.11}$$

式（4.18.9）和（4.18.11）是用平衡测量法测量电子电荷的理论公式。

仪器简介：

油滴盒是本仪器很重要的部件，其机械加工精度很高，其结构见图 4.18.3。

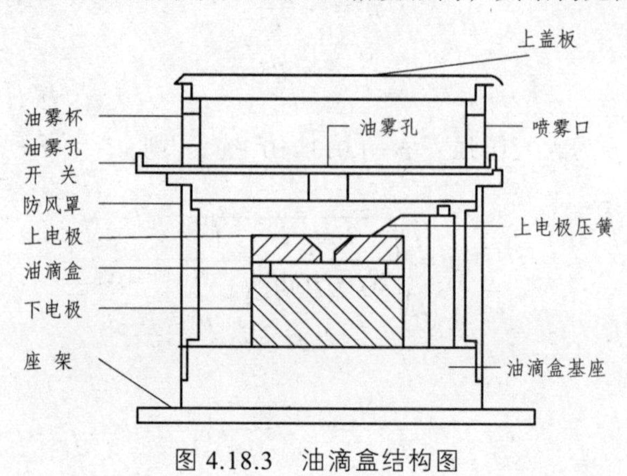

图 4.18.3　油滴盒结构图

【实验内容与步骤】

1. 水平调节

调整实验仪主机的调平螺钉旋钮（俯视时，顺时针平台降低，逆时针平台升高），直到水准泡正好处于中心（严禁旋动水准泡上的旋钮）。

将实验平台调平，使平衡电场方向与重力方向平行以免引起实验误差。极板平面是否水平决定了油滴在下落或提升过程中是否发生左右漂移。

2. 练习控制挡

将油从油雾室的喷雾口喷入，微调显微镜的调焦手轮，这时视场中会出现大量清晰的油滴。

注意：油雾室中的电极带有数百伏的电压，调整仪器时，如要打开有机玻璃油雾室，必须先将“工作-0 V”键置于“0 V”位置，以免触电。

3. 练习控制油滴

将“工作 – 0 V”键置于“工作”挡，在平行极板上加平衡电压 200 V 左右（180 ~ 220 V），驱走不需要的油滴，直到剩下几颗缓慢运动的油滴为止。注视其中的某一颗，仔细调节平衡电压，使这颗油滴静止不动，然后将“工作 – 0 V”键置于“0 V”挡去掉平衡电压，让它下降，下降一段距离后再加上平衡电压或提升电压，使油滴停止下降或上升。如此反复多次地进行练习，以掌握控制油滴的方法。

4. 练习选择油滴

要做好本实验，很重要的一点是选择合适的油滴。选择的油滴体积不能太大，也不能太小。太大的油滴虽然比较明亮，但一般带的电荷比较多，下降速度也比较快，不易测准下降时间。太小的油滴则布朗运动明显。通常应选择平衡电压为 200 V（180-220 V）左右，10 ~ 30 s 内匀速下降 1.6 mm 的油滴，油滴大小和所带电荷比较合适。

5. 正式测量

（1）进入实验界面将工作状态按键切换至“工作”，红色指示灯亮；将“平衡/提升”按键切换至“平衡”。

（2）将平衡电压调整为 200 V 左右，通过喷雾口向油滴盒内喷入油雾，此时监视器上将出现大量运动的油滴。选取合适的油滴，仔细调整平衡电压 U，使其平衡在任何位置。

（3）将“0 V/工作”状态按键切换至“0 V”，此时油滴开始下落，当油滴下落到有“0”标记的格线时，立即按下计时开始键，同时计时器启动，开始记录油滴的下落时间 t。

（4）当油滴下落至有距离标记的格线时（格线下方标记为 1.6 mm），立即按下计时器结束键，此时计时器停止计时，油滴立即静止，“0 V/工作”按键自动切换至“工作”。

（5）通过“确认”按键将这次测量的“平衡电压和匀速下落时间”结果同时记录在监视器屏幕上。

（6）重复步骤（3）、（4）、（5），并将数据（平衡电压 U 及下落时间 t）记录到屏幕上。当5次测量完成后，按“确认”键，系统将计算5次测量的平均平衡电压和平均匀速下落的时间，并根据这两个参数自动计算并显示出油滴的电荷量 q。

（7）重复（2）、（3）、（4）、（5）、（6）步骤，共找5颗油滴，即可得到每颗油滴的电荷量。

【数据记录与处理】

$$q=\frac{18\pi}{\sqrt{2\rho g}}\left[\frac{nl}{t_{\mathrm{g}}\left(1+\dfrac{b}{pr}\right)}\right]^{\frac{3}{2}}\frac{d}{U} \tag{4.18.12}$$

ρ' 和 ρ 相比较实在是太小了，忽略不计 ρ'。其中，$r=\dfrac{\sqrt{9\eta l}}{2\rho g t_{\mathrm{g}}}$。

油的密度：$\rho=981\ \mathrm{kg\cdot m^{-3}}$

重力加速度：$g=9.80\ \mathrm{m\cdot s^{-2}}$

空气的动力黏度：$\eta=1.83\times10^{-5}\ \mathrm{kg\cdot m^{-1}\cdot s^{-1}}(20\ ^\circ\mathrm{C})$

油滴匀速下降的距离取：$l=1.6\times10^{-3}\ \mathrm{m}$

修正常数：$b=6.17\times10^{-6}\ \mathrm{m\cdot cmHg}$

大气压强：$p=76.0\ \mathrm{cmHg}$

平行极板距离：$d=5.00\times10^{-3}\ \mathrm{m}$

将上述各量代入（4.18.12）式得

$$q=\frac{18\pi}{\sqrt{2\rho g}}\left[\frac{\eta l}{t_{\mathrm{g}}\left(1+\dfrac{b}{pr}\right)}\right]^{\frac{3}{2}}\cdot\frac{d}{U}\frac{1.024\times10^{-14}}{U\cdot\left[t_{\mathrm{g}}(1+0.02\sqrt{t_{\mathrm{g}}})\right]^{\frac{3}{2}}} \tag{4.18.13}$$

本实验用到平衡法和换算法，把一些无法直接测量的物理量辗转求出来，这是实验常用的计算方法。实验中分别选取5个适当的油滴，对选出的每个油滴各须测量5次下降1.6 mm所需的平均时间 t_g 及对应的平衡电压平均值 U，再根据式（4.18.12）算出每个油滴的电子电荷平均值 q，数据记录表参见表4.8.1。

表 4.18.1　数据记录表（参考）

次 数颗数		1	2	3	4	5	平均值	电子个数 n/个	电量 q/ （10^{-19} C）
1	U/V								
	t_g/s								
2	U/V								
	t_g/s								
3	U/V								
	t_g/s								
4	U/V								
	t_g/s								
5	U/V								
	t_g/s								

数据处理要求：

（1）将实验测量得到的一颗油滴带电量 q 的数据除以公认值 $e_{公认值}$（默认为 1.602×10^{-19}C），得到该油滴带电的“电子个数”（一般为非整数），再对这些数三舍七入取整填入上表“电子个数 n/个”中。

密立根油滴实验要解决的是两个问题：“电荷的量子化特性”和“求解单位电荷量”。但是要在一组存在实验误差的数据中求出一个合适的最大公约数，事实上是一件很困难的事。我们上面介绍的方法是“倒过来”验证的方法进行数据处理，即将测量和计算得到的一颗油滴带电量 q_i，分别除以公认值 $e_{公认值}$（默认为 1.602×10^{-19}C），得到各个油滴带电量子数 n（n 一般为非整数），再对这些数三舍七入取整作为各个油滴的电子个数。

（2）用最小二乘法拟合 $q-n$ 曲线，所得曲线的斜率即为基本电荷 e 的实验值，并计算出斜率和截距的不确定度，写出标准表达式。

实验过程中，同学们通常会为下面的问题感到疑惑：为什么在油滴达到平衡前的加速时间没有考虑进去，这会不会使测量结果很不准确呢？为此，我们根据以下参数列表（表 4.18.2），进行计算。

表 4.18.2　参数列表

$g=9.80\ \text{m/s}^2$	$\rho=981\ \text{kg}\cdot\text{m}^{-3}$	$\eta=1.83\times10^{-5}\ \text{kg}\cdot\text{m}^{-1}\cdot\text{s}^{-1}(20\ ^\circ\text{C})$	$b=6.17\times10^{-6}\ \text{m}\cdot\text{cmHg}$
$l=1.6\times10^{-3}\text{m}$	$t=2\times10\ \text{s}$	$v_g=l/t$	$p=1.013\times10^{-5}\ \text{kg}\cdot\text{m}^{-1}\cdot\text{s}^{-1}$

将表 4.18.2 中参数代入下式

$$r=\sqrt{\frac{9\eta v_{\mathrm{g}}}{2(\rho-\rho')g}\cdot\frac{1}{1+\dfrac{b}{pr}}} \tag{4.18.14}$$

由此可以计算出油滴的半径 $r=8.858\ 8\times10^{-6}\ \mathrm{m}$。

利用牛顿第二定律列微分方程

$$mg-F_{\mathrm{r}}=ma=m\frac{\mathrm{d}v}{\mathrm{d}t} \tag{4.18.15}$$

即

$$mg-\frac{6\pi\eta rv}{1+\dfrac{b}{pr}}=m\frac{\mathrm{d}v}{\mathrm{d}t} \tag{4.18.16}$$

将式（4.18.16）进行积分有

$$\int_0^{t_{\mathrm{r}}}\mathrm{d}t=\int_0^{v_{\mathrm{s}}}\frac{m}{mg-\dfrac{6\pi\eta rv}{1+\dfrac{b}{pr}}}\mathrm{d}v \tag{4.18.17}$$

由计算可得 $t_{\mathrm{r}}=1.143\ 0\times10^{-4}\ \mathrm{s}$，这就是油滴由加速至匀速的弛豫时间。

经计算可知，油滴达到匀速所需要的时间为万分之一秒，这个时间是很短的，因此可认为油滴如果选取合适的话，下降过程中从加速运动到匀速直线运动并不需要时间的累积。如果把空气的浮力因素考虑进去，所需要的时间则更短，不需要考虑时间积累，排除了加速弛豫的干扰。这就是我们为什么在实验中不考虑这一弛豫时间的原因。

【思考题】

（1）为什么两极板间需调水平？

（2）为什么说选择大小合适的油滴是做好实验的关键？

实验 19　弗兰克-赫兹实验

量子理论是 20 世纪物理学上的重大发现之一，而量子理论的实验基础是原子光谱和各类碰撞研究。1913 年，丹麦物理学家玻尔（N. Bohr）在卢瑟福原子核模型的基础上，结合普朗克的量子理论，提出了一个氢原子模型，并指出原子存在能级，成功地解释了原子的稳定性和原子的线状光谱现象。

玻尔原子结构理论发表的第二年（即 1914 年），德国物理学家弗兰克（J. Frank）和赫兹（G. Hertz）用慢电子与稀薄气体原子碰撞的方法，使原子从低能级激发到较高能级，通过测量电子和原子碰撞时交换的某一定值能量，直接证明了原子内部量子化能级的存在。同时，也证明了原子发生跃迁时吸收和发射的能量是完全确定的、不连续的，给玻尔的原子理论提供了直接且独立于线状光谱现象的实验证据。由于此项卓越的成就，弗兰克与赫兹共同获得了 1925 年的诺贝尔物理学奖。

弗兰克-赫兹实验至今仍是探索原子结构的重要手段之一，实验中使用的"拒斥电压"筛去小能量电子的方法已成为广泛应用的实验技术。

【实验目的】

（1）学习体验弗兰克和赫兹研究原子内部能量的基本思想及实验方法。

（2）观察实验现象，加深对玻尔原子理论的理解。

（3）验证原子内能量量子化的事实，测量氩原子第一激发电位。

【实验仪器】

弗兰克-赫兹实验仪、电脑、导线。

弗兰克-赫兹实验仪及相应软件的具体介绍见附录。

【实验原理】

1. 激发电位

玻尔原子模型指出：原子中的电子绕核作圆周运动；原子只能较长地停留在一些稳定状态，其能量数值是彼此分立的；当原子状态改变时，原子中的电子从一个定态跃迁到另一个定态而发射或吸收辐射，其辐射频率是一定的。若原子从低能级 E_n 态跃迁到高能级 E_m 态，则原子需吸收能量 ΔE 为：

$$\Delta E = E_m - E_n \qquad (4.19.1)$$

在一定轨道上运动的电子，具有对应的能量。当一个原子内的电子从低能量的轨道跃迁到较高能量的轨道时，该原子就处于一种激发状态。如图 4.19.1 所示，轨道Ⅰ为能量最低状态（即基态），当电子从轨道Ⅰ跃迁到轨道Ⅱ时，该原子处于第一激发态；当电子跃迁到轨道Ⅲ时，原子处于第二激发态。图中 E_1、E_2、E_3 分别是与轨道Ⅰ、Ⅱ、Ⅲ对应的能量。

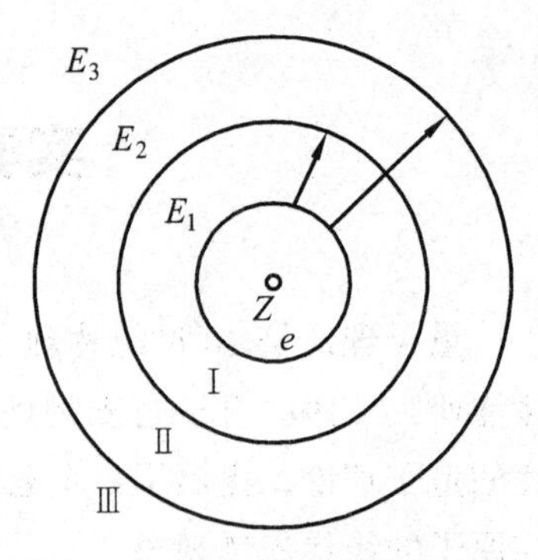

图 4.19.1　原子结构示意图

原子状态的改变通常有两种方法：一是原子自身吸收或放出电磁辐射，二是原子与其他粒子发生碰撞而交换能量。本实验利用慢电子与氩原子相碰撞，使氩原子从基态跃迁到第一激发态，从而证实原子能级的存在。

由玻尔理论可知，处于基态的原子状态发生改变时，所需能量不能小于该原子从基态跃迁到第一激发态所需的能量，这个能量称临界能量。当电子与原子相碰撞时，如果电子能量小于临界能量，则电子与原子之间发生弹性碰撞，电子的能量几乎不损失。如果电子的能量大于临界能量，则电子与原子发生非弹性碰撞，电子把能量传递给原子，所传递的能量值恰好等于原子两个状态间的能量差，而其余的能量仍由电子保留。

电子获得能量的方法是将电子置于加速电场中加速。初速度为 0 的电子在电位差为 U_0 的加速电场作用下，获得能量 eU_0。当电子能量 eU_0 恰好等于氩原子的临界能量时，即

$$eU_0 = \Delta E = E_2 - E_1 \tag{4.19.2}$$

则 U_0 称为第一激发电位，或临界电位。测定出这个电位差 U_0，就可以根据公式求出氩原子的基态和第一激发态之间的能量差（其他元素气体原子的第一激发电位也可依此法求得）。

2. 弗兰克-赫兹管结构及实验原理

弗兰克-赫兹实验原理如图 4.19.2 所示，其中 K 为阴极，A 为板极，G_1、G_2 分别为第一、第二栅极。K-G_1-G_2 加正向电压，为电子提供能量。U_{G_1K} 的作用主要是消除空间电荷对阴极电子发射的影响，提高发射效率。G_2-A 加反向电压，形成拒斥电场，电子在 G_2-A 区间损失能量。

（1）K-G_1 区间：电子迅速被电场加速而获得能量。

（2）G_1-G_2 区间：电子继续从电场获得能量并不断与氩原子碰撞。当其能量小于氩原子第一激发态与基态的能级差 $\Delta E = E_2 - E_1$ 时，氩原子基本不吸收电子的能量，碰撞属于弹性碰撞。当电子的能量达到 ΔE，则可能在碰撞中被氩原子吸收这部分能量，这时的碰撞属于非弹性碰撞。ΔE 称为临界能量。

（3）G_2-A 区间：电子受阻，被拒斥电场吸收能量。如果电子进入 G_2-A 区域时动能大于或等于 eU_{G_2A}，就能到达板极形成板极电流 I_A；若能量小于 U_{G_2A}，则不能达到板极 A。

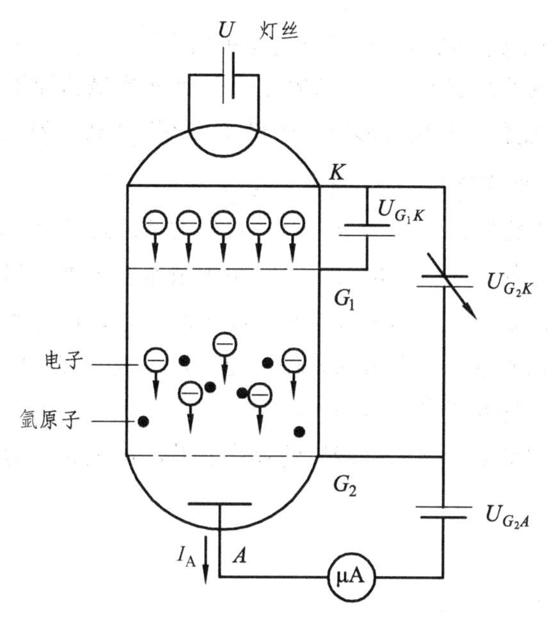

图 4.19.2　弗兰克-赫兹实验原理

由此可见，在 $eU_{G_2K}<\Delta E$ 时，电子进入 G_2-A 区域。如果电子能量太小，直接被返送回 K-G_2 区间继续加速获得能量，此时没有电子到达板极 A，电流为零（图 4.19.3 中 OQ 段）。随着能量的增加，电子的能量足以克服拒斥电场的阻碍作用，到达板极 A，形成电流，并随着 U_{G_2K} 的增加，电流 I_A 增加（图 4.19.3 中 Qa 段）。

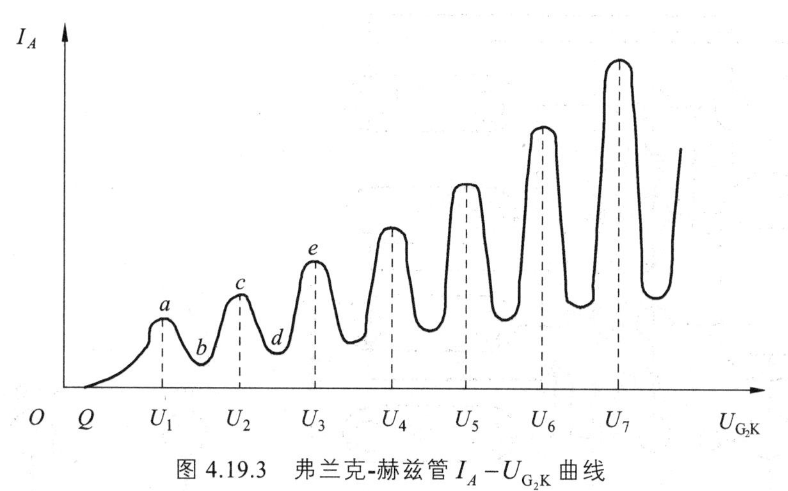

图 4.19.3　弗兰克-赫兹管 $I_A-U_{G_2K}$ 曲线

若 $eU_{G_2K}=\Delta E$，则电子在达到 G_2 处刚够临界能量，电子在第二栅极附近与氩原子碰撞，将自己从加速电场中获得的全部能量交给后者，并且使后者从基态激发到第一激发态。而电子本身由于把全部能量给了氩原子，即使穿过了第二栅极也不能克服反向拒斥电场而被折回第二栅极（被筛选掉）（图 3 中 ab 段），所以电流减小。

继续增大 U_{G_2K}，电子的能量也随之增加，在与氩原子碰撞后的剩余能量也增加，可以克服拒斥电场而达到板极 A，到达板极的电子又会逐渐增多（图 4.19.3 中 bc 段），电流开始回升。

若 $eU_{G_2K}>n\Delta E$，则电子在进入 G_2-A 区域之前可能 n 次被氩原子碰撞而损失能量。板极电流 I_A 随加速电压 U_{G_2K} 变化，曲线就形成 n 个峰值，如图 4.19.3 所示。相邻峰值之间的电压差 ΔU 称为氩原子的第一激发电位。

原子处于激发态是不稳定的，它会很快地并且自发地跃迁到低能级。一般地说，原子处于激发态的时间是非常短的，约为 10^{-8} s。在实验中被慢电子轰击到第一激发态的原子会很快地跃迁回基态。在反跃迁时，会有 eU_0 的能量辐射出来，其辐射形式可能为热运动或光量子。本实验中，原子是以光量子的形式向外辐射能量。因此，实验中总有氩原子处于基态，一般不会出现所有氩原子均处于激发状态的现象。

本实验要通过实际测量来证实原子能级的存在，并测出氩原子的第一激发电位（公认值为 $U_0=11.61$ V）。

【实验内容与步骤】

1. 实验准备

（1）熟悉实验仪使用方法（见本实验附录）。

（2）参考图 4.19.2 与图 4.19.4 连接弗兰克-赫兹管各组工作电源线，检查无误后开机，预热 20 ~ 30 min。

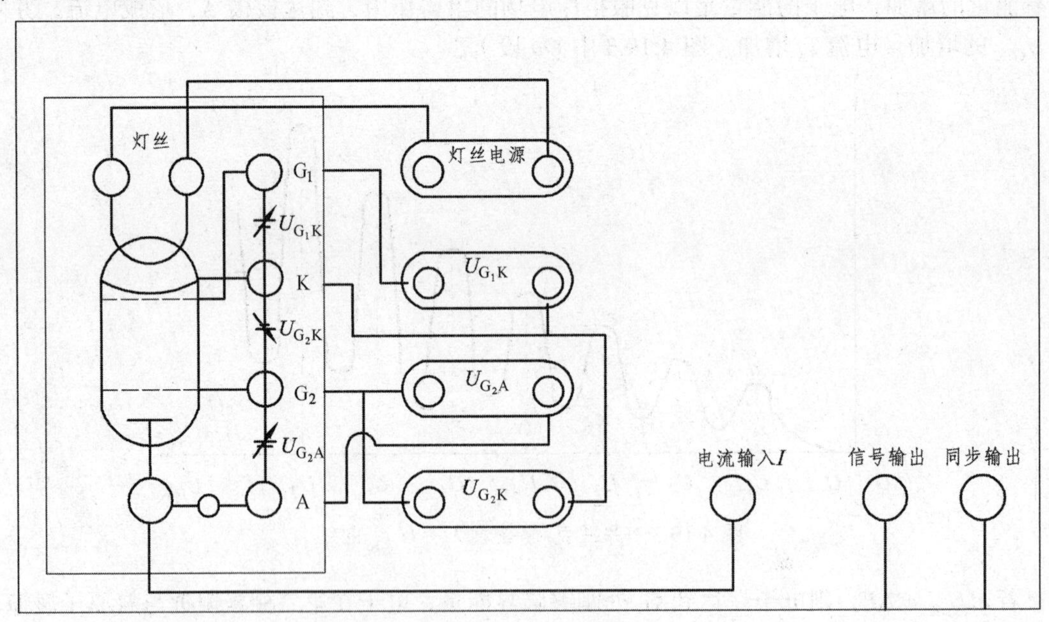

图 4.19.4 弗兰克-赫兹管连线图

开机后的初始状态如下：

① 实验仪的“1 mA”电流挡位指示灯亮，表明此时电流的量程为 1 mA 挡，电流显示值为“0000.×10^{-7} A”（若最后 1 位不为 0，属正常现象）。

② 实验仪的“灯丝电压”挡位指示灯亮，表明此时修改的电压为灯丝电压，电压显示值为“000.0 V”；最后一位在闪动，表明现在修改位为最后一位。

③“手动”指示灯亮，表明仪器工作正常。

2. 氩元素第一激发电位的测量

（1）手动测试。

① 仪器设定为“手动”工作状态。

② 设定电流量程（电流量程可参考机箱盖上提供的数据），按下相应电流量程键，对应的量程指示灯亮。

③ 用电压调节键“←”“→”调节位，“↑”“↓”调节值的大小，设定灯丝电压 U_F、第一加速电压 U_{G_1K}、拒斥电压 U_{G_2A} 的值（设定值可参考机箱盖上提供的数据）。

④ 按下“启动”键，实验开始。用“↓”“↑”“←”“→”键完成 U_{G_2K} 电压值的调节，从 0.0 V 起，按步长 1 V（或 0.5 V）的电压值调节电压源 U_{G_2K} 直到 82.0 V，同步记录 U_{G_2K} 值和对应的 I_A 值，同时仔细观察弗兰克-赫兹管的板极电流值 I_A 的变化（也可用示波器观察）。

注意：为保证实验数据的唯一性，电压 U_{G_2K} 必须从小到大单向调节，测试数据不可反复。记录完最后一组数据后，立即将电压 U_{G_2K} 快速归零。在手动测试的过程中，按下启动按键，U_{G_2K} 的电压值将被设置为零，内部存储的测试数据被清除，但 U_F、U_{G_2K}、U_{G_2A}、电流挡位等的状态不发生改变。

（2）自动测试。

智能弗兰克-赫兹实验仪还可以进行自动测试，并通过示波器观察曲线变化。

①按“手动/自动”键，将仪器设置为“自动”工作状态。

②参考机箱上提供的数据设置 U_F，U_{G_1K}，U_{G_2A}，U_{G_2K}（注：U_{G_2K} 设定终止值 82 V）。

③按面板上“启动”键，自动测试开始，同时可用示波器观察板极电流 I_A 随电压 U_{G_2K} 的变化情况。

④自动测试结束后，用电压调节键“←”“→”“↑”“↓”改变 U_{G_2K} 的值，查阅并记录本次测试过程中 I_A 的峰值、谷值和对应的 U_{G_2K} 值。

⑤自动测试或查询过程中，按下“手动/自动”键，则手动测试指示灯亮，实验仪原设置的电压状态被清除，面板按键全部开启，此时可进行下一次测试。

（3）计算机辅助测量。

本仪器可以通过计算机辅助实验测量，进行计算机的实时控制。

实验时先按照图 4.19.4 进行仪器连线，然后用数据线将计算机与实验仪器连接，打开桌面上的计算机辅助实验系统，按照附录的步骤开始计算机控制测量。

【数据记录与处理】

（1）把数据记录在表 4.19.1 中 I_A-U_{G_2K} 数据，找出对应的峰值电压，再填入表 4.19.2 中。

（2）利用表 4.19.1 数据在坐标纸上描绘各组 I_A-U_{G_2K} 数据对应的曲线。

（3）采用最小二乘法计算氩原子的第一激发电位，并与 $U_0 = 11.61$ V 比较，计算百分差。

表 4.19.1　I_A-U_{G_2K} 数据记录表

U_{G_2K} /V	I_A /10^{-7} A	U_{G_2K} /V	I_A /10^{-7} A	U_{G_2K} /V	I_A /10^{-7} A	U_{G_2K} /V	I_A /10^{-7} A

表 4.19.2　电流极大值对应的电压值

电压值/V	U_1	U_2	U_3	U_4	U_5	U_6
手动测量						
电脑测量						

数据处理方法示例：

把 6 个电压值与它们的序数进行对应，如表 4.19.3 所示。

表 4.19.3　电压值

N	1	2	3	4	5	6
U_n/V	U_1	U_2	U_3	U_4	U_5	U_6

使用 Excel 直线拟合功能把 U_n 拟合成关于 n 的一次函数，假设方程具有以下形式：

$$y = kx + b$$

根据实际情况可知，方程的斜率就是第一激发电势的平均值，$\Delta k = U_y / \sqrt{17.5}$。其中，自变量 n（设为 x）为 1、2、3、4、5、6，$\bar{x} = 3.5$，$\overline{x^2} = \frac{1}{6}\sum_{n=1}^{6} n^2 = \frac{91}{6}$，$D = \overline{x^2} - \bar{x}^2 = \frac{35}{12}$，自变量的总个数为 6，所以 $\frac{1}{\sqrt{17.5}} = \sqrt{\frac{1}{6 \times \frac{35}{12}}}$

$$U_y = \sqrt{S_y^2 + (\Delta U)^2}$$

$$S_y = \sqrt{\frac{\sum_{i=1}^{6}(U_i - ki - b)^2}{4}}$$

$$U_0 = K \pm \Delta K$$

【思考题】

（1）灯丝电压变化，电流会有怎样的变化？

（2）拒斥电压 U_{G_2A} 增大时，I_A 如何变化？

（3）为什么 I_A-U_{G_2k} 曲线不是从原点开始的？

【附　录】

1. 弗兰克-赫兹实验仪简介

（1）实验仪面板简介。

① 实验仪前面板说明：

弗兰克-赫兹实验仪前面板如图 4.19.5 所示，以功能划分为 8 个区：

区〈1〉是弗兰克-赫兹管各输入电压连接插孔和板极电流输出插座。

区〈2〉是弗兰克-赫兹管所需激励电压的输出连接插孔，其中左侧输出孔为正极，右侧为负极。

区〈3〉是测试电流指示区。

四位七段数码管指示电流值；四个电流量程挡位选择按键用于选择不同的电流量程挡；每一个量程选择同时备有一个选择指示灯指示当前电流量程挡位。

区〈4〉是测试电压指示区。

四位七段数码管指示当前选择电压源的电压值；四个电压源选择按键用于选择不同的电压源；每一个电压源选择都备有一个选择指示灯，指示当前选择的电压源。

区〈5〉是测试信号输入输出区。

电流输入插座输入弗兰克-赫兹管板极电流；信号输出和同步输出插座可将信号送示波器显示。

区〈6〉是调整按键区。

用于改变当前电压源电压设定值；设置查询电压点。

区〈7〉是工作状态指示区。

通信指示灯指示实验仪与计算机的通信状态；启动按键与工作方式按键共同完成多种操作。

区〈8〉是电源开关。

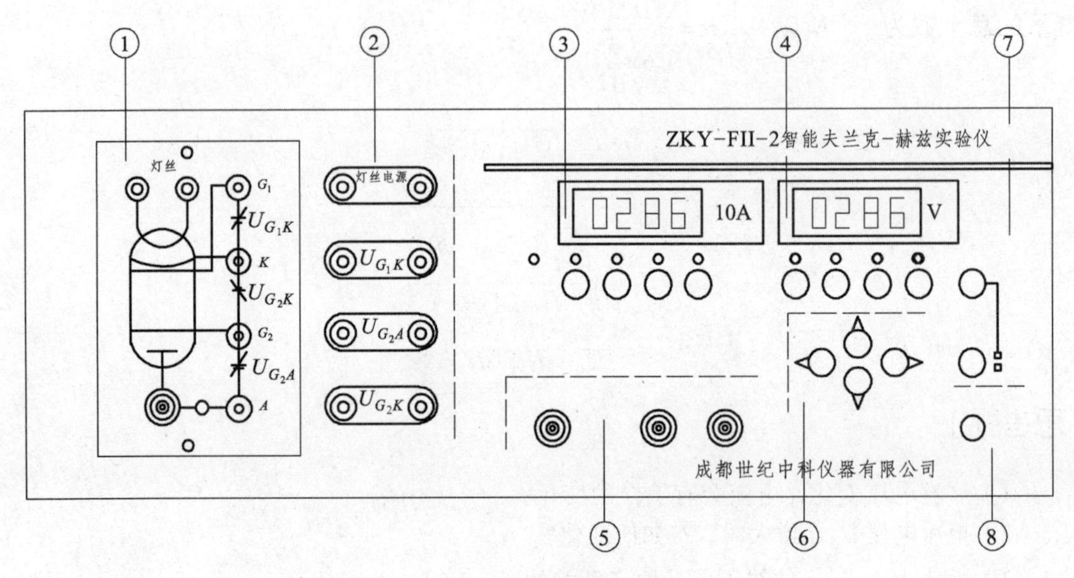

图 4.19.5　弗兰克-赫兹实验仪前面板

② 实验仪后面板说明：

后面板上有交流电源插座，插座上自带保险管座。

如果实验仪已升级为微机型，则通信插座可联计算机；否则，该插座不可使用。

（2）弗兰克-赫兹实验仪基本操作。

① 弗兰克-赫兹实验仪连线说明：

在确认供电电网电压无误后，将随机提供的电源连线插入后面板的电源插座中。

参考图 4.19.5 连接面板上的连接线。请务必反复检查，切勿连错！

② 变换电流量程：

如果想变换电流量程，则按下区〈3〉中的相应电流量程按键，对应的量程指示灯亮，同时电流指示的小数点位置随之改变，表明量程已变换。

③ 变换电压源：

如果想变换不同的电压，则按下区〈4〉中的相应电压源按键，对应的电压源指示灯随之点亮，表明电压源变换选择已完成，可以对选择的电压源进行电压值设定和修改。

④ 修改电压值：

按下前面板区〈6〉上的“←/→”键，当前电压的修改位将进行循环移动，同时闪动位随之改变，以提示目前修改的电压位置。按下面板上的“↑/↓”键，电压值在当前修改位递增/递减一个增量单位。

注意：

① 如果当前电压值加上一个单位电压值之和超过了允许输出的最大电压值，再按下“↑”键，电压值只能修改为最大电压值。

② 如果当前电压值减去一个单位电压值之差小于零，再按下“↓”键，电压值只能修改为零。

2. 计算机辅助实验系统操作简介

（1）系统启动。

用键盘或鼠标激活“开始 → 程序 → 中科教仪 → 计算机辅助实验系统”（具体操作方法请查阅有关 Windows95、Windows98 或 WinNT 的相关章节），系统会弹出一个系统登录窗口（图 4.19.6）。

在“用户”框中输入登录名称，在“密码”框中输入密码，然后按下“登录”钮（或直接回车），系统会校验您的口令是否合法，以决定您是否有使用本系统的权限。如口令合法，则登录成功，进入系统（主窗口见图 4.19.7）。

按下“退出”钮，系统会放弃登录，退出系统登录窗口。

图 4.19.6　系统登录窗口

图 4.19.7　系统主窗口

（2）系统功能操作说明。

系统总共有 5 大功能模块，分别为：

① 系统管理：主要包括操作用户管理、实验装置管理、实验资料管理、数据导出/导入、数据备份/恢复等功能，只有具备系统管理员权限的用户才具有操作这些功能的权限，窗口如

图 4.19.8 所示。

a. 操作用户管理：主要对使用该系统的用户进行管理，用户分为系统管理员和普通用户两种。系统管理员拥有所有功能的权限，普通用户拥有除了“管理”外的其他功能权限，窗口如图 4.19.9 所示。

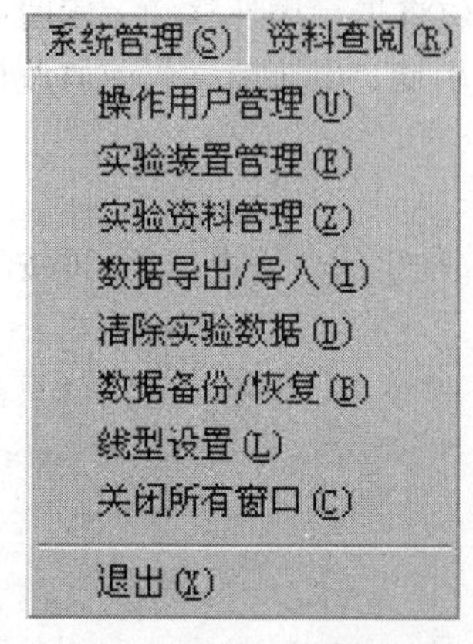

图 4.19.8 系统管理窗口

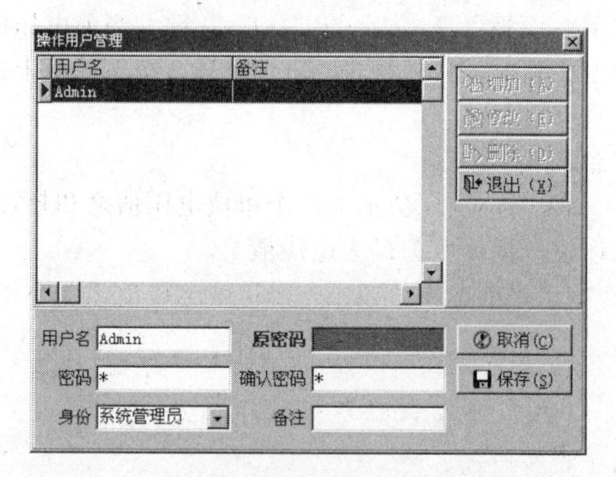

图 4.19.9 操作用户管理窗口

• 增加：增加用户。单击“增加”按钮输入用户名和密码，选择用户身份（系统管理员拥有所有的功能使用权，普通用户不可以设置与系统参数有关的信息），然后单击“保存”按钮即可。单击“取消”按钮可取消该操作。

• 修改：修改用户的信息。单击“修改”按钮，首先正确输入该用户的密码，然后输入需要修改的用户信息，再单击“保存”按钮即可。单击“取消”按钮可取消该操作。

• 删除：删除用户。用鼠标点取将要删除的用户，单击“删除”按钮即可删除该用户。

b. 实验装置管理：主要对该计算机所带的实验装置进行管理，包括增加、修改、删除实验装置以及进行各个实验装置参数的设置与维护。窗口如图 4.19.10 所示。

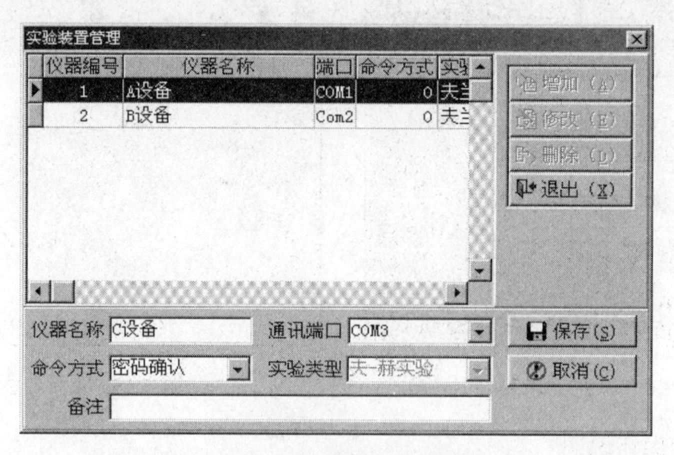

图 4.19.10 实验装置管理窗口

• 增加：增加实验装置。单击“增加”按钮，输入仪器名称，选择通讯端口、命令方式、实验类型，然后单击“保存”按钮即可。单击“取消”按钮可取消该操作。

说明：

通讯端口：实验装置与计算机所连接的串口。

命令方式：进行实验时，发送命令的方式。有两种方式可供选择：“无确认”和“密码确认”。若选择“无确认”，发送命令无须任何确认；若选择“密码确认”，发送命令须密码确认，确认正确后命令才能发送出去。

实验类型：该实验装置进行的是哪种实验。本系统已默认为弗兰克-赫兹实验，不可更改。

• 修改：修改实验装置的参数。单击“修改”按钮，输入需要修改的参数，然后单击“保存”按钮即可。单击“取消”按钮可取消该操作。

• 删除：删除实验装置。用鼠标点取将要删除的实验装置，单击“删除”按钮即可删除该实验装置。

c. 实验资料管理：维护与实验有关的实验资料，窗口如图 4.19.11 所示。

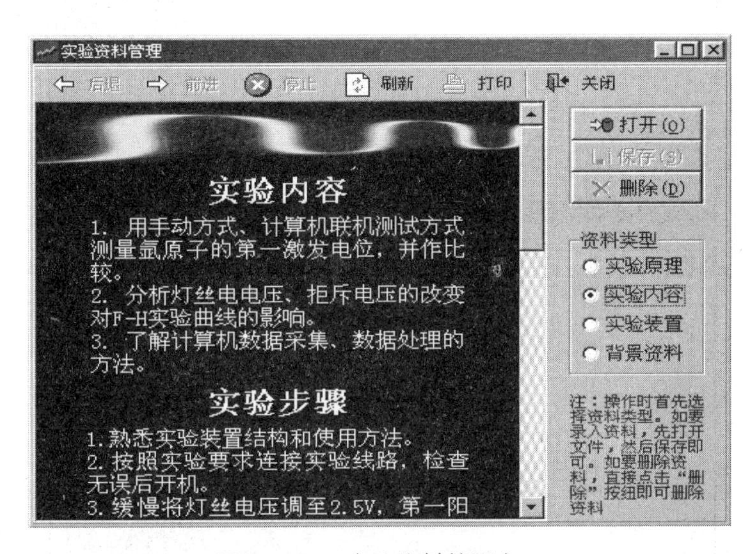

图 4.19.11　实验资料管理窗口

• 删除实验资料：首先选择资料类型（用鼠标选择窗口右边的选项按钮），然后单击“删除”按钮即可删除该项资料的内容。

• 添加实验资料：首先选择资料类型，如果该项已经有资料，那么必须先删除当前的资料，然后单击“打开”按钮打开要添加的超级文本，再单击“保存”按钮，系统会提示“该文件是否包含有图片”，如果选择“是”则系统要求打开图片文件，选择完成后按回车键即可保存该项资料。

d. 数据导出/导入：导出/导入学生实验数据，窗口如图 4.19.12 所示。

首先选择查询类型，然后输入查询条件，单击“查询”按钮查询到符合条件的做过实验的学生信息。

• 导出：首先用鼠标在窗口左边选择一个想要导出数据的学生，然后单击“导出”按钮即可把该学生的实验数据导出到软盘、硬盘、光盘或网络中的其他计算机存储介质上。

• 导入：单击“导入”按钮，找到从本系统导出的文件，按回车键即可把导出的实验数据导入到本系统中。

e. 清除实验数据：清除学生的实验数据，窗口如图 4.19.13 所示。

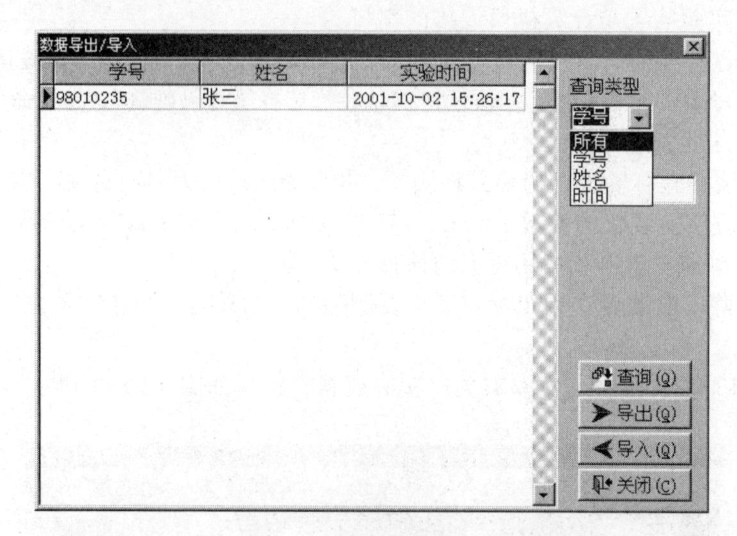

图 4.19.12　数据导出/导入窗口

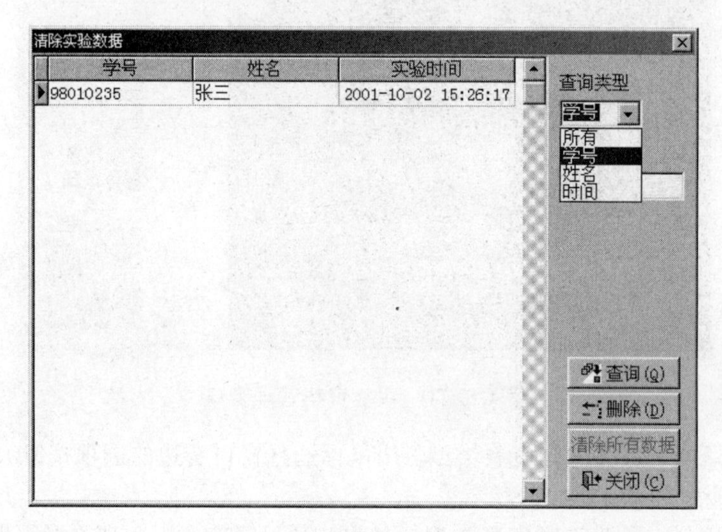

图 4.19.13　清除实验数据窗口

首先选择查询类型，然后输入查询条件，单击“查询”按钮查询到符合条件的做过实验的学生信息。

• 删除：首先用鼠标在窗口左边选择一个想要删除的学生数据，然后单击“删除”按钮即可把该学生的实验数据删除。

• 删除所有数据：单击“删除所有数据”按钮，可删除系统保存的所有实验数据。

f. 数据备份/恢复：对系统数据库进行备份和恢复，保证数据的安全，窗口如图 4.19.14 所示。

数据备份/恢复是保证数据安全的重要环节，为了保证数据安全，应定期备份数据，以便在系统遭到破坏的情况下能够迅速恢复系统数据，减少不必要的损失。

• 备份：单击“备份”按钮，选择保存文件的路径和文件名，然后单击“保存”按钮即可把系统的数据进行备份。

• 恢复：单击“恢复”按钮，找到备份文件，然后单击“打开”按钮即可把备份的数据恢复到系统中。

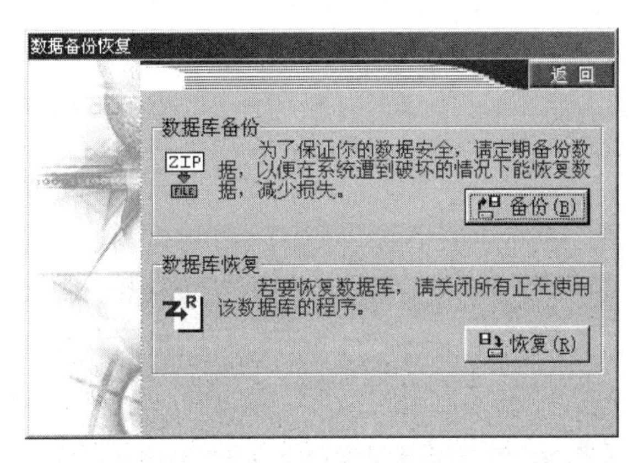

图 4.19.14　数据备份/恢复窗口

g. 线型设置：设置联机显示实验的线型，窗口如图 4.19.15 所示。

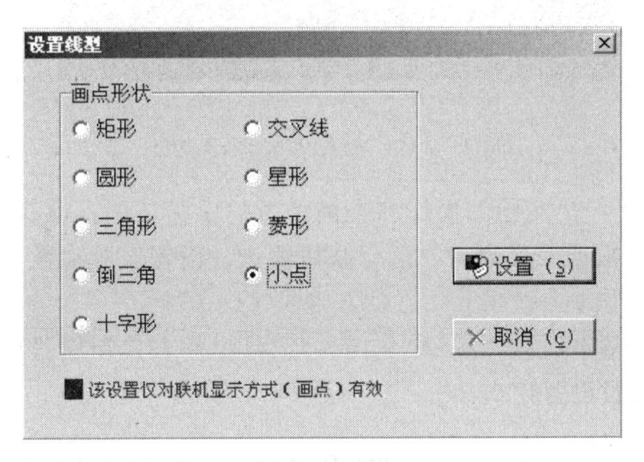

图 4.19.15　线型设置窗口

用鼠标选择窗口左边的选项按钮，然后单击“设置”按钮即可设置联机显示实验绘图的线型。单击“取消”按钮可取消该操作。

h. 关闭所有窗口：关闭所有打开的子窗口。

②资料查阅：主要包括实验原理、实验内容、实验装置、背景资料等与实验有关的信息查阅功能，以便于随时进行查阅，窗口如图 4.19.16 所示。

图 4.19.16　资料查阅窗口

a. 实验原理：查阅实验原理。

单击菜单上的“资料查阅”→“实验原理”（或单击“原理”快捷键）即可查阅实验原理的信息，窗口如图 4.19.17 所示。

b. 实验内容：查阅实验内容。

单击菜单上的“资料查阅”→“实验内容”（或单击“内容”快捷键）即可查阅实验内容的信息。

c. 实验装置：查阅实验装置。

单击菜单上的“资料查阅”→“实验装置”（或单击“装置”快捷键）即可查阅实验装置的信息。

d. 背景资料：查阅与实验有关的背景资料。

单击菜单上的“资料查阅”→“背景资料”（或单击“资料”快捷键）即可查阅背景资料的信息。

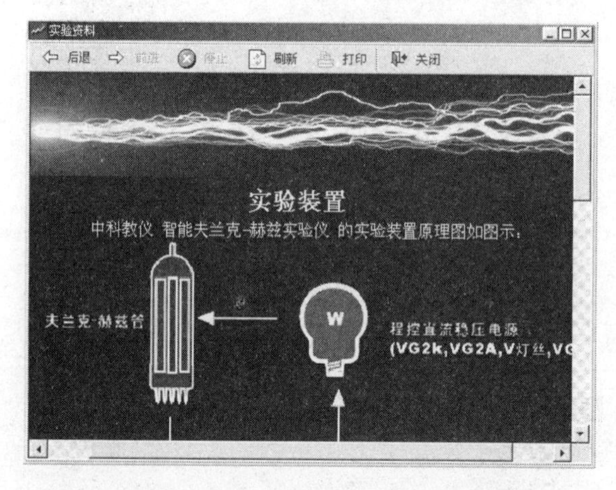

图 4.19.17 查阅实验原理窗口

③ 数据通信：主要包括实验的操作和查询做过的实验数据，窗口如图 4.19.18 所示。

a. 开始实验：打开数据采集窗口，进行联机测试、设置实验参数、数据采集等实验操作功能。

第一步：输入学生基本信息（图 4.19.19），选择工作方式和仪器编号，输入密码，然后单击“下一步”进入参数设置窗口。

图 4.19.18 数据通信窗口

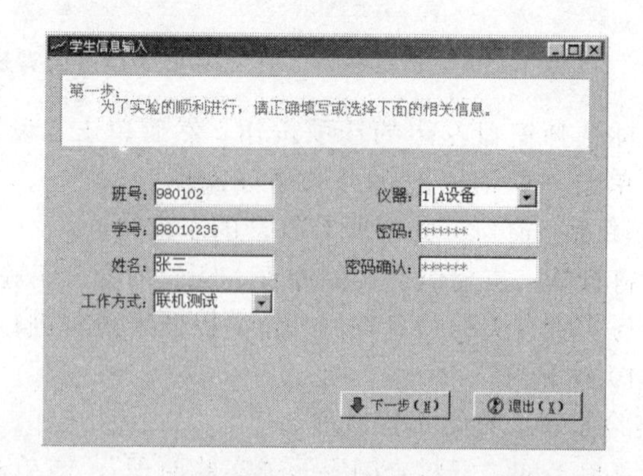

图 4.19.19 输入学生基本信息窗口

第二步：输入实验参数，选择电流量程（图 4.19.20），然后单击“下一步”进入数据采集状态。系统提示“是否要立刻启动测试”，选择“是”则马上进行采集数据；否则必须手工启动测试（单击“数据通信”→“启动测试”或“启动”快捷键）。

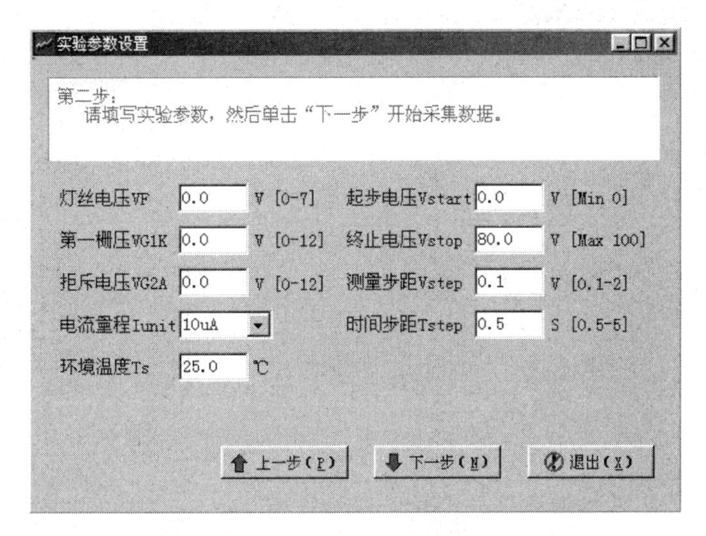

图 4.19.20　参数设置窗口

第三步：采集数据，直到采集实验数据完毕，如图 4.19.21 所示。

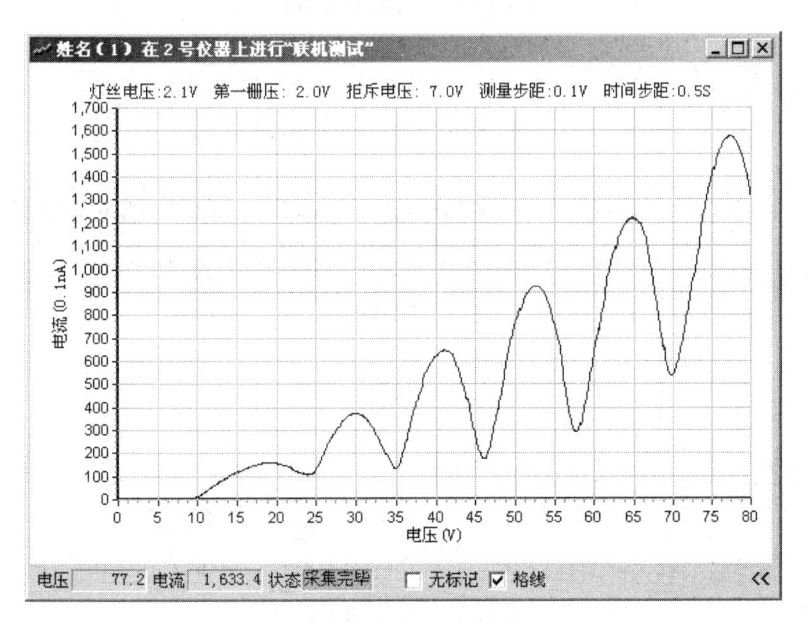

图 4.19.21　数据采集窗口

b. 数据检验：用于计算第一激发电压值。

单击菜单上的“数据通信”→“数据检验”，窗口右边将弹出数据检验框，依次输入峰点或谷点电压值，然后单击“检验”即可计算出第一激发电压（图 4.19.22）。

c. 打印结果：打印实验结果。

单击菜单上的“数据通信”→“打印结果”，系统弹出打印预览窗口（图 4.19.23）。

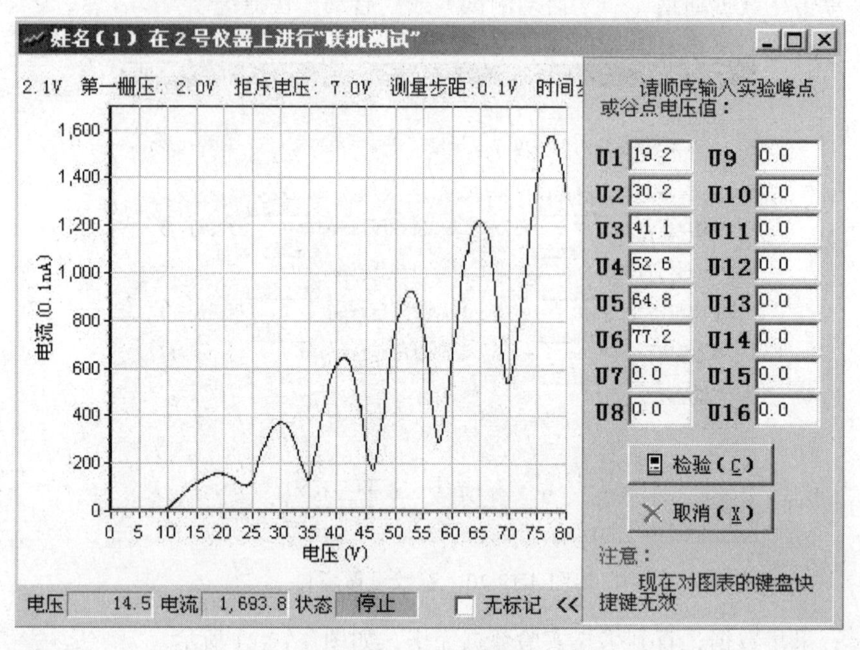

图 4.19.22 数据检验窗口

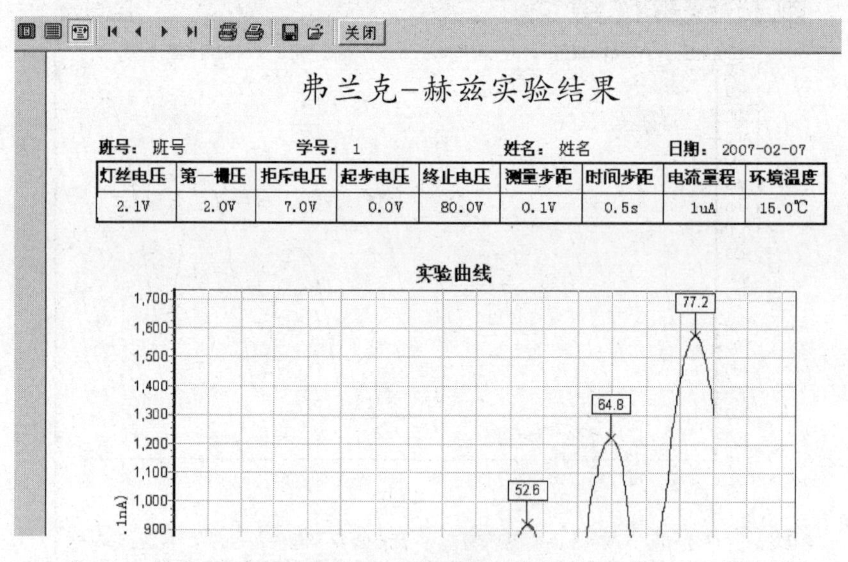

灯丝电压	第一栅压	拒斥电压	起步电压	终止电压	测量步距	时间步距	电流量程	环境温度
2.1V	2.0V	7.0V	0.0V	80.0V	0.1V	0.5s	1uA	15.0℃

图 4.19.23 打印预览窗口

d. 保存数据：保存实验参数、实验数据及实验结果。

单击菜单上的“数据通信”→“保存数据”，系统将弹出确认窗口，选择“是”即可保存实验结果。

e. 数据查询：查询做过的实验数据，窗口如图 4.19.24 所示。

单击菜单上的“数据通信”→“数据查询”即可查询实验结果。

首先选择查询类型，然后输入查询条件，单击“查询”按钮即可查询到符合条件的做过实验的学生信息。

导出：首先用鼠标在窗口左边选择一个想要导出的学生数据，然后单击“导出”按钮即可把该学生的实验数据导出到软盘、硬盘、光盘或网络中的其他计算机存储介质上。

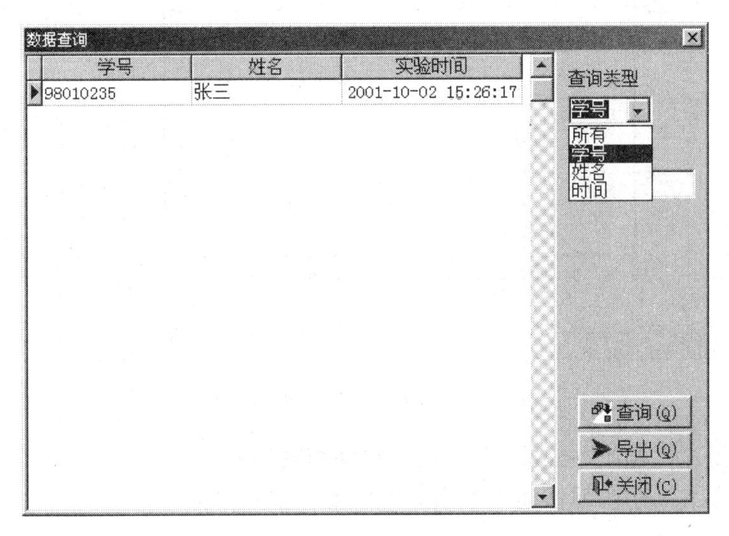

图 4.19.24　数据查询窗口

④ 窗口管理：主要包括子窗口的排列方式和在各子窗口之间进行切换的功能。窗口如图 4.19.25 所示。

a. 层叠：按层叠方式排列所有子窗口。

b. 横排：按横向排列的方式排列所有子窗口。

c. 竖排：按竖向排列的方式排列所有子窗口。

d. 全部最小化：最小化所有子窗口。

e. 全部重排：重新排列所有子窗口。

⑤帮助信息：系统帮助和版本信息。

显示系统的版本信息。

图 4.19.25　窗口管理窗口

（3）图表的操作方法

图表是实验进度及实验数据图形化表示的一个重要方式，一般图表窗口如图 4.19.26 所示，这里列出对图表放大、移动的操作方法，其他操作请参阅 Windows 系统的说明。

① 放大：用鼠标左键从左上方向右下方选取一个矩形区域来放大该区域，或用“Shift+↑”或“Shift+→”键放大图表，“Ctrl+↑”键纵向放大图表，“Ctrl+→”键横向放大图表。

② 缩小：用鼠标左键从右下方向左上方选取一个矩形区域来缩小图表，或用“Shift+↓”或“Shift+←”键缩小图表，“Ctrl+↓”键纵向缩小图表，“Ctrl+←”键横向缩小图表。

③ 左移：用“→”或“End”键向左移动横轴坐标。

④ 右移：用“←”或“Home”键向右移动横轴坐标。

⑤ 上移：用“↓”或“PageDown”键向上移动横轴坐标。

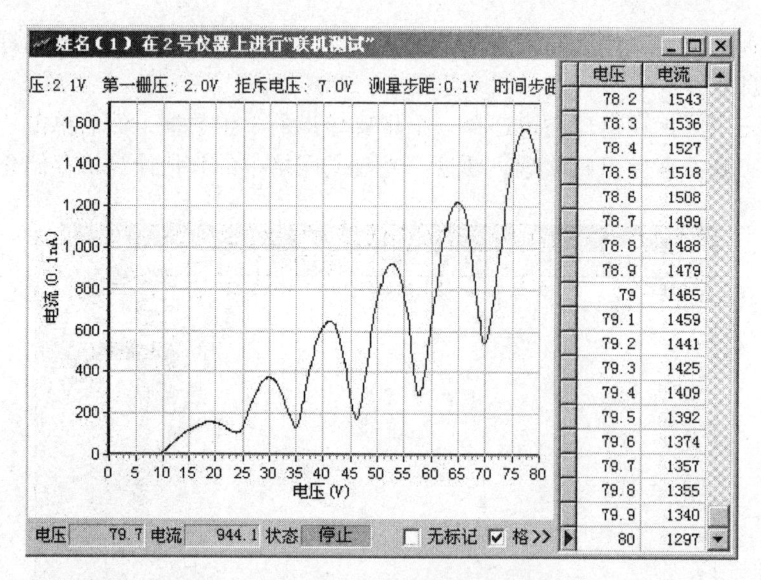

图 4.19.26　图表窗口

⑥ 下移：用“↑”或“PageUp”键向下移动横轴坐标。

⑦ 平移：按下鼠标右键移动图表到适当位置，放开鼠标右键。

实验 20　光电效应及普朗克常数测定

1887 年，赫兹在研究两个电极之间的放电现象时发现，当用紫外线照射电极时，放电强度增大。这说明金属中的电子可以接收照射光的能量逸出金属表面，经典的电磁理论无法对该现象进行解释。直到 1905 年，爱因斯坦应用并发展了普朗克的量子理论，提出了光量子概念，从理论上成功地解释了光电效应现象。关于爱因斯坦假设，许多学者都企图验证其正确性。经过十多年的研究，R.A.密立根于 1916 年发表了实验论文，证实了爱因斯坦方程的正确性，并测量出著名的普朗克常数。因爱因斯坦和密立根对光电效应研究所做的贡献，两位科学家分别于 1921 年和 1923 年获得了诺贝尔物理学奖。

在物理学进展中，光电效应现象的发现对认识光的波粒二象性具有极为重要的意义，它为量子理论提供了一种直观的、明确的论证。同时，我们利用光电效应现象制成了光电管等多种光电器件，实现光和电之间的转换，广泛应用于光电自动控制、传真电报、电视录像等领域。

【实验目的】

（1）了解光电效应的基本规律，认识光的量子性。

（2）理解并验证爱因斯坦光电效应方程。

（3）掌握测定普朗克常数的方法。

【实验仪器】

ZKY-GD-4 微机型光电效应实验仪由汞灯、汞灯电源、滤色片、光阑、光电管、智能测试仪构成，仪器结构如图 4.20.1 所示，测试仪的调节面板如图 4.20.2 所示。测试仪有手动和自动两种工作模式，具有数据自动采集、存储、实时显示采集数据、动态显示采集曲线（连接普通示波器，可同时显示 5 个存储区中存储的曲线）及采集完成后查询数据功能。

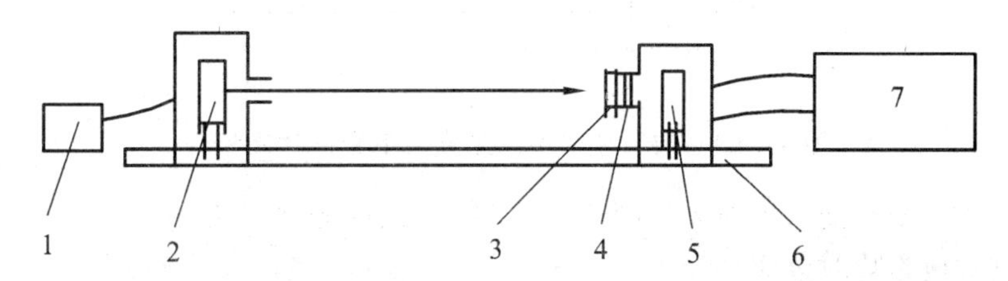

1—汞灯电源；2—汞灯；3—滤色片；4—光阑；5—光电管；6—基座；7—测试仪。

图 4.20.1　ZKY-GD-4 微机型光电效应实验仪仪器结构

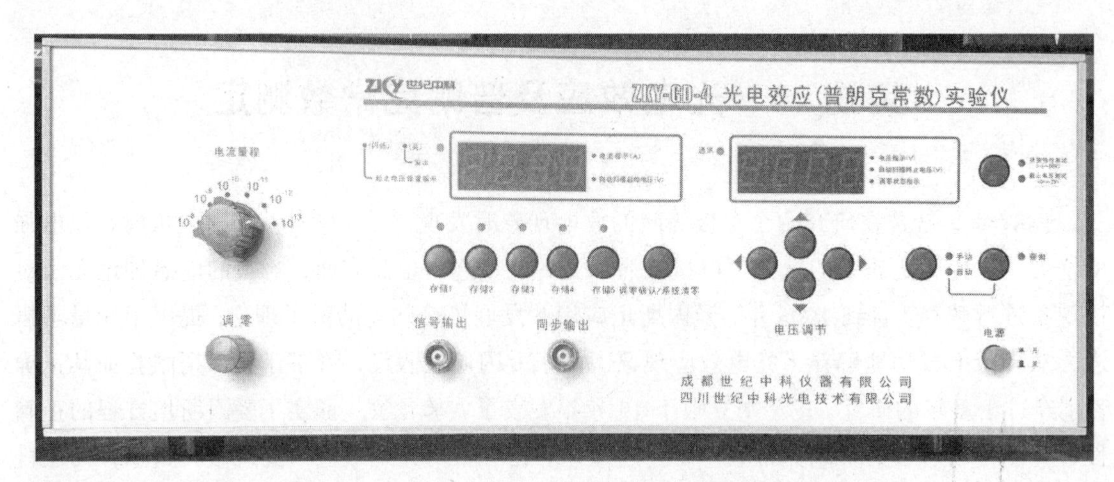

图 4.20.2　ZKY-GD-4 微机型光电效应实验仪面板图

【实验原理】

在一定频率的光照射下，电子从金属表面逸出的现象称为光电效应，从金属表面逸出的电子称为光电子。

光电效应的基本实验规律如下：

（1）对给定的金属，光电效应存在一个截止频率（红限频率）ν_0。只有当入射光频率ν大于ν_0时，才能产生光电效应。

（2）饱和光电流与入射光强度成正比，如图 4.20.3 所示。

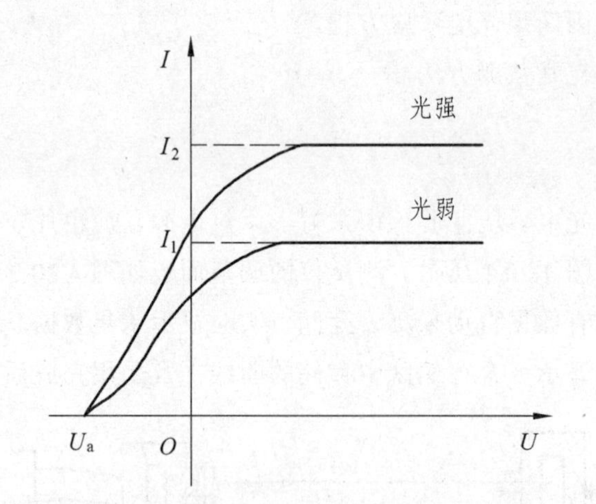

图 4.20.3　同一频率不同光强光电管的伏安特性

（3）光电子的初动能与入射光的频率ν有关，与入射光强无关。

（4）光电效应为瞬时效应。

以上这些实验规律，难以用光的波动学说做出圆满的解释。

1905 年，爱因斯坦提出光量子理论，成功地解释了光电效应。他认为一束频率为ν的光是一束以光速运动的光子流，每个光子具有能量 $h\nu$。当光子入射到金属表面时，其能量被金属中的自由电子吸收，电子获得的能量一部分用来克服金属对它的约束，另一部分则成为逸出表面时的最大初动能。由能量转换与守恒定律有：

$$h\nu = W_s + \frac{1}{2}mv_m^2 \tag{4.20.1}$$

这就是著名的爱因斯坦光电效应方程，式中 m 和 v_m 为光电子质量和最大速度，W_s 为逸出功，ν 为入射光的频率，$\frac{1}{2}mv_m^2$ 是光电子逸出表面后的最大动能。

考虑到光电子初动能的测量困难，我们在实验中采用“减速电位法”，验证爱因斯坦光电效应方程并测定 h，实验原理如图 4.20.4 所示。在光电管两端加上反向电压，A、K 间电场对光电子起减速作用。因此，随着反向电压的增大，光电流逐渐减小，当反向电压增大到某值（截止电压）时，光电流降为零。此时，静电场对光电子做的功 eU_s 等于光电子逸出的最大初动能。

$$eU_s = \frac{1}{2}mv_m^2 = h\nu - W_s \tag{4.20.2}$$

因此

$$U_s = \frac{h}{e}\nu - \frac{W_s}{e} \tag{4.20.3}$$

由于金属材料的逸出功 W_s 是金属的固有属性，对于给定的金属材料是一个定值，它与入射光的频率 ν 无关。因此式（4.20.3）表明，截止电压 U_s 与入射光频率 ν 间存在线性关系，其斜率为 $k = h/e$，如图 4.20.5 所示。只要用实验方法测出不同频率 ν 的单色光入射时的截止电压 U_s，并且证明二者成线性关系，就能验证爱因斯坦光电效应方程的正确性，由该直线的斜率则可求出普朗克系数 h。

$$h = e \cdot k \tag{4.20.4}$$

其中，$e = 1.602 \times 10^{-19}\,\text{C}$。

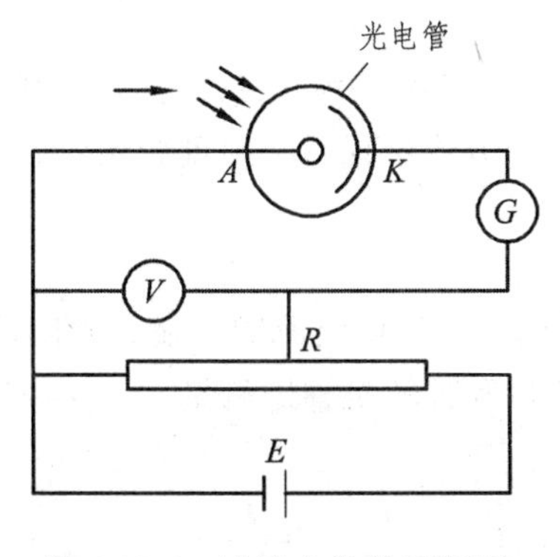

图 4.20.4　减速电位法原理图

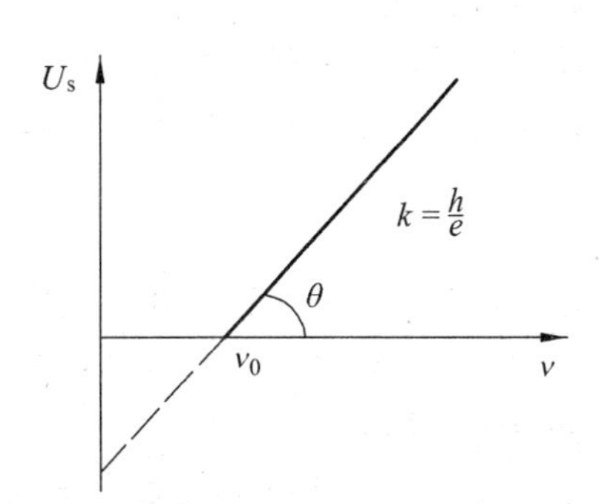

图 4.20.5　截止电压 U 与入射光频率 ν 的关系图

然而在实验中，由于光电管中总存在某种程度的漏电，不管是阴极还是阳极在任何温度下都有一定数量的热电子发出，受光照射，阳极也会发射少量光电子等原因，将使光电管极间出现反向电流，称为暗电流。由于暗电流的存在，光电管的 *I-U* 特性曲线并不像图 4.20.6 所示与横轴相交而终止，而是如图 4.20.7 所示那样，在负方向出现一个饱和值并有着明显的拐点。此时，截止电压 U_s 就是曲线 *ab* 段拐点（△符号标出）对应的电压值，此即拐点法。

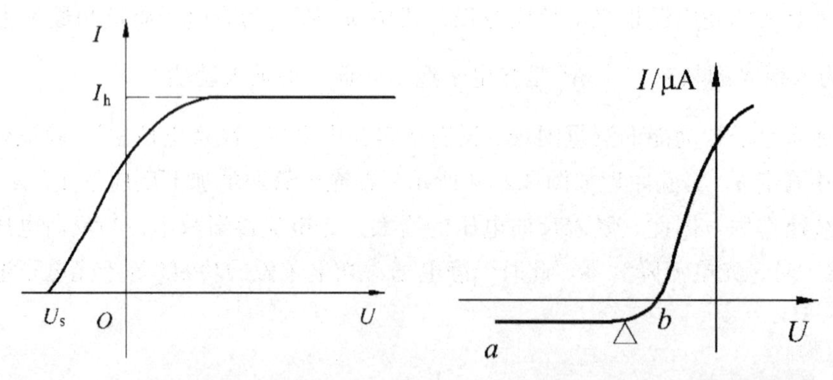

图 4.20.6　光电管理想伏安特性曲线　　图 4.20.7　光电管实际伏安特性曲线

另外，在制作光电管过程中应尽量防止阴极材料蒸发。实验前对光电管阳极通电，减少在其上面溅射阴极材料。实验中还需要避免入射光直接照射到阳极上，这样可使它的反向电流大大减少，其伏安特性曲线与图 4.20.6 接近。因此，曲线与 *U* 轴交点的电位差近似等于截止电压（电流为零所对应的电压），此即交点法。

【实验内容与步骤】

1. 仪器准备

（1）将汞灯电源线和光电效应实验仪电源线分别接在 220 V 交流电源上，将汞灯置于 0 刻线，开启汞灯电源和光电效应实验仪电源，预热 20 min。

（2）按实验原理正确连接电压线；电流连接线接好光电管暗盒 K 端，断开微电流输入端；用数据线连接光电效应实验仪 RS232 端和计算机数据输出端。

（3）检查开机状态。

（4）设定所需电流量程，并且遮光进行测试调零，然后按下确认键。（注：测试仪在开机或改变电流量程后，都会自动进入调零状态，因此改变电流量程后必须重新调零。）

2. 测量截止电压

测量前，确认“电流量程”开关应处于 10^{-13}A 挡，连接微电流输入端，光阑选择 $\phi 4$，拿下两边遮光罩，选定波长。测量时，可采用手动测量和计算机辅助测量。

手动测量方法如下：

（1）使“手动/自动”模式键处于手动模式。

（2）将 365.0 nm 的滤色片对准光电管暗箱光输入口上，打开汞灯遮光盖。此时电压表显

示 U_{AK} 的值，单位为 V；电流表显示对应的电流值 I，单位为所选择的“电流量程”。用电压调节键→、←、↑、↓可调节 U 的值，→、←键用于选择调节当前位，↑、↓键用于调节当前位的大小，将电流为 0 时的电压值记录在表 4.20.2 中。

（3）转动滤色片转盘，重复上述步骤，分别测量 405 nm、436 nm、546 nm、577 nm 各自对应的电流电压值，将电流为 0 时的电压值记录在表 4.20.2 中。

计算机辅助测量方法如下：

（1）光电效应实验软件的登录与实验选择。

将光电效应实验仪调零，然后打开计算机，运行“光电效应（普朗克常数）”实验软件。如图 4.20.8 所示，输入“用户名 student 密码 student”，或“用户名 sa 密码 sa”登录，进入软件后点击“开始”。

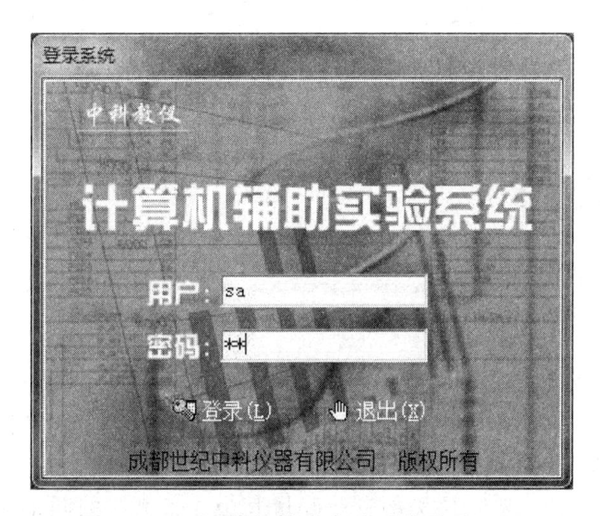

图 4.20.8 计算机辅助实验系统登录界面

如图 4.20.9 所示，输入班级、姓名、学号，实验选择“普朗克常数”，点击“开始”。提示窗口弹出，确认参数后选择“是”。

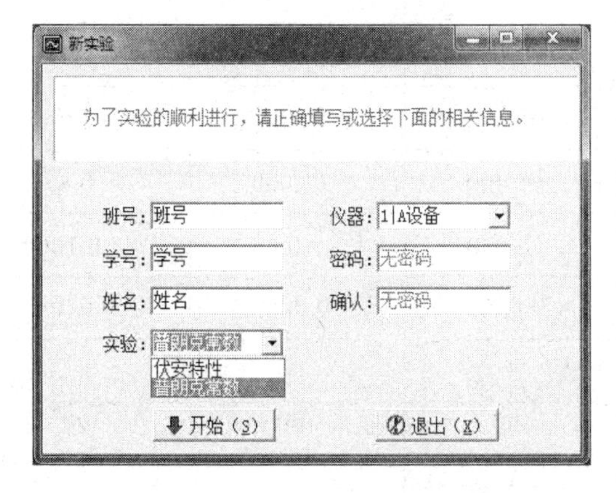

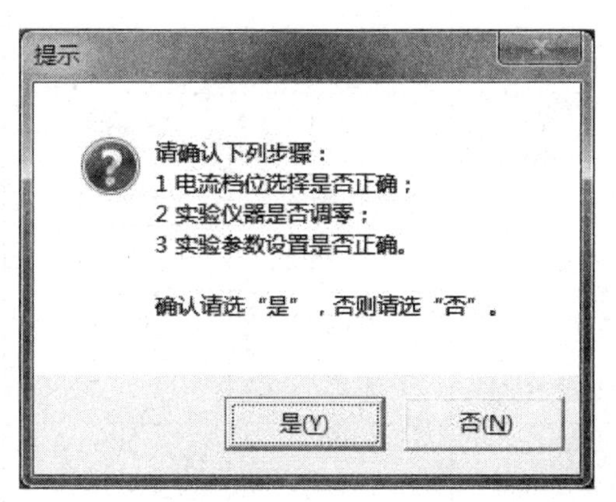

图 4.20.9 个人信息输入和实验选择

（2）测量 5 条谱线的截止电压。

第一条谱线的测量步骤：

首先调整转盘光电管滤色片为 365 nm 波长，其他按照下述要求设置：

工作方式：联机测试；　　起步电压：－1.970；

曲线编号：曲线 1；　　终止电压：－1.550；

波　　长：365.0 nm；　　测量步距：0.020；

频　　率：8.213；　　光阑直径：4 mm；

测量距离：300 至 400 mm，对照实物距离修改。

上述参数设置如图 4.20.10 所示。

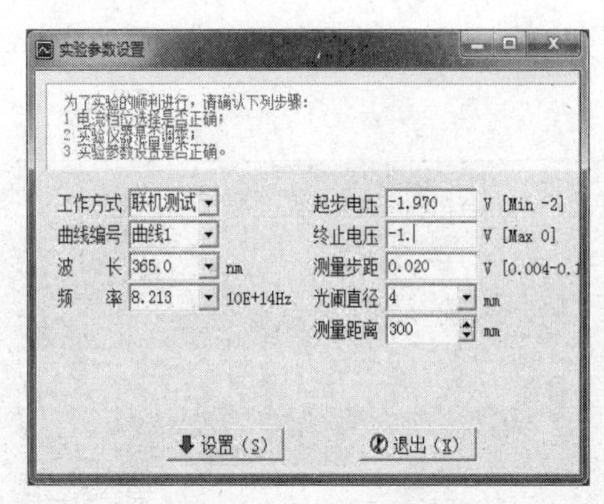

图 4.20.10　参数设置

输入完成后点击“设置”。出现“是否启动实验？”时，点击“是”，检查倒计时。

观察自己的实验窗口，当“采集完毕”时，将鼠标移至实验窗口中曲线上电流为 0 的点上，当右下角电流值显示 0 时，记录截止电压于表 4.20.2 中。转动转盘选择波长 405 nm，点击“启动”，确认参数后选择“是”，用类似方法测量其余 4 条谱线的截止电压，参数见表 4.20.1。

注意：每次设置改变软件参数时，均需要旋转对应滤色片的位置。

表 4.20.1　五条谱线设置参数表

曲线编号	曲线1	曲线2	曲线3	曲线4	曲线5
波长/nm	365.0	404.7	435.8	546.1	577.0
频率/10^{-14} Hz	8.213	7.408	6.879	5.490	5.196
起步电压/V	－1.970	－1.670	－1.400	－1.000	－0.85
终止电压/V	－1.550	－1.200	－0.950	－0.4	－0.100
测量步距/V	0.020	0.020	0.020	0.020	0.020
光阑直径/mm	4	4	4	4	4
汞灯与光电管距离/mm	300（可自行设置）	300（可自行设置）	300（可自行设置）	300（可自行设置）	300（可自行设置）
工作方式	联机	联机	联机	联机	联机

观察实验窗口，当“采集完毕”时，将鼠标移至实验窗口中曲线上电流为 0 的点，当右下角电流值显示 0 时，记录截止电压于表 4.20.2 中，点击“结束”。

（3）计算普朗克常数及误差

点击“数据通讯”，然后点击“自动实验数据计算”。

将表 4.20.2 截止电压正值数据录入，点击计算，观察百分差小于 5%，然后点击“关闭”。

点击“数据通讯”，然后点击“打印实验数据”。

3. 计算机辅助测量光电管伏安特性

提示：请先退出测量软件，再重新登录，实验选择时选“伏安特性”。

（1）起步电压全部为-1 V，终止电压全部为 35 V。测量步距全部为 1 V，光阑孔径全部为 4 mm。

（2）365 nm、405 nm、436 nm 光波，“电流量程”选择 10^{-10}，调零确认；三个波长只需调节一次。

（3）577 nm、546 nm 光波，“电流量程”选择 10^{-11}，调零确认，两个波长只需调节一次；

（4）做 365 nm 时，点击“开始”，其他波长的测量，点击“启动”。

（5）曲线 1 至曲线 5 分别对应波长 365 nm、405 nm、436 nm、546 nm、577 nm。

（6）完成测试后，点击“结束”。

（7）点击“数据通讯”，选择打印实验数据，打印方式同前。

【数据记录与处理】

表 4.20.2　计算机辅助测量截止电压数据表

波长/nm	365.0	404.7	435.8	546.1	577.0
频率/10^{14}Hz					
U_s/V（手动）					
U_s/V（自动）					

（1）利用表 4.20.2 数据，采用“最小二乘法”验证爱因斯坦光电效应方程，求出斜率 k，写出 h 的标准表达式；并与其公认值 h_0 比较，求出百分差 $E=\dfrac{|h-h_0|}{h_0}\times 100\%$。（式中 $e=1.602\times 10^{-19}\,\text{C}$，$h_0=6.626\times 10^{-34}\,\text{J}\cdot\text{s}$）；提供“姓名+截止电压”文件的打印件，做出实验结论。

（2）计算机辅助测量光电管的伏安特性曲线。

提交“姓名+伏安特性”文件的打印件，并做出实验结论。

实验 21　半导体光电二极管伏安特性的测定

半导体光电二极管在光测技术、光纤通信、自动检测和自动控制等技术领域中应用十分广泛。了解光电二极管结构、工作原理、伏安特性及其测量技术，是学习和掌握近代科学技术的基础。熟悉光电二极管的基本性能，掌握其在光电转换技术中的正确使用方法可为的半导体光电二极管的使用打下基础。

【实验目的】

（1）了解光电二极管结构及工作原理。

（2）熟悉光电二极管的基本性能。

（3）学习光电二极管伏安特性的测量技术。

（4）了解光电二极管在光电转换技术中的正确使用方法。

【实验仪器】

MOE-A 型光电二极管伏安特性测试仪、电阻箱、电阻、导线等。

测试仪由光源、光功率计、被测光电二极管及其测试电路和仪表等几部组成。光源部分含半导体发光二极管 LED 及其驱动电路。LED 的光功率经光导纤维输出。硅光电二极 s 管（SPD）既做光功率计的光电探头，也是被测的光电二极管。当“数显切换”开关拨至左侧时，只要光电二极管插入仪器面板上的“数字仪表输入插孔”内（插入时注意红、黑颜色的对应关系），数字表头就成了光功率计。当“数显切换”开关拨至右侧时，数字仪表就是一个 3 位半的直流毫伏表，用带香蕉插头的连线可把其输入插孔接至仪器前面板上画出的测试电路中标有记号的部位。

测试仪面板如图 4.21.1 所示。

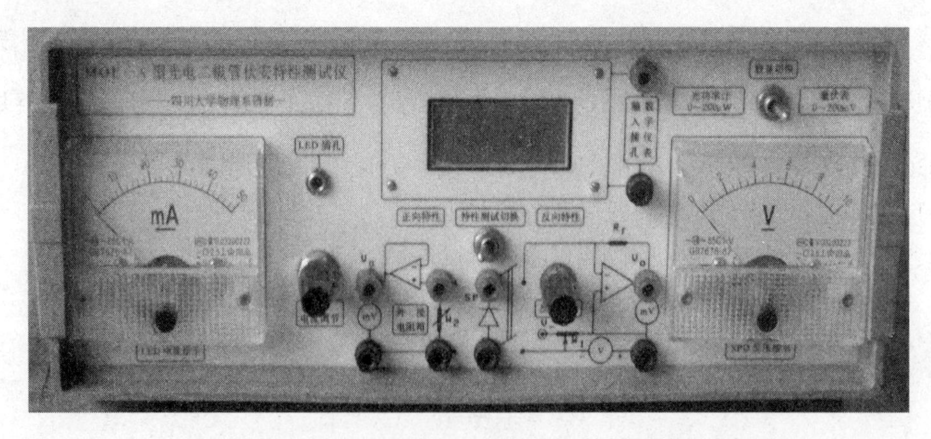

图 4.21.1　MOE-A 型光电二极管伏安特性测试仪面板

【实验原理】

1. 半导体光电二极管的结构及工作原理

半导体光电二极管与普通的半导体二极管比较，除具有一个 PN 结外，还在其管壳上有一个能让光照射入其光敏区的窗口。与普通二极管不同，它经常工作在反向偏压状态［图 4.21.2（a）］或无偏压状态［图 4.21.2（b）］。在反向偏压状态下，PN 结的空间电荷区的势垒增高、宽度加大、结电阻增加、结电容减小，上述条件均有利于提高光电二极管的高频响应性能。无光照射时，反向偏置的 PN 结只有很小的反向漏电流，称为暗电流。当有光子能量大于 PN 结半导体材料的带隙宽度 E_g 的光波照射到光电二极管的管芯时，PN 结各区域中的价电子吸收光能后将挣脱价键的束缚而成为自由电子，与此同时也产生一个自由空穴，这些由光照产生的自由电子-空穴对统称为光生载流子。在远离空间电荷区（亦称耗尽区）的 P 区和 N 区内，电场强度很弱，光生载流子只有扩散运动，它们在向空间电荷区扩散的途中因复合而消失，故不能形成光电流。形成光电流主要靠空间电荷区的光生载流子。因为在空间电荷区内电场很强，在此强电场作用下，光生自由电子-空穴对将以极高的速度分别向 N 区和 P 区运动，并越过这些区域到达电极，沿外电路闭合形成光电流。光电流的方向是从二极管的负极流向它的正极，并且在无偏压短路的情况下与入射光的功率成正比。因此在光电二极管的 PN 结中，增加空间电荷区的宽度对提高光电转换效率有很大帮助。为此目的，若在 PN 结 P 区和 N 区之间再加一层杂质浓度很低的本征半导体（用 I 表示），就形成了 P-I-N 三层结构的半导体光电二极管，简称 PIN 管。PIN 光电二极管的 PN 结除具有较宽的空间电荷区外，还具有很大的结电阻和很小的结电容，这些特点使 PIN 管在光电转换效率和高频响应特性等方面较普通光电二极管均得到了很大改善。

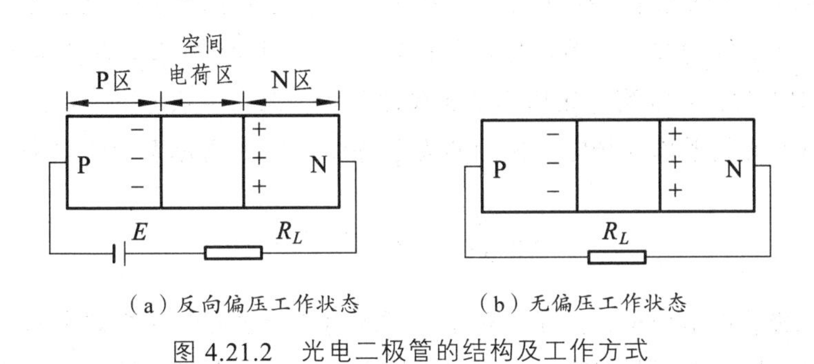

（a）反向偏压工作状态　　（b）无偏压工作状态

图 4.21.2　光电二极管的结构及工作方式

2. 光电二极管的伏安特性

光电二极管的伏安特性可用下式表示：

$$I = I_0[1-\exp(qU/kT)]+I_L \tag{4.21.1}$$

式中，I_0 是无光照的反向饱和电流；U 是二极管的端电压（定义为正极电位减去负极电位，正向电压为正，反向电压为负）；q 为电子电荷；k 为玻尔兹曼常数；T 是结温（K）；I_L 是无偏压状态下光照时的短路电流，它与光照时的光功率成正比。式中的 I_0 和 I_L 均是反向电流，即从光电二极管负极流向正极的电流。

根据上式，光电二极管的伏安特性曲线如图 4.21.3 所示。图 4.21.2（a）所示的偏压工作状态光电二极管的工作点由负载线与图 4.21.3 第三象限的伏安特性曲线交点确定；图 4.21.2（b）所示的无偏压工作状态光电二极管的工作点由负载线与第四象限的伏安特性曲线交点确定。

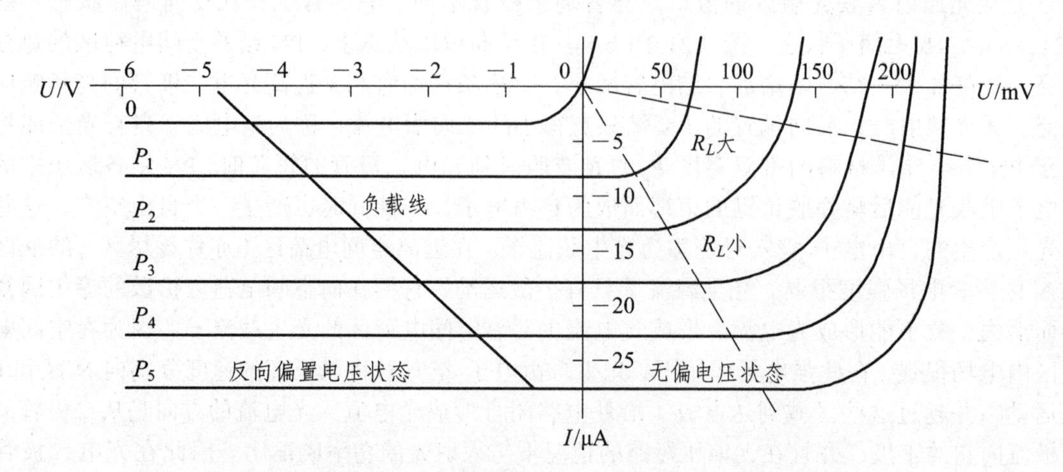

图 4.21.3　光电二极管的伏安特性曲线及工作点的确定

由图 4.21.3 可以看出：

（1）光电二极管即使在无偏压或反向偏压的工作状态下，也有反向电流流过，这与普通二极管只具有单向导电性相比有着本质的差别。

（2）反向偏压工作状态下，在外加电压 E 和负载电阻 R_L 的很大变化范围内，光电流与入照的光功率均具有很好的线性关系。无偏压工作状态下，只有 R_L 较小时光电流才与入照光功率成正比；R_L 增大时，光电流与光功率呈非线性关系。无偏压状态下，短路（U=0 时）电流 I_L 与入照光功率 P 的关系称为光电二极管的光电特性，I_L-P 坐标系中的斜率：

$$R \equiv \frac{\Delta I_L}{\Delta P}\ (\mu\mathrm{A}\cdot\mu\mathrm{W}^{-1}) \qquad (4.21.2)$$

斜率 R 为光电二极管的响应度，这是宏观上表征光电二极管光电转换效率的一个重要参数。

（3）当光电二极管处于开路时，光照产生的光生载流子不能形成闭合的光电流，它们只能在 PN 结空间电荷区的内电场作用下，分别堆积在 PN 结空间电荷区两侧的 N 层和 P 层内，产生外电场，此时光电二极管具有一定的开路电压。不同光照情况下的开路电压是伏安特性曲线与横坐标轴交点所对应的电压值。由图 4.21.3 可见，光电二极管的开路电压与入照光功率呈非线性关系。

（4）反向偏压状态下的光电二极管，在很大的范围内其光电流与偏压和负载电阻几乎无关，在入照光功率一定时可视为恒流源；而在无偏压工作状态下，光电二极管的光电流随负载电阻变化很大，此时它不具有恒流源性质，只起光电池作用。

（5）光电二极管的响应度 R 值与入照光波的波长有关。本实验中采用的硅光电二极管，其光谱响应波长在 0.4 ~ 1.1 μm，峰值响应波长在 0.8 ~ 0.9 μm 内。在峰值响应波长下，响应度 R 的典型值在 0.25 ~ 0.5 $\mu A \cdot \mu W^{-1}$ 内。

3. 光电二极管伏安特性的测定方法

（1）LED 电光特性的测定。

LED 是发光中心波长与被测光电二极管的峰值响应波长很接近的 GaAs 半导体发光二极管。在本实验作为光源使用，其光功率由称为尾纤的光导纤维输出。LED 的电光特性是指输出光功率与工作电流之间的关系，其测量电路如图 4.21.4 所示，光功率与工作电流可分别从光功率计和毫安表测出。

（2）光电二极管在第三象限内伏安特性的测定。

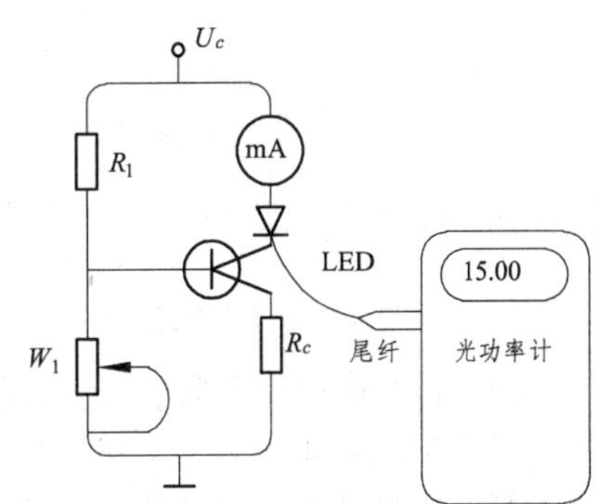

图 4.21.4　LED 电光特性的测定

如图 4.21.5 所示，由 IC1 为主构成的电路是一个电流-电压变换电路，它的作用是把流过光电二极管的反向光电流 I_0 转换成由 IC1 输出端 c 点的输出电压 U_0，它与光电流成正比。由于 IC1 的反相输入端具有很大的输入阻抗，光电二极管受光照时产生光电流几乎全部流过反馈电阻 R_f 并在其上产生电压降 $U_{cb} = R_f I$。另外，又因 IC1 具有很高的开环电压增益，反相输入端具有与同相输入端相同的零电位，故 IC1 的输出电压为

$$U_0 = R_f I \tag{4.21.3}$$

已知 R_f 后，测出 U_0 即可计算出相应的光电流 I。电压表读数 U 为光电二极管两端电压。图 4.21.5 中，当 W_2 滑动点到最右边时，U=0，SPD 处于短路状态，短路电流与光功率的关系即为 SPD 光电特性。

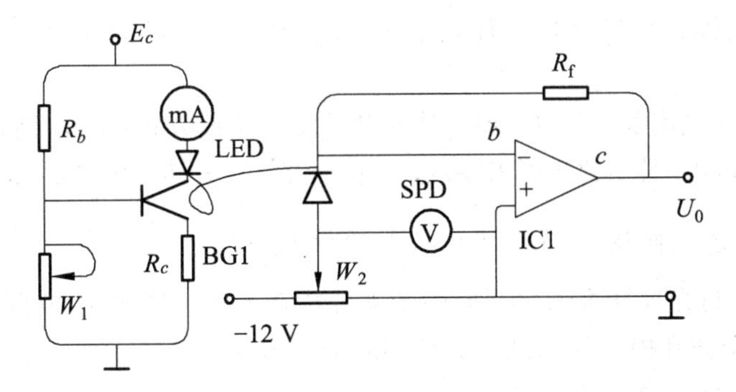

图 4.21.5　光电二极管第三象限伏安特性的测定

（3）光电二极管第四象限伏安特性测定。

如图 4.21.6 所示，在测完一条第三象限的伏安特性曲线后，保持 LED 驱动电流不变，调节电阻箱，改变光电二极管的负载电阻 R_L，使它的端电压从 0 逐渐增加，记录下相应的 R_L 值

和 IC2 的输出电压 U_0，则可由关系式 $I = U_0 / R_L$ 算出相应的光电流 I，U_0 也为光电二极管两端电压。

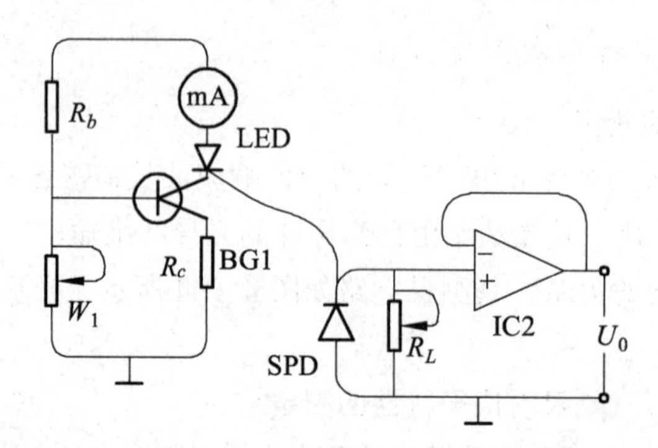

图 4.21.6　光电二极管第四象限伏安特性曲线的测定

【实验内容与步骤】

1. 光源器件（LED）电光特性的测定

（1）将两电阻箱串联后接在仪器左下“外接电阻箱”两插孔上，保障数字仪表读数稳定。

（2）把两端带拾音（耳机）插头的电缆线的一端插入仪器前面板上“LED 插孔”内，另一端插入光纤绕纤盘上相应插孔内。

（3）把光电二极管的两个引出脚插入“数字仪表输入插孔”中，与此同时“数显切换”开关拨至左侧，把光电探头插入光纤绕纤盘上引出光导纤维输出端面的同轴插孔中。

（4）打开仪器电源开关，把“LED 电流调节”旋钮转至左极限位置，使直流毫安表读数为零，观察光功率计示值是否为零，若不为零，记为零差。如此，实际值应为数显值与零差之差。

（5）向右转动“LED 电流调节”旋钮，使毫安表指示为 30 mA 左右，观察光功率计读数。把光电探头绕同轴插孔的轴线慢慢转动，使光功率计读数尽量接近最大值（即光导纤维与 SPD 间的光耦合尽量接近最佳状态），并在整个实验过程中注意保持这一耦合状态不变。

（6）调节“LED 电流调节”电位器，从 0 开始（记录光功率零差），逐渐增大 LED 的工作电流并记录相应的光功率计示值（消去零差，以μW 为单位），把数据填入表 4.21.1 中。

2. 光电二极管反向伏安特性（U<0）的测试

（1）保持 SPD 与光导纤维输出端面的光耦合状态不变，把 SPD 的两个引脚插入仪器面板上“SPD”的两个插孔内（注意红、黑色的对应关系）。

（2）把“数显切换”开关拨至右侧。

（3）把“特性测试切换”开关拨至右侧并用带香蕉插头的导线把数字仪表的正极接至反向特性测试电路中带“V_0”标记的 I-U 变换电路的输出端。

（4）将“LED 电流调节”和“反压调节”逆时针旋到头（实现 P=0 和 SPD 短路），数字仪表读数记为 U_0 的零差。

（5）转动“反压调节”电位器使直流电压指示从大开始缓慢下降，每下降 2 V 读取一次数字毫伏表的读数，直到 0 V 为止。

（6）将数字仪表的正极插头移去，将 SPD 红头接数字仪表的正极，将光功率调至 5.0 μW（消去光功率零差），然后将插头和 SPD 接回原位，重复步骤（5）。

（7）同理完成光功率 10.0 μW 和 15.0 μW 的相关数据测量。

3. 光电二极管光电特性（$U=0$）的测试

（1）保持 SPD 与光导纤维输出端面的光耦合状态不变，把 SPD 的两个引脚插入仪器面板上“SPD”的两个插孔内（注意红、黑色的对应关系）。

（2）把“数显切换”开关拨至右侧。

（3）把“特性测试切换”开关拨至右侧并用带香蕉插头的导线把数字仪表的正极接至反向特性测试电路中带“V_0”标记的 I-U 变换电路的输出端。

（4）将“LED 电流调节”和“反压调节”逆时针旋到头（实现 P=0 和 SPD 短路），数字仪表读数记为 U_0 的零差。

（5）将数字仪表的正极插头移去，将 SPD 红头接数字仪表的正极，将“数显切换”开关拨至左侧，将光功率调至 5.0 μW（消去光功率零差），然后将插头和 SPD 及开关接回原位，记录数字仪表读数。

（6）重复步骤（5），完成光功率为 10.0 μW、15.0 μW 和 20.0 μW 的数据测量。

4. 光电二极管正向伏安特性（$U>0$）的测试

（1）保持 SPD 与光导纤维输出端面的光耦合状态不变，把 SPD 的两个引脚插入仪器面板上“SPD”的两个插孔内（注意红、黑色的对应关系）。

（2）把“数显切换”开关拨至右侧。

（3）把“特性测试切换”开关拨至左侧并用带香蕉插头的导线把数字仪表的正极接至正向特性测试电路中带“V_0”标记的 I-U 变换电路的输出端。

（4）将仪器后面板左下方倍率开关向下，将电阻箱调零，数字仪表读数记为 U_0 的零差。

（5）将数字仪表的正极插头移去，将 SPD 红头接数字仪表的正极，将“数显切换”开关拨至左侧，将光功率调至 5.0 μW（消去光功率零差），然后将插头和 SPD 及开关接回原位。此时，SPD 上电流应为 P=5.0 μW 时的短路电流，SPD 的端电压为 0。

（6）保持电阻箱低三位数为零，调节电阻箱，使 SPD 电压每增加 50 mV 记录一次直到不能操作。调节技巧为：调高位时，所有低位数为零；先调万位，数字确定后，调千位，千位数字确定后调百位数字。

（7）将两电阻箱阻值调为 99.9 kΩ，用数字仪表读数计算 SPD 电压。

（8）将电阻箱插头移除，用数字仪表读数计算 SPD 电压，此即为开路电压，此时 SPD 上电流为零。

（9）同理完成光功率 10.0 μW 和 15.0 μW 的相关数据测量。

注意：在测试 SPD 的反向伏安特性时，当入照光功率和反偏电压均为 0 时，光电流也应为 0，此时 I-U 变换电路的输出电压也应为 0；在测试 SPD 的正向伏安特性时，当 SPD 处于短路状态下（即外接电阻箱的阻值为 0 时），无论有无入照光功率，其端电压也应为 0。在实际测量中，若以上两种情况数字毫伏表的示值不为 0，则需记录和处理零差。

【数据记录与处理】

1. LED 电光特性的测定（表 4.21.1）

表 4.21.1　LED 电光特性的测定数据记录

光功率零差：

I/mA										
P/μW										

2. 光电二极管反向伏安特性的测试（表 4.21.2～表 4.21.5）

U_0的零差：

表 4.21.2　光电二极管反向伏安特性测试数据记录（一）

$P=$ 　　μW，$R_f=$ 　　，$I=\frac{U_0}{R_f}$

U/V	−8.0	−6.0	−4.0	−2.0	0
U_0/mV					
I/μA					

表 4.21.3　光电二极管反向伏安特性测试数据记录（二）

$P=$ 　　μW，$R_f=$ 　　，$I=\frac{U_0}{R_f}$

U/V	8	6	4	2	0
U_0/mV					
I/μA					

表 4.21.4　光电二极管反向伏安特性测试数据记录（三）

$P=$ 　　μW，$R_f=$ 　　，$I=\frac{U_0}{R_f}$

U/V	8	6	4	2	0
U_0/mV					
I/μA					

表 4.21.5　光电二极管反向伏安特性测试数据记录（四）

$P=$　　　μW，$R_f=$　　　　　，$I=\dfrac{U_0}{R_f}$

U/V	8	6	4	2	0
U_0/mV					
I/ μA					

3. 光电二极管正向伏安特性的测试（表 4.21.6～表 4.21.8）

U_0的零差：

表 4.21.6　光电二极管正向伏安特性测试数据记录（一）

$P=$　　　μW，$U_0=\left|\text{仪表读数}-U_0\text{ 的零差}\right|\times 5$，$I=\dfrac{U_0}{R_L}$

U_0/mV										
R_L/kΩ										
I/ μA										

表 4.21.7　光电二极管正向伏安特性测试数据记录（二）

$P=$　　　μW，$U_0=\left|\text{仪表读数}-U_0\text{ 的零差}\right|\times 5$，$I=\dfrac{U_0}{R_L}$

U_0/mV										
R_L/kΩ										
I/ μA										

表 4.21.8　光电二极管正向伏安特性测试数据记录（三）

$P=$　　　μW，$U_0=\left|\text{仪表读数}-U_0\text{ 的零差}\right|\times 5$，$I=\dfrac{U_0}{R_L}$

U_0/mV										
R_L/kΩ										
I/ μA										

4. 光电二极管光电特性的测试（表 4.21.9）

U_0的零差：

表 4.21.9　光电二极管光电特性测试数据记录

$U=0\ \text{V}$，$R_f=$　　　　　，$I_L=\dfrac{U_0}{R_f}$

$P/\mu\text{W}$					
U_0/mV					
$I_L/\mu\text{A}$					

数据处理要求：

（1）绘制 LED 的电光特性曲线。

（2）绘制光电二极管在第三、四象限内的伏安特性曲线。

（3）绘制光电特性曲线，用图解法或最小二乘法测出被测光电二极管在峰值波长下的响应度 R 值。

实验 22　光导纤维中光速测定

【实验目的】

（1）了解光纤长度测试仪的结构原理。
（2）了解数字信号电光（光电）变换及再生原理。
（3）掌握光纤传输系统的工作原理。
（4）掌握光纤长度的测试方法、条件。
（5）掌握用数字示波器测试两信号的延时（相差）的方法、条件。
（6）掌握光纤中光速测定的基本原理。
（7）掌握光纤光速测定系统的调试技术。

【实验仪器】

OFE-c 型光纤传输及光电技术综合实验仪一套、数字示波器一台。

【实验原理】

光纤中光速测定是一个有趣的实验项目，通过该实验能使学生感受到光在介质中传播的真实物理过程和深刻了解介质折射率的物理意义。在光纤光速测量系统中，对被测光波通常采用正弦信号对光强进行调制。在该情况下，为了测量调制光信号通过一定长度的光纤后引起的相位差，必须采用由模拟乘法电路及低通滤波器组成的相位检测器，这种相位检测电路的输出电压不仅与两路输入信号的相位差有关，而且还与两路输入信号的幅值有关。这里提出了一种采用方波调制信号，应用具有异或逻辑功能的门电路进行相差测量，由这种电路组成的相位检测器结构简单、工作可靠、相位–电压特性稳定。在光纤折射率 n_1 已知（或近似为 1.5）的情况下，利用这种方法还可测定光纤长度。

1. 光导纤维中光速的理论值

根据理论分析，光导纤维中光速的表达式可近似为

$$v_z = \frac{c}{n_1} \tag{4.22.1}$$

式中，c 是光波在自由空间中的传播速度。

2. 光导纤维中光速的实验测定

（1）测试原理。

图 4.22.1 是测定光导纤维中光速的实验装置方框结构图，图中各部分的功能分别为：

时钟信号源：由高电平“1”和低电平“0”构成的周期信号；

LD：激光二极管，把电信号转换为光信号；

光纤：传输光信号；

PIN：光电二极管，把光信号转换为电信号，可制作成光功率计；

再生电路：把光电二极管转换出的电信号还原为与时钟信号源同周期的时钟信号，本实验通过调节“再生调节”旋钮实现；

数字示波器：观察再生信号的波形，与“再生调节”旋钮配合，使再生信号与时钟信号源的时钟信号同周期，测量这两种信号的延时（或相位）；

光纤长度测量仪：图 4.22.1 也是光纤长度仪的方框结构图，与示波器配合使用。当示波器上可以准确测量系统延时（相位）时，由其读数装置读取光纤长度的相对值。

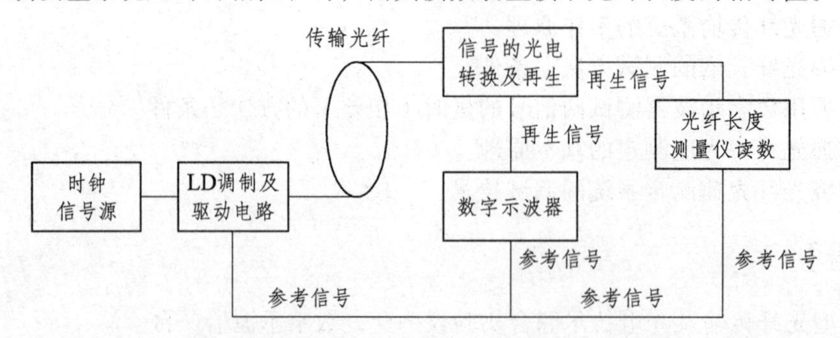

图 4.22.1　测定光导纤维中光速实验装置方框图

图 4.22.1 中由调制信号源提供周期为 T、占空比为 50%的方波时钟信号对半导体激光二极管 LD 的发光光强进行调制，调制后的光信号经光导纤维、光电检测器件和信号再生电路再次变换成一个周期为 T、占空比为 50%的方波序列，但方波序列相对于调制信号源输出的原始方波序列有一定的延时，这一延时包括了 LD 驱动与调制电路和光电转换及信号再生电路引起的延时，也包含要测定的调制光信号在给定长度光纤中所经历的时间。实验中采用“双光纤比较法”。即：保持电路状态不变，分别测出信号通过光纤长度为 l_1、l_2 的系统延时 τ_1、τ_2，则有

$$v_z = \frac{l_1 - l_2}{\tau_1 - \tau_2} \tag{4.22.2}$$

（2）调制信号光电转换及再生电路工作原理。

光电转换及再生调节电路的任务就是把光纤信道输出的光信号（占空比为 50%）在接收端经过 PIN 光电二极管和再生电路（图 4.22.2）变换成占空比仍然是 50%的电信号。其工作原理如下：当方波调制信号为高电平时，传输光纤中无光，PIN 光电二极管无光电流流过，这时只要 R_c 和 R_{b2} 的阻值适当，晶体管 BG_2 就有足够大的基极电流 I_b 注入，使 BG_2 处于深度饱和状态，因此它的集电极和发射极之间的电压极低，即使经过后面的放大电路高倍放大后也会使反相器 IC_2 的输出电压维持在高电平状态。当方波信号为低电平时，发送端的 LD 发光，接收端 PIN 光电二极管有光电流 I_O 产生，它是从 PIN 光电二极管的负极流向正极，对 BG_2 的基极电流 I_b 具有拉电流作用，使 BG_2 的基极电流减小。由于 PIN 结电容、出脚连接线的线间电容以及 BG_2 基—射极间杂散电容的存在（在图 4.22.2 中用 C_a 表示以上三种电容的

总效应），使得 BG_2 基极电流的这一减小过程不是突变的，而是按某一时间常数的指数规律变化。随着 BG_2 基极电流的减小，BG_2 逐渐脱离深度饱和状态，向浅饱和状态和放大区过渡，其集电极—发射极间的电压 U_{ce} 也开始按指数规律逐渐上升，由于后面的放大器放大倍数很高，故还未等到 U_{ce} 上升到其渐近值，放大器输出电压就达到使反相器 IC_2 状态翻转的电压值，这时 IC_2 输出端为低电平。在方波信号的下一个高电平到来时，接收端的 PIN 光电二极管无光电流，BG_2 的基极电流 I_b 又按指数规律逐渐增加，因而使 BG_2 原本按指数规律上升的 U_{ce} 在达到某一值时就停止上升，并在以后按指数规律下降；U_{ce} 下降到某一值后，IC_2 由低电平翻转成高电平。适当调节发送端 LD 的工作电流（即改变 LD 发光强度）和接收端 PIN 无光照射时 BG_2 的饱和深度，就能使光电检测和再生电路输出的方波序列占空比为 50%。

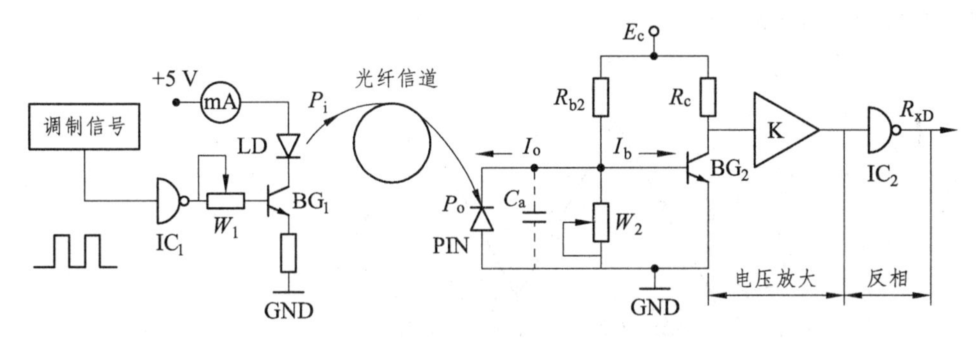

图 4.22.2 调制信号的电光转换及再生调节

（3）相移测量方法。

如果把发送端的参考信号和接收端的再生信号接到一个异或逻辑电路的两个输入端，则在 $0\sim\pi$ 的相移所对应的延时范围（即 $0\sim T/2$）内，该电路的输出波形就是一个周期为 $T/2$，但脉宽与以上两路信号的相对延时成正比的方波序列（图 4.22.3），这一方波序列的直流电平值 V_O 在 V_L 与 V_H 范围内就与以上两路输入信号的相对延时成正比关系。以上 V_L 是 $2n\pi$（$n=0$，1，2…）移相时异或门输出的低电平值，V_H 为 $(2n+1)\pi$（$n=0$，1，2，3…）相移时异或门输出的高电平值。用示波器可观察到异或逻辑电路占空比随延时变化的方波序列波形；用直流电压表可以测出这一方波序列的直流电平。

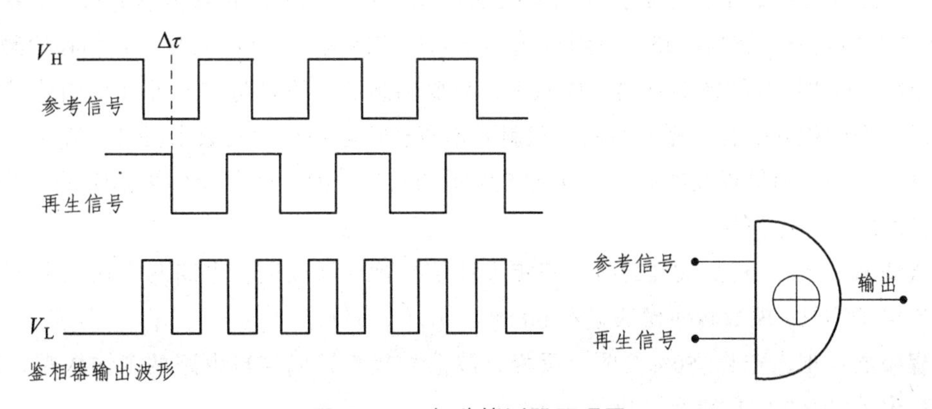

图 4.22.3 相移检测器原理图

利用异或逻辑电路检测电路的相移-电压特性曲线（图 4.22.4），在 0 ~ π的相移范围内相移检测电路输出的方波序列直流电平值 V_O 与输入信号之间相移 $\Delta\varphi$ 的关系为

$$\Delta\varphi = (V_O - V_L)\ \pi/(V_H - V_L) \tag{4.22.3}$$

对应的延时关系为

$$\Delta\tau = (T/2)\cdot(V_O - V_L)/(V_H - V_L) \tag{4.22.4}$$

其中，$\Delta\tau$ 为两路输入信号的相对延时；T 为调制信号的周期，该参数可用示波器测得。

根据图 4.22.2 测量系统获得的实验数据，利用式（4.22.4）即可计算出调制光信号在光导纤维中传输时所经历的时间。

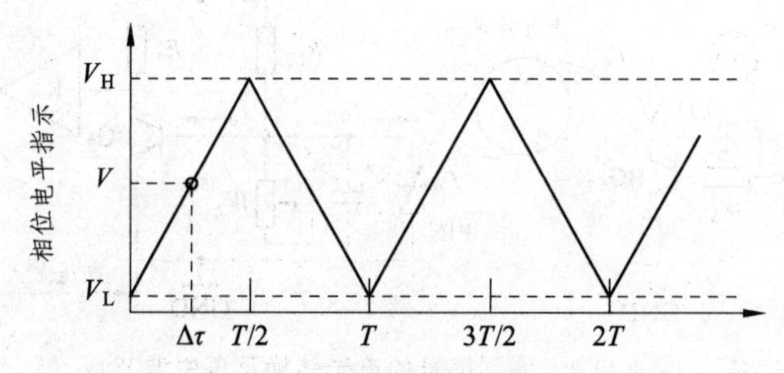

图 4.22.4　相位检测电路的相移-电压特性曲线

由上述可知，异或逻辑电路在图 4.22.3 所示的应用中是一种相移传感器，在 0 ~ π 的相移范围内，其传感特性为

$$V_O = V_L + (V_H - V_L)\Delta\varphi/\pi \tag{4.22.5}$$

若用“度”表示相移的计量单位，式（4.22.5）可写为

$$V_O = V_L + (V_H - V_L)\Delta\varphi/180^\circ \tag{4.22.6}$$

为了实现相移的数字化测量，如图 4.22.5 所示，在异或逻辑相移传感电路后面接一个 3 位半 7107 双斜式模数转换电路，就组成了一个测量范围为 0 ~ 180°的数字式相移检测电路。根据 7107 双斜式模数转换电路的工作原理，只要调制信号的周期 T 远小于双斜式模数转换电路测量过程中积分电容的充电时间，双斜式模数转换电路显示的数字就与（$V_O - V_L$）成正比。经过零点调节和量程校准后，图 4.22.5 所示的相移检测器就可投入实际应用。零点调节和量程校准的具体操作如下：

零点调节：把占空比 50%的两个**同相**方波信号接入异或逻辑电路两个输入端，调节图 4.22.5 中 W_1 使 7107 模数转换模块显示 000.0。

量程校准：把占空比 50%的两个**反相**方波信号接入异或逻辑电路两个输入端，调节图 4.22.5 中 W_5 使 7107 模数转换模块显示 180.0。

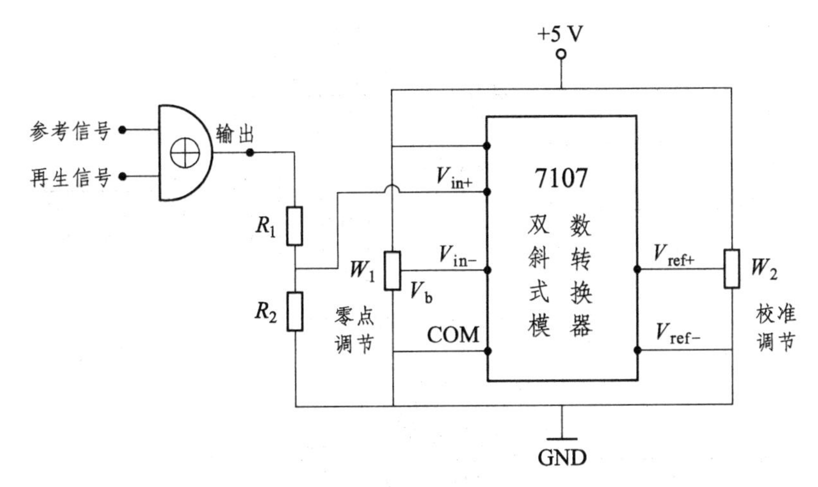

图 4.22.5　异或逻辑数字式相移计的原理图

在图 4.22.2 所示的测量系统中，用图 4.22.5 所示的数字相移式相移计测得再生信号与参考信号的相移 $\Delta\varphi$ 后，由以下关系就可算出两者的相对延时 $\Delta\tau$：

$$\Delta\tau = (T/2)\cdot(\Delta\varphi/180°) \tag{4.22.7}$$

以上延时也包含电路延时。为了消除电路延时对测量结果的影响，先用一长为 L_1 的长光纤接入测量系统，测得相移检测器输出的读数为 $\Delta\varphi_1$，然后用长为 L_2 的短光纤代替长光纤，并在保持测量系统电路参数不变的状态下（也即保证两种测量状态下，电路延时一样），测得相移检测电路输出的读数为 $\Delta\varphi_2$，则调制信号在（$L_1 - L_2$）长的光纤中所经历的时间等于

$$\Delta\tau = (\Delta\varphi_1 - \Delta\varphi_2)\cdot T/360° \tag{4.22.8}$$

对应的传播速度为

$$v_z = (L_1 - L_2)/\Delta\tau \tag{4.22.9}$$

由于调制信号在光纤中传输时所经历的时间与光纤长度成正比，只要这一时间加上测量系统的电路延时不超过调制信号的半周期（$T/2$），图 4.22.5 所示的相移测量电路按以下方式进行调零和量程校准后就是一个光纤长度测量仪。

零点调节：按图 4.22.6 连接测量系统，其中“数字式光纤长度测量仪”的电路结构与图 4.22.5 所示的双斜式模数转换电路结构相同。完成光电转换信号再生调节后，调节图 4.22.5 中的 W_1 使 7107 模数转换模块显示 0000。

量程校准：如图 4.22.7 所示，把长度为 200 m 的标准光纤接入测量系统，在电路延时不变的条件下完成光电转换信号再生调节后，调节图 4.22.5 中的 W_2 使 7107 模数转换模块显示 0200。

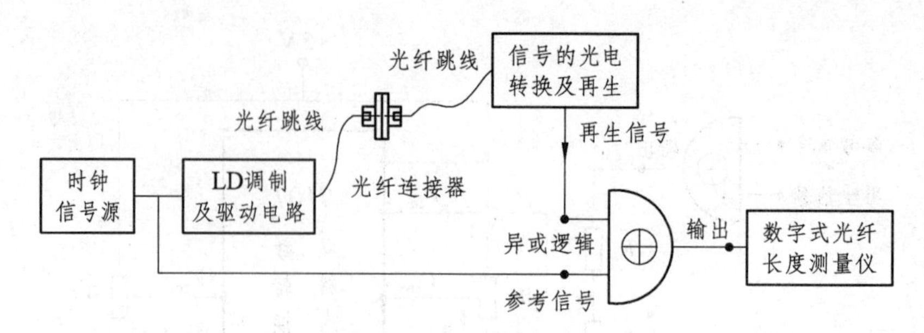

图 4.22.6　数字式光纤长度测量仪的零点调节

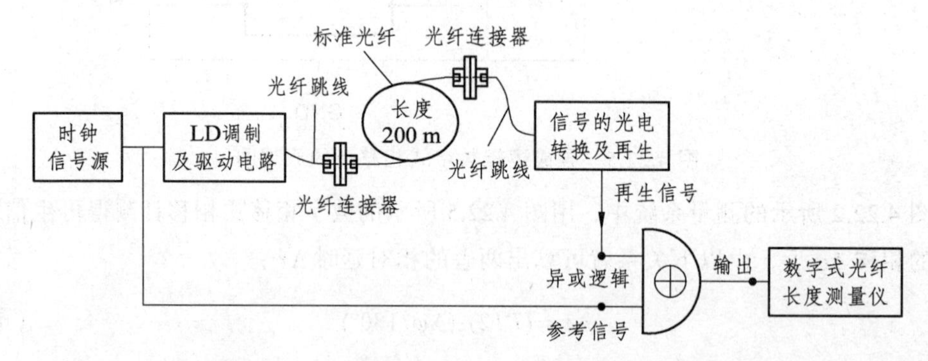

图 4.22.7　数字式光纤长度测量仪的校准调节

经过以上调节,由异或逻辑电路和 7107 双斜式模数转换电路就组成了一个光纤长度测量仪，测量范围为 0 ~ 2 000 m。因为“**零点调节**”与测量系统的电路延时有关，使用时需在测量现场调节。“**校准调节**”只与标准光纤的长度和调制信号的周期有关,仪器出厂时已调节好,使用时无须再调。

在上述测量过程中，必须把双踪示波器的 CH1 和 CH2 输入通道接到异或逻辑电路两个输入端。CH1 接“**参考信号**”端，CH2 接“再生信号”端。

【实验内容与步骤】

（1）熟悉数字示波器的使用，掌握“varible”“zoom”的作用及调节方法，添加测量通道为 CH2 的相关待测量（周期、正负占空比、相位、延时）。

（2）分别接通长、短光纤传输系统，分别测出最小和最大光功率（若大于 700 μW，计为 700 μW），找出重叠区间，计算中点值。

（3）接短光纤系统，将光功率调到中点值。

（4）将参考信号接入示波器 CH2，调示波器使图形稳定，测量周期、占空比，记录数据。

（5）将参考信号接入示波器 CH1 和光纤长度测试仪参考信号端，再生信号接入示波器 CH2 和光纤长度测试仪被测信号端。

（6）PIN 切换开关向右，接通再生电路。

（7）调节再生调节旋钮，使再生信号波形与参考信号波形一致（$T = 8$ μs，正、负占空比数值对应），调光纤长度测试仪的“零点调节”，记录数据。

（8）换接光纤，只调 W_1 旋钮，使再生信号波形与参考信号一致，记录数据。

【数据记录与处理】

（1）测量参考信号。

周期 $T=$　　　　　　　　正占空比 $+D_{\mathrm{ut}}=$　　　　　　　　负占空比 $-D_{\mathrm{ut}}=$

（2）实验光功率选择。

长光纤系统光功率可调区间：

短光纤系统光功率可调区间：

以上两区间的重叠区间：

重叠区间的中点光功率：

（3）测量光纤长度及系统延时（FRFR）和相差（Phas）（表 4.22.1）。

表 4.22.1　数据表格

待测量	长度/m	$+D_{\mathrm{ut}}$	$-D_{\mathrm{ut}}$	Phas/（°）	FRFR/μs
短光纤					
长光纤					

$t_1=$　　　　　　　　$t_2=$

$\varphi_1=$　　　　　　　　$\varphi_2=$

$L_2-L_1=$　　　　　　　　$T=$

$U_{t_1}-U_{t_2}=0.01\ \mu\mathrm{s}$　　　　　　　　$U_{\varphi_1}-U_{\varphi_2}=0.01°$

$$U_{(L_2-L_1)}=1\ \mathrm{m}$$

数据处理公式参考：

光纤折射率 1.5，故光纤中光速参考值为 2×10^8 m/s。

$$v_{z_1}=\frac{L_2-L_1}{t_2-t_1} \qquad \frac{\partial v_{z_1}}{\partial(L_2-L_1)}=\frac{1}{t_2-t_1}$$

$$\frac{\partial v_{z_1}}{\partial t_2}=-\frac{L_2-L_1}{(t_2-t_1)^2} \qquad \frac{\partial v_{z_1}}{\partial t_1}=\frac{L_2-L_1}{(t_2-t_1)^2}$$

$$U_{v_{z1}}=\sqrt{\left(\frac{\partial v_{z_1}}{\partial(L_2-L_1)}U_{(L_2-L_1)}\right)^2+\left(\frac{\partial v_{z_1}}{\partial t_1}U_{t_1}\right)^2+\left(\frac{\partial v_{z_1}}{\partial t_2}U_{t_2}\right)^2}$$

$$v_{z_2}=\frac{L_2-L_1}{t_2-t_1}=\frac{360°(L_2-L_1)}{T(\varphi_2-\varphi_1)} \qquad \frac{\partial v_{z_2}}{\partial(L_2-L_1)}=\frac{360°}{T(\varphi_2-\varphi_1)}$$

$$\frac{\partial v_{z_2}}{\partial \varphi_2}=-\frac{360°(L_2-L_1)}{T(\varphi_2-\varphi_1)^2} \qquad \frac{\partial v_{z_2}}{\partial \varphi_1}=\frac{360°(L_2-L_1)}{T(\varphi_2-\varphi_1)^2}$$

$$U_{v_{z_2}}=\sqrt{\left(\frac{\partial v_{z_2}}{\partial(L_2-L_1)}U_{(L_2-L_1)}\right)^2+\left(\frac{\partial v_{z_2}}{\partial\varphi_1}U_{\varphi_1}\right)^2+\left(\frac{\partial v_{z_2}}{\partial\varphi_2}U_{\varphi_2}\right)^2}$$

数据处理要求：

（1）要求用延迟法和相差法分别处理数据。

（2）计算所有一阶偏导数大小。

（3）U_{v_z} 保留一位有效数字，用不足进位规则，以 10^8 为数量级。

（4）v_z 以 10^8 为数量级，最后一位与 U_{v_z} 数位对齐，用“四舍六入五凑偶”规则。

（5）写出标准式，求出百分差。

【思考题】

（1）本实验中示波器测量延时（相差）、光纤长度测量仪测光纤相对长度的读数条件是什么？

（2）本实验中如何保证长、短光纤系统两次实验的电路状态相同？

（3）在满足读数条件下，光纤长度测量仪测得的长、短光纤长度相对值的差值是什么长度？

实验 23　激光全息摄影实验

【实验目的】

（1）理解激光全息摄影的原理。
（2）掌握激光全息摄影的拍摄方法。
（3）熟练再现全息图虚像，并总结全息照相的特点。

【实验仪器】

He-Ne Laser：氦氖激光器；M_1、M_2：全反射镜、分束镜；L_1、L_2：扩束镜（40×）；D：被拍摄物；H：全息干板。

白屏、干板架、载物台、尺子、曝光定时器、光强测定仪、暗室设备（显影液、定影液、安全灯、盘子及流水冲洗设施）等。

【实验原理】

任何物体表面所发出的光波，都可以看成是由其表面上各物点所发出元光波的总和，其中振幅和相位为光波的两个主要特征。普通照相过程中，感光材料只记录了光波的振幅（强度），而失去了光波的另一个主要因素——相位。所以普通照相不能完全反映拍摄物的真实面貌，只能呈现一个平面图像而失去了立体感。由激光发展起来的全息照相，既能记录光波的振幅信息，又能记录光波的相位信息。因此，全息照具有立体感。

全息技术从根本上讲，可归结为八个字："干涉记录，衍射再现"。全息照相的关键是引入了一束参考光波，和从物体表面漫反射来的物光波在全息干板处干涉，把物光波携带的全部信息——强度和相位——"冻结"在全息干板上，以干涉条纹的形式记录下来。利用干涉现象把每个物点的振幅和相位信息转换成强度的函数，形成干涉图样。经过显影、定影等暗室处理，干涉图样就留在干板上，这就是三维全息照片。干涉图样的亮暗对比度及反衬度反映了物光波振幅的大小及强度因子；条纹的形状、间隔等几何特征反映了物光波的相位分布。综上所述，全息照相与普通照相的根本区别有两点：① 普通照相只记录了物光波的振幅（强度）信息而失去了相位信息，全息照相记录了物光波的全部信息；② 普通照相记录的是光波通过透镜所成的像，而全息照相是以干涉条纹的形式直接记录物光波的本身。

把得到的全息照片用原参考光照射，就可得到清晰的原物体的像，这个过程称为全息图再现。再现过程中，全息图将再现光衍射而产生表征原始物光波前特性的所有光学现象。即使原来的物体被拿走，它仍可以形成原来物体的像。

1. 全息照相的基本特点

（1）全息照相最显著的特点是其能够形成三维图像。

在观察全息照片时，如果观察者的头部上下、左右摆动，就可看到物体的不同侧面，整个图像非常逼真。

（2）全息图具有可分割性。

一张全息图即使被打碎成若干小碎片，用其中任一小碎片仍可重现出被拍摄物体的完整图像。这是因为全息照片上每一点都受到被拍摄物体各部位发出的光的作用，所以其上每一点都记录了整个物体的全部信息。不过当碎片太小时，重现图像的亮度和分辨率会随之降低。

（3）照相可进行多重记录。

在同一张全息底片上可对不同的物体记录多个全息图像，每记录一次后只需改变一下参考光的入射角即可。

（4）全息图可同时得到实像和虚像。

2. 全息图的类型

全息图根据参考光与物光波主光线是否同轴可以分为同轴全息图和离轴全息图。离轴全息术是常用的方法。全息图按结构和观察方式可以分为透射全息图和反射全息图。透射全息图是指拍摄时物光与参考光从全息底片的同一侧射来；而反射全息图是指在拍摄时物光与参考光分别从全息底片的两侧射来。当被照明再现时，对透射全息图，观察者与照明光源分别在全息图的两边；而对反射全息图，观察者与照明光源则在同一侧。

3. 实验光路

如图 4.23.1 所示，激光束经过分束镜后分成两束光：一束光经 M_1 反射再被透镜 L_1 扩束后均匀地照射在被摄物 D 的整个表面上，并使拍摄物表面漫射的光波（物光）能射到全息干板 H 上；另一束光（称为参考光）经反射镜 M_2 和扩束镜 L_2 后，直接投射到全息干板 H 上。当参考光和物光在全息干板 H 上相遇时，叠加形成干涉条纹被 H 记录。

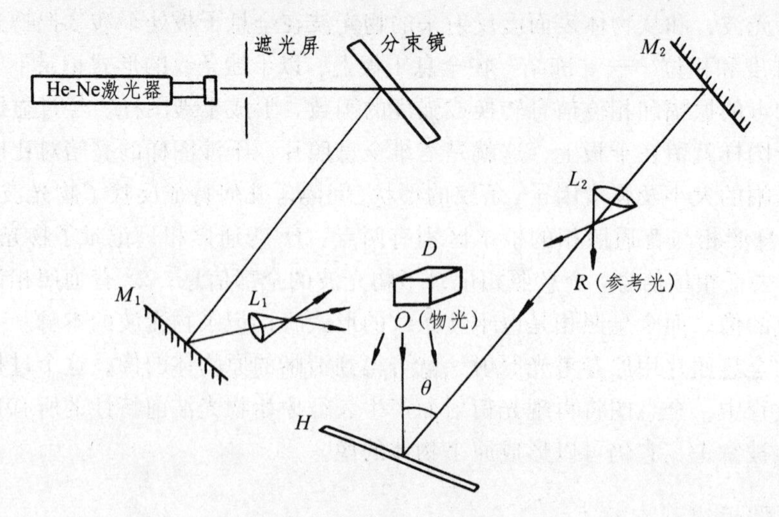

图 4.23.1　拍摄全息照片的光路

4. 全息图观察方法

（1）虚像的观察方法。

如图 4.23.2 所示，把拍摄好的三维全息图放回光路中全息干板的位置，挡住物光，用原来的参考光照射全息图，眼睛置于图中 A 处，透过全息图在原来的位置 O 处可看到物体的虚像，它和原物体完全相同，就像拍摄物没有拿走一样。

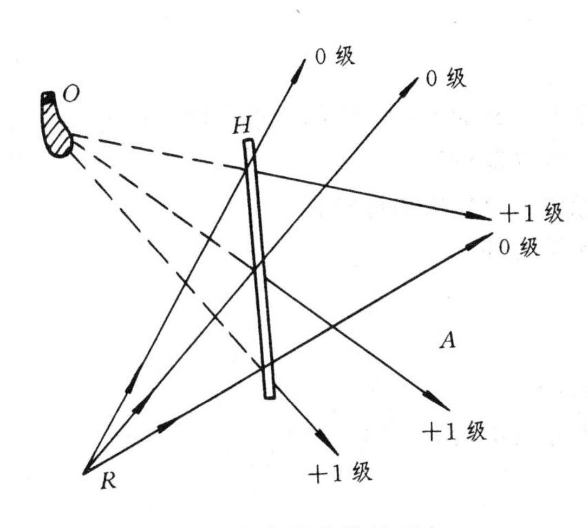

图 4.23.2　全息图虚像的观察

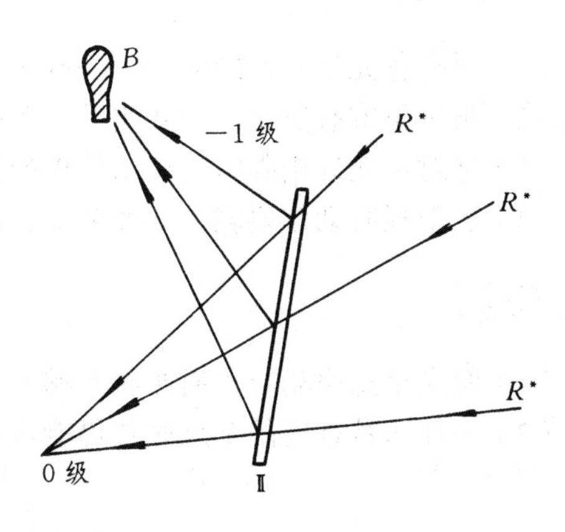

图 4.23.3　全息图实像的观察

（2）实像的观察方法。

如图 4.23.3 所示，用原参考光的共轭波 R^*照射全息图，手持一块毛玻璃在实像的位置 B 附近来回移动可接收到实像，眼睛聚焦到毛玻璃处，拿走毛玻璃，即可看见实像悬浮于干板之外的某处。

【实验内容与步骤】

（1）在全息平台上按实验光路图摆好各光学元件，应特别注意以下几点：

① 在干板平面处，物光、参考光的光强比可在 1∶1～1∶10 选择，可根据物体表面漫反射的情况来定，一般选 1∶3、1∶5 左右为宜，可用光强测定仪在干板位置处测量。若无光强测定仪，则用白屏或毛玻璃屏放在干板位置处用眼睛目测。

② 用卷尺和细线测量物光与参考光的光程时，要求两光程相等。

③ 调节物光与参考光汇聚于干板的夹角，干板法线与参考光束夹角取 40°～60°，与物光夹角取 30°～45°。

④ 照明被拍摄物的光应将物体均匀照亮，调节物体方位使物体漫反射光的最强部分均匀地落在干板上，参考光应均匀照明并覆盖整个干板。物光波和参考光波在干板上要重合好（先用白屏调节）。

（2）关闭曝光定时器的光开关，将全息干板放入干板架上，干板的药膜面（粗糙面为药膜面）应面向被拍摄物。根据干板处物光、参考光的强度选择合适的曝光时间（一般在数秒到数十秒之间）。稳定 1～2 min 后用曝光定时器控制光开关曝光。

（3）将曝光后的全息干板在暗室中进行常规的显影、定影、水洗、干燥等处理。显影时间在 1 min 左右，以在暗室中看到干板显现黑色为宜。定影时间 3 ~ 4 min，然后取出用水洗 1 ~ 3 min（注意不能开大水龙头冲洗以免药膜脱落）。

（4）将冲洗好的全息干板晾干或烘干后放在原光路的干板架上，拿走被拍摄物体，挡住物光，用原参考光照射全息图，在原来放置被拍摄物的地方，可以看到物体的虚像。

【注意事项】

（1）保持各光学元件的清洁，否则全息图上会叠加油污薄膜的衍射花样。如果反射镜或扩束镜等被污染或有灰尘，切勿用手、手帕、纸等擦拭！

（2）绝对不允许用眼睛直视未扩束的激光束，以免损伤视网膜。

（3）装干板时动作要轻，不要触动其他光学元件。

【思考题】

（1）激光全息照相与普通照相有哪些区别？

（2）为什么被打碎的全息底片仍能再现出原被摄物的全部形象？

实验 24　热敏电阻的应用

传感器是一种检测装置，能接收到被测量的信息，并能将接收到的信息，按一定规律转换为电信号或其他形式输出，以满足信息的传输、处理、存储、显示、记录和控制等要求。根据传感器的不同功能，传感器可分为热敏元件、光敏元件、气敏元件、力敏元件、磁敏元件、湿敏元件、声敏元件、放射线敏感元件、色敏元件和味敏元件等。在现代工业生产尤其是自动化生产过程中，使用各类传感器监视和控制生产过程中的各类参数，使设备处于正常或最佳状态。因此可以说，没有优良的传感器，现代化工业生产也就失去了基础。本实验通过**以热敏电阻为热探头**的温度传感器应用让学生对传感器在信息采集、处理等环节形成初步的认识。

【实验目的】

（1）掌握测定负温度系数热敏电阻的电阻-温度特性，并利用直线拟合的数据处理方法，求其材料常量。

（2）掌握 TS-B4 型温度传感器的实验技术。

（3）掌握 TS-B4 型温度传感器电压-温度特性的测量方法。

（4）理解以热敏电阻为检测元件的温度传感器的电路结构及电路参数的选择原则。

（5）理解运用线性电路和运放电路理论分析温度传感器电压-温度特性及非线性误差的基本方法。

【实验仪器】

TS-B4 型温度传感技术综合实验仪、电磁恒温搅拌器、温度计（0 ~ 100 °C）、烧杯、负温度系数半导体热敏电阻、数字万用表、PC、电阻箱、导线等。

【实验原理】

1. 半导体热敏电阻

负温度系数热敏电阻，又称为 NTC 热敏电阻，其电阻值随温度增大而减小的传感器电阻，该类电阻作为温度传感器、可复式保险丝以及自动调节的加热器等核心部件广泛应用于温度测量和温度控制领域。负温度系数热敏电阻大多数是由一些过渡金属氧化物（主要有 Mn、Co、Ni、Fe 等氧化物）在一定的烧结条件下形成的半导体金属氧化物作为基本材料制作而成的，具有 P 型半导体的特性。对于一般的半导体材料，电阻率随温度变化且主要依赖于载流子浓度，而迁移率随温度变化幅度可以忽略。但对上述过渡金属氧化物则有所不同，在室温范围内基本上已全部电离，即载流子浓度基本与温度无关，此时主要考虑迁移率和温度的关系。根据理论分析，这类热敏电阻的电阻-温度特性的数学表达式通常可以表示为：

$$R_t = R_k \mathrm{e}^{B_n\left(\frac{1}{T}-\frac{1}{273+k}\right)} \quad (4.24.1)$$

式中，k 表示当前的环境温度；R_t 表示温度为 t（以°C 为单位）时热敏电阻的阻值；T 的单位为 K，$T = 273\ \mathrm{K} + t$；B_n 为材料常量，其数值与热敏电阻时选用的材料和配方有关。

2. 温度-电压变换电路及电路参数的设计原理

电路结构如图 4.24.1（a）所示，由含热敏元件 R_t 的桥式输入电路及差分运放电路组成。当热敏元件 R_t 所在的环境温度变化时，差分放大器的输入信号及输出电压 U_0 均发生变化。传感器输出电压 U_0 随检测元件环境温度 t 的变化关系称温度传感器的电压-温度特性。为了定量分析这种温度-电压变换电路的温度-电压特性，可利用电路理论中的戴维南定理把图 4.24.1（a）所示的电路等效变换成图 4.24.1（b）所示的电路。

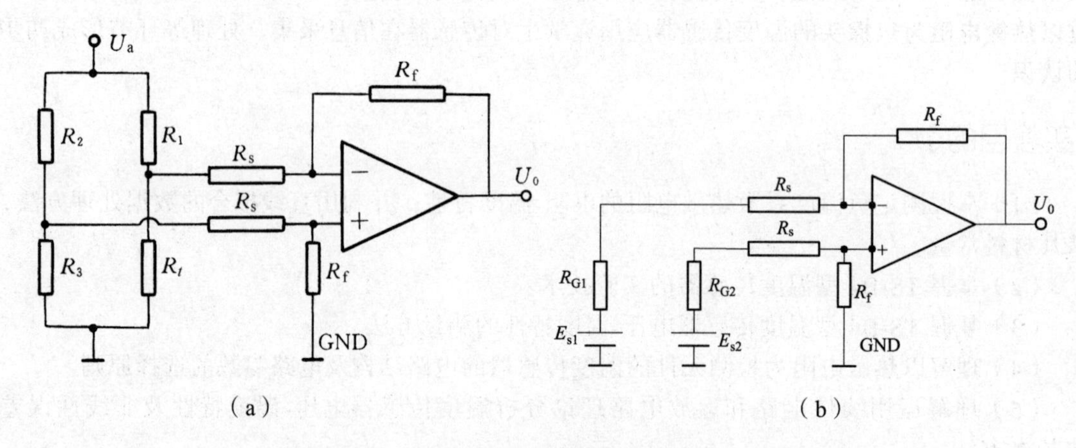

图 4.24.1　温度-电压变换电路及其等效电路图

在图 4.24.1（b）中，

$$R_{\mathrm{G1}} = \frac{R_1 \cdot R_t}{R_1 + R_t}，\ E_{\mathrm{s1}} = \frac{R_t}{R_1 + R_t} U_{\mathrm{a}} \quad (4.24.2)$$

均与温度有关；而 $R_{\mathrm{G2}} = \dfrac{R_2 \cdot R_3}{R_2 + R_3}$ 和 $E_{\mathrm{s2}} = \dfrac{R_3}{R_2 + R_3} U_{\mathrm{a}}$ 与温度无关。根据电路理论的叠加原理，差分运算放大器输出电压 U_0 可表示为

$$U_0 = U_{0-} + U_{0+} \quad (4.24.3)$$

式中，U_{0-} 和 U_{0+} 分别为图 4.24.1（b）所示电路中 E_{s1} 和 E_{s2} 单独作用时对输出电压的贡献。

由运算放大器的理论可知：

$$U_{0-} = -\frac{R_{\mathrm{f}}}{R_{\mathrm{s}} + R_{\mathrm{G1}}} E_{\mathrm{s1}}，\ U_{0+} = \left(\frac{R_{\mathrm{f}}}{R_{\mathrm{s}} + R_{\mathrm{G1}}} + 1\right) U_{\mathrm{i+}} \quad (4.24.4)$$

式中，$U_{\mathrm{i+}}$ 为 E_{s2} 单独作用时运放电路同相输入端的对地电压。

由于运放电路输入阻抗很大，故

$$U_{i+}=E_{s2}\cdot\frac{R_f}{R_s+R_{G2}+R_f} \tag{4.24.5}$$

把以上结果代入式（4.24.3），并经适当整理得

$$U_0=\frac{R_f}{R_{G1}+R_s}\left(\frac{R_{G1}+R_s+R_f}{R_{G2}+R_s+R_f}E_{s2}-E_{s1}\right) \tag{4.24.6}$$

由于式（4.24.6）中 R_{G1} 和 E_{s1} 与温度有关，所以该式为温度传感器的电压-温度特性的数学表达式。只要电路参数和热敏元件 R_t 的电阻-温度特性已知，式（4.24.5）的输出电压 U_0 与温度 t 的函数关系就完全确定。

3. 温度-电压特性的线性化和电路参数的选择

一般情况下，式（4.24.6）的函数关系是非线性的，但通过选择适当电路参数可以使这一关系和直线关系近似，该近似引起的误差与传感器的测温范围有关。设传感器的测温范围为 $t_1\sim t_3$ °C，则 $t_2=\frac{t_1+t_3}{2}$ 就是测温范围的中值温度。若对应 t_1、t_2 和 t_3 三个温度值，传感器的输出电压分别为 U_{01}、U_{02} 和 U_{03}。传感器温度-电压特性的线性化就是适当选择电路参数使（t_1，U_{01}）、（t_2，U_{02}）、（t_3，U_{03}）这三个测量点在温度-电压坐标系中落在通过原点的直线上，即要求

$$U_{01}=0\text{，}\ U_{02}=\frac{U_3}{2}\text{，}\ U_{03}=U_3 \tag{4.24.7}$$

在图 4.24.1（a）所示的传感器电路中需要确定的参数有 7 个，即 R_1、R_2、R_3、R_f 和 R_s 的阻值，电桥的电源电压 U_a 和传感器的最大输出电压 U_3，这些参数的选择和计算可按以下原则进行：

（1）温度为 t_1 °C 时，电路参数应使 $U_0=U_{01}=0$，这时电桥应工作于平衡状态，差分运放电路参数应处于对称状态，即要求 $R_1=R_2=R_3=R_{t_1}$（热敏电阻在 t_1 温度时的阻值），但为了充分利用成品电阻元件，通常选取 $R_2=R_3=R_A$，$R_1=R_{t_1}$，此处 R_A 为阻值最接近 R_{t_1} 的电阻元件的系列值。

（2）为了减小热敏电阻中流过电流引起的发热对测量结果的影响，U_a 不应使 R_t 中流过的电流超过 1 mA。

（3）传感器的最大输出电压 U_3 的值应与后面连接的显示仪表相匹配。例如：为了使测量仪表的指示与被测温度的数值一致，要求 U_3 在数值上与测温范围 t_3-t_1 的数值一致。

（4）两个电路参数 R_s 和 R_f 的值可按式（4.24.7）中的线性化条件后两个关系式确定，即

$$U_{03}=U_3=\frac{R_f}{R_{G13}+R_s}\left(\frac{R_{G13}+R_s+R_f}{R_{G2}+R_s+R_f}E_{s2}-E_{s13}\right) \quad (4.24.8)$$

$$U_{02}=\frac{U_3}{2}=\frac{R_f}{R_{G12}+R_s}\left(\frac{R_{G12}+R_s+R_f}{R_{G2}+R_s+R_f}E_{s2}-E_{s12}\right) \quad (4.24.9)$$

式中，R_{G1i}、E_{s1i}（i=1，2，3）是热敏电阻 R_t 所处环境温度为 t_1 时按式（4.24.2）计算得的 R_{G1} 和 E_{s1} 的值。

当电桥各桥臂阻值、电源电压 U_a 和热敏电阻的电阻-温度特性以及传感器最大输出电压 U_3 已知，式（4.24.8）和式（4.24.9）中除 R_s、R_f 外其余各量均有确定的数值。这样，只要联立求解式（4.24.8）和式（4.24.9）就可求出 R_s 和 R_f 的值。然而式（4.24.8）和式（4.24.9）是以 R_s 和 R_f 为未知数的二元二次方程组，其解很难用解析的方法求出，必须采用数值计算方法。

4. 确定 R_s 和 R_f 的数值计算方法

式（4.24.8）和式（4.24.9）每个方程在（R_s、R_f）直角坐标系中都对应一条二次曲线，两条二次曲线交点的坐标值即为这个联立方程组的解。该解可利用迭代法求得。为此，把式（4.24.8）和式（4.24.9）化成分别以 R_f 和 R_s 为未知数的一元二次方程式的标准形式：

$$AR_f^2+BR_f+C=0 \quad (4.24.10)$$

$$A'R_s^2+B'R_s+C'=0 \quad (4.24.11)$$

先令 $R_s=0$ 代入式（4.24.10），由式（4.24.10）求出一个 R_f 值，然后把这一 R_f 值代入式（4.24.9），并由式（4.24.9）求出一个新的 R_s 值，再代入式（4.24.10）……，如此反复迭代，直到在一定的精度范围内可认为相邻两次算出的 R_s 和 R_f 值相等为止。

5. 非线性误差的理论分析

热敏元件电阻-温度曲线和 U_a、U_3 及电路参数确定后，传感器由式（4.24.6）所表达的温度-电压特性的函数关系 $U_0(t)$ 就完全确定。虽然在电路参数的选择上保证了温度为 t_1、t_2 和 t_3 时对应的三个测量点在（t、U_0）平面上落在通过原点的同一直线上，但在整个测温范围内，式（4.24.6）所表达的温度-电压特性不是一条直线，而是一条如图 4.24.2 所示的“S”形曲线。

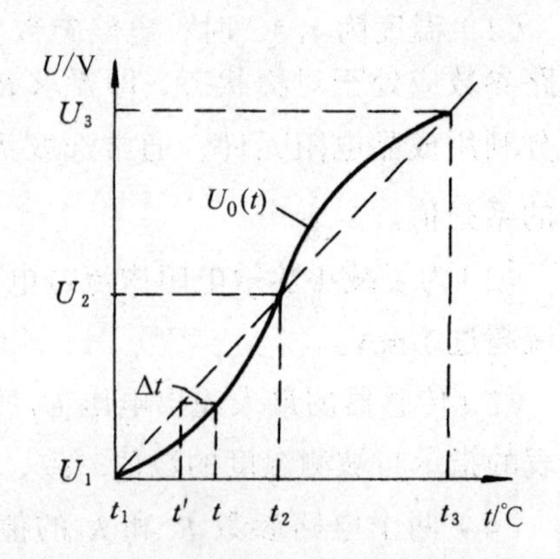

图 4.24.2　温度-电压特性及非线性误差（MF11，2.7 K）

在此情况下，若在传感器的输出端用刻度特性均匀的电压表头来显示温度值，就相当于用上述直线关系代替式（4.24.6）所表达的曲线关系。除 t_1、t_2 和 t_3 ℃三个温度值外，对于其余各点，这一替代均存在着由传感器温度-电压特性引起的非线性误差，根据图

4.24.2 所示的关系，理论计算这一误差的公式可以写为：

$$\Delta t = t - \left[\frac{t_3 - t_1}{U_3} \cdot U_0(t) + t_1 \right] \quad (4.24.13)$$

式中，t 是传感器探头所在环境温度的实际温度值（°C）；右边第二项（方括号内的算式）代表具有均匀刻度特性的电压表头显示的温度值，其中 U_0（t）是根据实际温度按式（4.24.6）算出的输出电压。

【实验内容与步骤】

1. 热敏电阻的电阻-温度特性的测定及计算材料常量 B_n

该部分测量是设计本温度传感器的基础，要求测量结果在测量器具允许误差范围内尽量准确，因此，在测量过程中应特别仔细、认真，尽量减少人为因素的影响。设测温范围为 t_1 ~ t_3，t_2 为温度范围中值温度。测量时把热敏电阻固靠在 0 ~ 100 °C 水银温度计的头部后，把温度计及热敏电阻浸入盛有水的烧杯内。从 t_1 开始，在升温过程中每升高 3 ~ 5 °C 用数字万用表测量热敏电阻的阻值，直到 t_3 为止，测 5 ~ 9 组数据即可。升温时，升温速度不宜过快。测得的数据填入表 4.24.1 中。

2. 传感器温度-电压特性测定

（1）将测得的热敏电阻的电阻-温度特性数据输入到 Tempsensor 程序中，将计算出的 R_s、R_f 值和传感器的温度-电压特性的理论值记录于对应数据表格中。

（2）关闭 TS-B4 型电源，用数字万用表将传感器电路中的 R_1、R_2、R_3 调至热敏电阻在 t_1 时的阻值，R_{s1}、R_{s2} 调至 R_s 值，R_{f1}、R_{f2} 调至 R_f 值。

（3）开启 TS-B4 型电源，用数字万用表将传感器上的电源电压调至 3 V，然后用一双蕉头导线将 3 V 电压引接至“V_a”端，用导线将电桥电路与差分运放电路相对应的颜色插孔连接起来，再将万用表接至传感器的输出电压“V_0”端。

（4）先对传感器进行零点校准，然后进行量程校准。校准方法如下：

零点校准：将电阻箱调至热敏电阻在温度 t_1 时的阻值上，并接至传感器电路中的 R_t 位置处，用数字万用表 20 V 挡观察万用表上的电压是否为零，若不为零，调节“R_3 调节”旋钮，使其为零。

量程校准：将电阻箱阻值调至热敏电阻在温度 t_3 时的阻值上，用数字万用表 20 V 挡观察其电压是否为 3 V，若不为 3 V，调节“V_a 调节”旋钮，使其电压为 3 V。

（5）将电阻箱拔出，再将热敏电阻接至传感器的“R_t”位置处，对传感器的电压-温度特性进行实测。测量要求：从 t_1 ~ t_3，每隔 3 ~ 5 °C 测量一次输出电压 U_0 的值。数据记录到相应表单中。

【数据记录与处理】

1. 热敏电阻的电阻-温度特性的测定及计算材料常量 B_n（表 4.24.2、表 4.24.2）

表 4.24.1　R_t 电阻-温度特性测量数据记录　B_n=__________K

温度 t/°C	t_1				t_2				t_3
电阻 R_t/kΩ									

表 4.24.2　Tempsensor 计算结果和 V_0 实测值　R_s=__________kΩ；R_f = ____________kΩ

t/°C									
理论值 V_0/V									
实测值 V_0/V									

（1）根据实验数据在坐标纸或在 Excel 中绘出热敏电阻 R_t 的电阻-温度特性曲线。

（2）计算材料常量 B_n。要求：用最小二乘法计算材料常量 B_n。可用 Excel 计算，将计算表格上传到实验报告中。

2. 传感器温度-电压特性测定

在温度-电压坐标系中作出温度传感器的温度-电压特性的理论曲线和实测曲线。

实验 25　温度检测

【实验目的】

（1）了解计算机自动测温系统的基本结构及编程思想。

（2）熟悉 A/D 转换接口板在计算机自动检测系统中的应用。

（3）掌握利用计算机进行自动测温的实验技术。

【实验仪器】

PC 机、TS-BⅡ型温度传感技术综合实验仪、MCS-2 型 A/D 和 D/A 转换接口板、ITF-A 型接口技术实验仪、数字万用表、热敏电阻、烧杯、电阻箱、电磁恒温加热器、连接导线。

本实验仪器包括 ITF-A 型接口技术实验仪主机和 MCS-2 型 A/D 转换接口板两个部分，主机上有 PC 机模拟扩展槽，控制码、地址码和数据码发生电路，双向数据传输电路及进行模数转换实验所需的实验电源。MCS-2 型 AD/DA 转换接口板具有 8 路模入通道和 2 路模出通道，输入、输出数字量为 8 位，转换精度 $< 0.4\%$，转换时间 $< 100\ \mu s$。当接口板与计算机 CPU 之间的通信设置为“查询”工作方式时，分配给接口板的端口地址和其功能为：

（710H）——执行 Out 命令送 ADC 的通道号。

（711H）——启动 ADC 电路开始转换。

（712H）——执行 In 命令，读取 A/D 转换是否结束的状态码，用以判断转换是否结束。

（713H）——执行 In 命令，读取 A/D 转换结果。

（714H）——未用。

（715H）——执行 Out 命令，进行 DA1 的数模转换。

（716H）——未用。

（717H）——执行 Out 命令，进行 DA2 的数模转换。

【实验原理】

计算机检测和控制技术已广泛地应用于工业生产和科学研究中。本实验所采用的计算机自动测温系统结构如图 4.25.1 所示，它是由温度传感器、A/D 转换接口板和微型计算机组成的。有关温度传感器的问题已在实验 24 中作过介绍。下面主要介绍该系统的 A/D 转换接口技术及程序的设计思想。

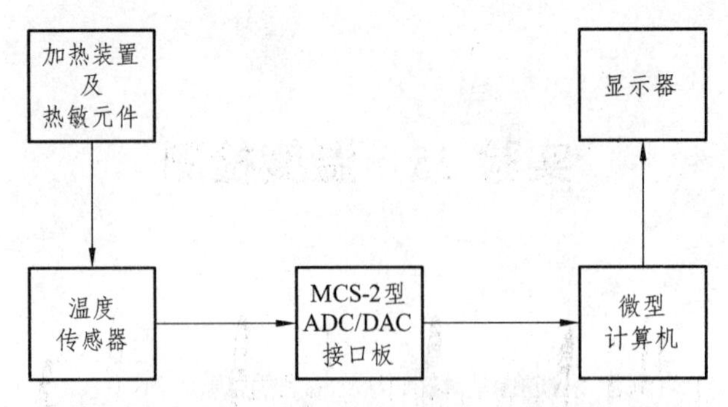

图 4.25.1　计算机温度自动检测系统的结构示意图

1．A/D 转换及计算机接口

A/D 转换接口板是计算机自动检测系统中必不可少的重要部件，它由模数转换集成电路芯片和译码电路组成，其任务是把由传感器形成的模拟电压转换成相应的数字量，以便让计算机进行采集和处理。本实验系统所采用的模数转换芯片是 ADC0809，该芯片内部设有 8 路切换开关，切换开关的 8 个输入端（标记 CH0 ~ CH7）分别与 8 个传感器输出电压连接，切换开关的输出端与 0809 芯片内部的 A/D 转换电路的输入端相连。ADC0809 芯片完成一次模数转换需要以下 4 个操作步骤：① 选送模入通道号；② 启动 A/D 转换电路；③ 检查转换是否结束；④ 读取转换结果。

本实验系统中，上述 4 个操作步骤占有计算机允许的四个连续 I/O 端口地址代码（即操作代码），分别为 710H、711H、712H、713H，其功能如下：

710H——产生对 ADC0809 的片选信号，并由 CPU 向 0809 的 3 个引脚输出决定模入通道号的二进制代码，即完成选送模入通道号的操作。

711H——产生启动 A/D 转换电路的信号。

712H——判断 A/D 转换是否结束。

713H——读取 A/D 转换结果。

2．自动测温系统软件编程思想

为了让计算机能够实现温度的自动检测，首先需要获得测温系统中所使用的温度传感器的温度-电压特性曲线。若选择的传感器电路参数使特性曲线呈线性关系，则可在传感器的测温范围内等间隔地选择一组温度值（包括测温范围的起始温度和满量程温度），把这组温度和电压值所对应的数字量存放在计算机的数据区内。利用计算机对温度进行自动检测时，只需在 A/D 转换接口板的某一模入通道接上相应的温度传感器，把 A/D 转换接口板插入 PC 机的任意扩展插座后，运行具有以下功能的程序即可：

（1）在“启动”命令下，能够定期地对温度传感器送来的电压值进行模数转换并把转换结果读入计算机内。

（2）把来自 A/D 转换器的转换结果的数字量与事先存放在计算机内存中的温度-电压曲

线的电压值从小到大依次进行比较，通过比较确定被测温度处于传感器电压-温度特性曲线的温区。

（3）根据被测温度所处的温区按以下线性插值关系计算被测温度值：

$$t=\frac{t_{n+1}-t_n}{U_{n+1}-U_n}\cdot(U-U_n)+t_n \tag{4.25.1}$$

式中，t_n、U_n、t_{n+1} 和 U_{n+1} 是传感器温度-电压特性曲线上第 n 和 $n+1$ 个测量点的温度和电压值所对应的数字量；U 是来自温度传感器的输出电压经 A/D 转换后的数字量。

通过上述比较过程已经确定 $U_n<U<U_{n+1}$。

（4）把计算结果以十进制数的形式显示在计算机屏幕上。

【实验内容与步骤】

1. 仪器连接

（1）首先把 ITF-A 型实验仪的电源开关置于向下的断开状态，以免在以后插入 MCS-2 型 AD/DA 转换接口板的操作有误时烧坏电路元件。

（2）把 MCS-2 型 AD/DA 转换接口板插入 ITF-A 型实验仪的模拟扩展槽内，MCS-2 型接口板的元件面必须向扩展槽内标有“A”字符的一侧，焊接面向标有“B”字符的一侧。

注意：不要插错，否则 MCS-2 型接口板的电路元件有可能烧毁！

（3）用 20 线的扁平电缆把 MCS-2 型实验仪上 20 线牛角线插座连接起来。

（4）把 ITF-A 型实验仪的电源开关置于向上的接通状态，开启电源。

2. 进行模数转换的步骤

（1）利用数字万用表测量 ITF-A 型接口技术实验仪上试验电压的最大值（即 MCS-2 型接口板上 ADC0809 和 DAC0832 芯片的参考电压 U_{ref} 值）。

（2）把 ITF-A 型实验仪上的“试验电压”调至选定的某一电压值，如 $0.5U_{\text{ref}}$，并把“试验电压”香蕉插头插入实验仪上选定的某一模入通道，如 CH1。

（3）将 ITF-A 型接口技术实验仪上 A3 ~ A11 地址码开关的位置设置为如图 4.25.2 所示的设定状态。

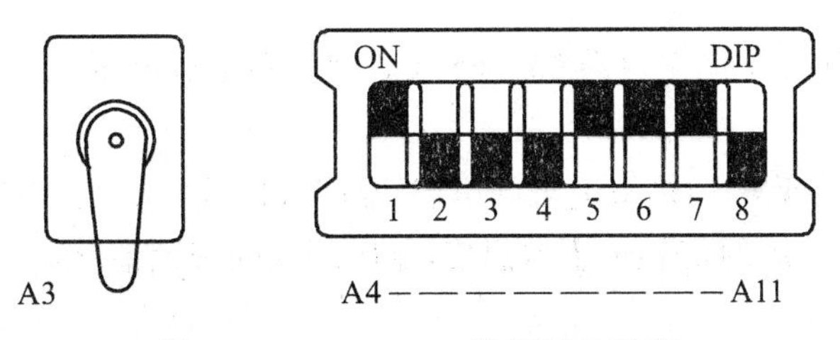

图 4.25.2　A3 ~ A11 地址码的设定

（4）把 AEN、IOR 和 IOW 控制码的开关设定成 AEN=0，IOR=0 和 IOW=1 状态。

（5）把数据码 D0 开关设成“1”态（向上），D1 ~ D7 的状态设置成“0”态（均向下），此时就有与 D0 对应的发光二极管（LED）发亮，表示模入通道已设置成 CH1。

（6）在完成以上操作步骤后，再把地址码 A0 ~ A2 设置成“000”状态，就可模拟计算机执行地址码为 710H 的输出命令，输出数据为 1，用以选通 ADC0809 芯片的 CH1 通道。

（7）保持控制码开关为 AEN=0，IOR=0 和 IOW=1 的状态不变，并把地址码 A0 ~ A2 的开关设为“001”状态，这相当于计算机执行端口地址为（711H）的输出命令，启动 ADC0809 的模数转换电路，开始模数转换。

（8）把地址码 A0 ~ A2 的开关设为“010”状态，然后交换控制码 IOR 和 IOW 的开关状态，这就相当于计算机执行端口地址为（712H）的输入命令，把 ADC0809 芯片标志转换是否结束的状态码读入，供判断 ADC0809 芯片 AD 转换是否结束用。

因为接口板中 ADC0809 进行 A/D 转换的时间 < 100 μs，所以在完成以上模拟实验的操作后，ADC0809 的模数转换过程早已结束，这时与 D7（在本实验系统中标志 0809A/D 转换是否结束的状态码设计成由数据线 D7 传输）对应的 LED 发亮（与 D0 ~ D6 对应的 LED 也亮，对此可以不用理睬）。

（9）保持步骤（8）中的控制码 AEN、IOR 和 IOW 的开关状态不变（即 AEN=0，IOR=1 和 IOW=0），把地址码 A0 ~ A2 的开关设置成“011”状态，这就相当于计算机执行端口地址为（713H）的输入命令，把 ADC0809 芯片的模数转换结果读入计算机内，并把转换结果通过 8 只发光二极管以 8 位二进制数的形式显示出来。

（10）根据以下公式计算被转换的模拟电压所对应的十进制数 D：

$$D = \frac{256}{U_{\mathrm{ref}}} \cdot U_{\mathrm{i}} \tag{4.25.2}$$

式中，U_{ref} 为 ADC0809 的参考电压，本实验系统设定为 5 V，其确切值以开始实验时的测定为准，U_{i} 为被转换的模拟电压。

若以上 8 位 LED 显示结果所对应的十进制数与以上计算结果一致（相差不大于 ±1 个字），表明实验结果正确。

改变模拟电压 U_{i} 值，重复以上实验。将实验数据填入表 4.25.1 中。

3. 应用计算机进行自动检测温度

（1）根据以下要求，即测温范围 25 ~ 65 °C，传感器电源电压 U_{a}=3 V 和传感器最大输出电压 U_3=2 V。

（2）由实验 24 中测得的热敏电阻的电阻-温度特性数据，在计算机中调用相关程序，计算出传感器参数 R_{s}、R_{f} 的值和传感器温度-电压特性的理论值 $U_{t理}$，并记入表 4.25.2 和表 4.25.3 中。

（3）传感器参数的调节：取 R_1=R_2=R_3=R_t 在 25 °C 时的阻值，U_{a}=3 V，U_3=2 V，R_{s1}=R_{s2}=R_{s}，

$R_{f1}=R_{f2}=R_f$。

注意：在调电阻之前，必须把传感器电路中的跳线拔下，各电阻调完后，再把跳线接回原处。

（4）以上各电路参数和电路调整好后，先对传感器进行零点校准，再进行量程校准。调节方法如下：

① 零点校准：将电阻箱调至热敏电阻在 25 °C 时的阻值，并接至传感器电路中的热探头位置处，观察数字万用表上的输出电压是否为零，若不为零，调节 R_3 旋钮，使输出电压为零。

② 量程校准：将电阻箱阻值调至热敏电阻在 65 °C 时的阻值，并接至传感器电路中的热探头位置处，观察数字万用表上的输出电压是否为 2 V。若不为 2 V，调节电压调节旋钮，使输出电压为 2 V。

（5）传感器调整好后，按图 4.25.1 连接好整个测温系统。在计算机中调用 mcsada.exe 文件，等待测试数字量。

（6）在升温过程中同时测出每隔 5 °C 时的 $U_{T实}$ 及 ADC-Resull 的数字量，并填入表 4.25.3 中。测试完毕后将表中的 H 数字量转换成 D 数字量，并填入表 4.25.3 中。

（7）按“Crtrl+Break”键返回到 DOS 下的 A 盘，用 Edit.com 文件调用其中的 Automt.asm 文件，重新键入程序中的数字量。

（8）回到 DOS 下，对 Automt.asm 源文件进行汇编和链接，形成一个可执行文件：Automt.exe。

（9）运行文件 Automt.exe，即可进行温度的自动检测。将显示器上显示的结果与温度计上的读数填入表 4.25.4。

【数据记录与处理】

表 4.25.1 A/D 转换测试数据记录

U_i /V	对应 D	对应 B	实测 B	实测 D
$\frac{1}{2}U_{ref}$				
$\frac{1}{3}U_{ref}$				
$\frac{1}{4}U_{ref}$				

注：表中 D 代表十进制数，B 代表二进制数。

表 4.25.2 热敏电阻的电阻-温度特性数据表

T/°C	25.0	30.0	35.0	40.0	45.0	50.0	55.0	60.0	65.0
R_t/kΩ									

表 4.25.3　传感器温度-电压特性数据及对应数字量表

R_s=______kΩ；R_f=______kΩ

温度/°C	$U_{T理}$/V	$U_{T实}$/V	数字量 H	数字量 D
25.0				
30.0				
35.0				
40.0				
45.0				
50.0				
55.0				
60.0				
65.0				

注：表中 H 代表十六进制数，D 代表十进制数。

表 4.25.4　温度检测数据表

显示器读数/°C	温度计读数/°C

对表中数据进行比较，并分析结果。

实验 26　AD590 的应用

结型半导体器件，如二极管和三极管对温度具有敏感性，可用作温度敏感元件。本实验介绍一种半导体集成温度传感器——AD590，该传感器属于电流型（即输入量为温度，输出量为电流），体积很小，具有互换性好、线性度好、信号可长线传输、抗电压干扰能力强、长期稳定性高、配用电路简单等优点，已成为工业应用中测温范围在 – 55 ~ 150 °C 的首选温度传感器。

【实验目的】

（1）熟悉 AD590 的测温原理。

（2）掌握 AD590 的电流-温度特性的测量方法。

（3）掌握用 AD590 做数字温度计的方法。

【实验仪器】

TS-BⅡ型温度传感器技术综合实验仪、电磁恒温搅拌器、温度计（0 ~ 100 °C）、烧杯、AD590、数字万用表。

【实验原理】

AD590 是一种输出电流与温度成正比的集成温度传感器，其内部电路结构如图 4.26.1 所示。根据推导，在电源电压的作用下，该电路中的工作电流 I_0 为

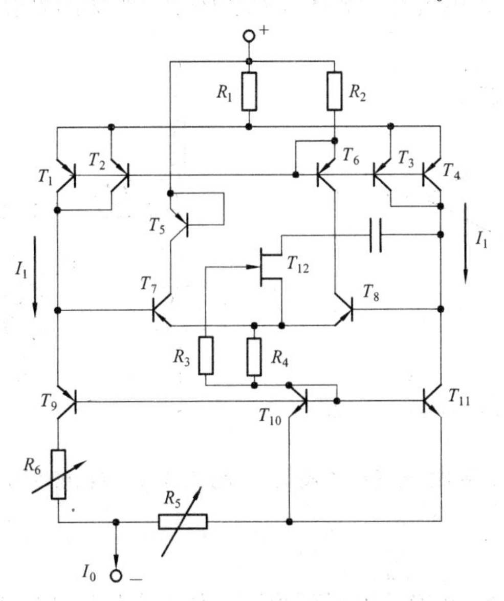

图 4.26.1　AD590 电路结构示意图

$$I_0=\frac{3k\ln 8}{q(R_6-R_5)}T \tag{4.26.1}$$

式中，k 为玻尔兹曼常量；q 为电子电荷量，T 为被测温度（绝对温度值）。

在制作过程中，精确控制 R_5 和 R_6 的阻值，可使式（4.26.1）变为

$$I_0=K_0T \tag{4.26.2}$$

式中，K_0 为测温灵敏度常数，一般为 1 $\mu A\cdot °C^{-1}$。

不同温度下 AD590 的伏安特性曲线如图 4.26.2 所示。从图中可知，在某一确定温度下，当电源电压大于某一值后，输出电流几乎不变，即 AD590 输出电流值与所处环境的温度有关，而几乎与所加电压大小无关。电源电压在 5 ~ 15 V 变化时，其影响只有 0.2 $\mu A\cdot V^{-1}$。

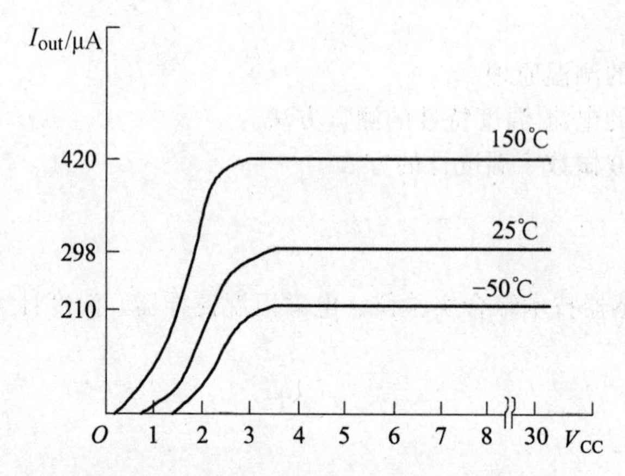

图 4.26.2　AD590 输出电流与电压的关系

AD590 伏安特性、温度-电流特性如图 4.26.3 所示，组成的测温电路如图 4.26.4 所示。

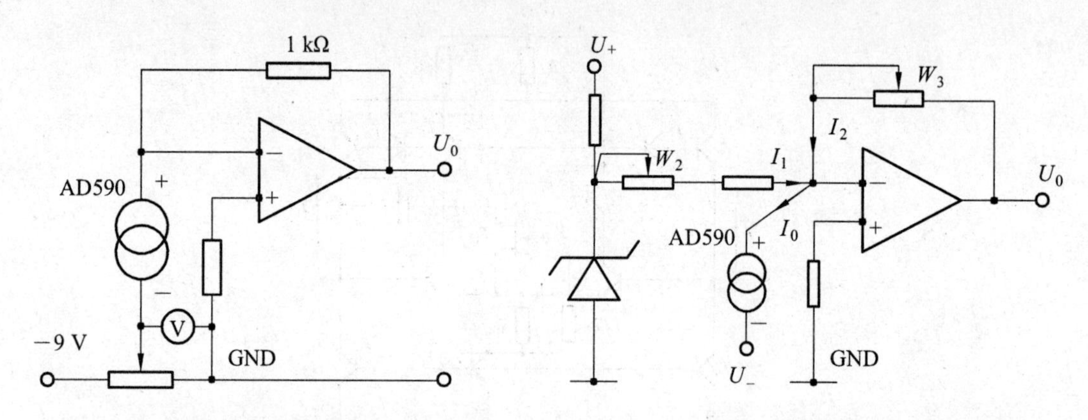

图 4.26.3　AD590 伏安特性及温度-电流特性测试电路图

图 4.26.4　由 AD590 组成的温度计的电路原理图

在图 4.26.3 中，把 AD590 置于恒温环境下（如冰点温度或室温），调节图中的“负压调

节”旋钮，测出 AD590 在不同工作电压下的U_0值（AD590 的输出电流$I_0=U_0/R_f$）便可获得 AD590 在这一温度下伏安特性的实验数据；同理，在 5 ~ 15 V 的范围内保持 AD590 的工作电压不变，改变 AD590 所在环境的温度值并测出相应的U_0，可获得 AD590 的温度-电流特性的实验数据。

在图 4.26.4 中，把 AD590 首先置于 0 °C 恒温环境下，调节W_2使U_0=0，然后改变 AD590 的环境温度为 100 °C，调节W_3使U_0=100 mV，即可完成测温电路的定标工作。

【实验内容与步骤】

1. AD590 伏安特性测量

（1）将 AD590 接入 TS-BⅡ型温度传感技术综合实验仪上标有 AD590 的测试电路，并使 AD590 处于某一恒温下，如室温下或把 AD590 置于盛有水的烧杯中。

注意：千万不能把 AD590 探头直接浸入水中，因为水中含有导电杂质，在 AD590 两端会有电流流过，即使很弱的电流也会影响 AD590 的工作状态，必须把 AD590 置于一段密封的金属导管中以后才能置于水中。

（2）用导线将U_0端接入 TS-BⅡ型仪器的数字电压表上或将U_0端接入数字万用表上（万用表置于 2 V 直流电压挡）。调节“负压调节”旋钮，改变 AD590 的工作电压，测出不同工作电压下的U_0值，根据$I_0=U_0/R_f$算出 AD590 的输出电流I_0（R_f=1 kΩ），测 7 ~ 10 组数据。

2. AD590 温度-电流特性测试

（1）断开电源的状态下，用数字万用表电阻挡测试该部分运放电路输出“U_0”与反向输入端“-”之间的电阻值，并调节“量程调节”W_3旋钮，使电阻值为 1 kΩ。

（2）开启电源，用数字万用表直流电压 20 V 挡将 AD590 两端的电压调至 9 V。

（3）把 AD590 集成温度传感器接入（注意插头插孔之间的红、黑对应关系）“AD590”插孔，并将数字万用表 2 V 直流电压挡接至运放输出“U_0”和仪器的“GND”端。

（4）将放有 AD590 探头的金属导管放入盛有水的烧杯中，将烧杯放到电磁恒温加热器上加热，尽量将温度计的水银头部分与 AD590 探头部分靠近，加热到一定程度后，在降温过程中记下不同温度时数字电压表的读数获得 AD590 的电流-温度特性曲线。

3. AD590 探头数字温度计

（1）把“电压输出”调至 6 V 左右，并用导线接至该部分的“U_+”插孔，将数字万用表接至U_0端。

（2）根据已测得的 AD590 电流-温度特性曲线外推至 0 °C，确定相应的电流值（如 273 μA）。

（3）保持“量程调节”电位器阻值为 1 kΩ不变，将万用表扳至 2 V 挡，在不接入 AD590 集成温度传感器的情况下，调节“零点调节”电位器（即电源电压调节旋钮）使U_0的读数为上述电流值对应的电压值（如 273 mV）。

（4）接入 AD590 集成温度传感器，将万用表扳至 200 mV 挡在热探头与周围环境处于热平衡的情况下，观察数字万用表的读数与温度计读数是否一致，若有差异，适当调节“量程调节”W_3 电位器使两者读数一致。

（5）使 AD590 处于不同的温度环境下，观察数字万用表的读数，并与在同一温度下作对比的温度计读数比较。

注意：本部分的精确定标应把 AD590 探头置于冰水混合环境下，通过“零点调节”电位器的调节校准零点，然后把 AD590 置于 100 °C 环境下，通过调节“量程调节”电位器及数字毫伏表读数为 100.0 校准量程。

【数据记录与处理】

（1）自拟表格记录实验数据。

（2）在坐标纸上作出 U_{CD}-I_{out} 曲线。

实验 27　PN 结伏安特性计算机自动测试

【实验目的】

（1）掌握 PN 结伏安特性计算机自动测试的实验技术。

（2）掌握测量 PN 结电压-温度特性的实验方法。

（3）理解 PN 结伏安特性与温度的关系。

（4）理解 PN 结伏安特性 PC 自动测试系统的设计方法。

（5）理解以热敏电阻为热探头的温度传感器在计算机自动检测系统中的应用。

【实验仪器】

TS-B4 型温度传感综合技术实验仪、磁力搅拌电热器、PC、数字万用表、烧杯、PN 结、热敏电阻、导线若干、U 盘。

【实验原理】

通过半导体制作工艺，在 P 型半导体基片的局部区域掺入 N 型杂质，在掺入的 N 型杂质浓度超过 P 型基片杂质浓度的地方转型为 P 型半导体。这时在基片内便形成了 P 型和 N 型两种半导体的交接，称为 PN 结，PN 结是半导体器件的基本结构。PN 结作为一个电路元件，其伏安特性的数学表达式为

$$I_D = I_S(e^{\frac{qU}{K_B T}} - 1) \tag{4.27.1}$$

式中：I_S——反向饱和穿透电流；

K_B——玻尔兹曼常数；

q——电子电荷；

T——PN 结所在环境的绝对温度值；

U——PN 结两端的电压，P 端电位高于 N 端电位时其值为正，反之为负。

由式（4.27.1）可以看出，PN 结具有如下特点：

（1）PN 结具有单向导电性。承受正向电压时，一般满足 $\exp(qU/K_BT) \gg 1$ 的条件，所以正向电流随 U 的增加按指数上升；承受反向电压时，反向电流的变化范围为 $0 \sim I_S$，而 I_S 与 U 无关，数值也很小。

（2）根据半导体物理的理论分析，温度对反向饱和穿透电流 I_S 影响很大。随着温度升高其值迅速增大，因此 PN 结伏安特性曲线的走势与温度有密切关系。图 4.27.1 为本实验仪提供的计算机自动测试系统测得的不同温度下 PN 结伏安特性曲线。

（3）从图 4.27.1 所示的测量结果可以看出，一定测温范围内，当流过 PN 结的电流恒定并大于一定值时，PN 结结电压随温度的增加而线性下降。因此，PN 结可作为温度传感元件用在温度测量和温度检测系统中。

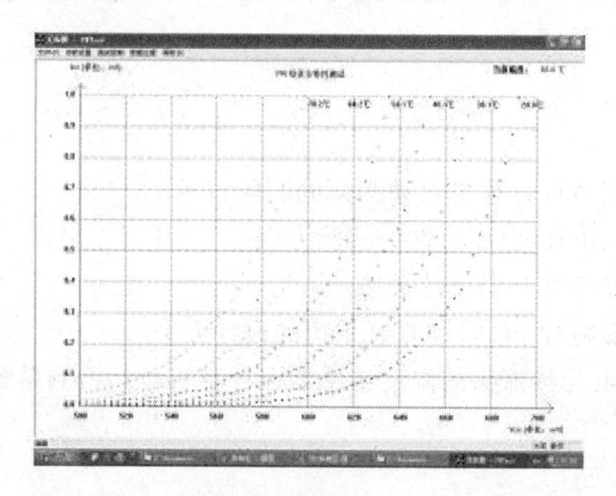

图 4.27.1　热敏电阻温度传感器为测温探头的 PN 结伏安特性测试结果

【实验内容与步骤】

1. 同步测定 PN 结的温度-电压特性和热敏电阻的温度-电阻特性

测量要求：温度范围 $t_1 \sim t_3$ °C，每隔 5°C 测出 PN 结结电压 U_0 以及热敏电阻的阻值 R_t。

温度传感器参数要求：测温范围 $t_1 \sim t_3$ °C，电源电压 U_a=3 V，传感器最大输出电压 U_3=3 V。

步骤：

（1）测出当前环境温度 k 和 R_k 值。

（2）将数字万用表扳至电阻挡 20 kΩ，热敏电阻放入盛有水的烧杯中，后端接至万用表上。

（3）将 PN 结放入烧杯中，用导线把实验仪器前面板按图 4.27.2 所示连接，就组成了图 4.27.3 所示的 PN 结结电压随温度变化特性曲线的测试电路。

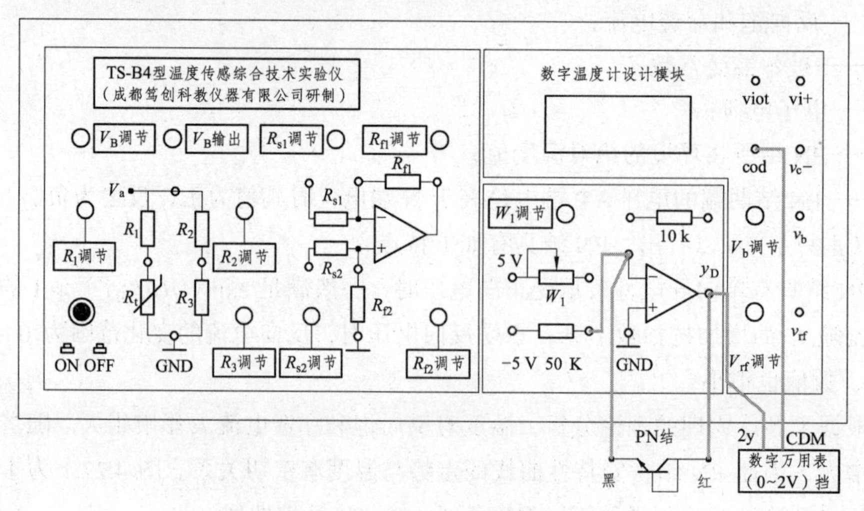

图 4.27.2　实验仪器前面板连接

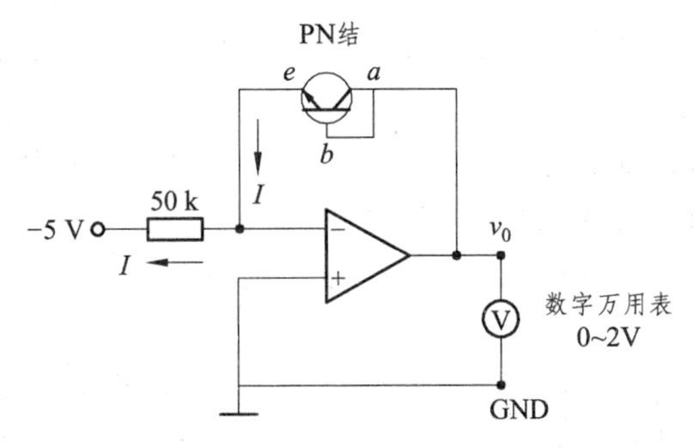

图 4.27.3　PN 结结电压随温度变化特性曲线测试电路图

（4）开启加热器，在升温过程中测出每隔 5 °C 的 R_t 值和 PN 结结电压 U_0 值，数据记录于表 4.27.1 和表 4.27.2 中。

（5）在 Excel 中用最小二乘法算出热敏电阻材料常数 B_n 值，打开 TS-B4-TV 变换电路设计软件中的 Tempsensor，计算出 R_s、R_f 和传感器的输出电压 U_0 理论值，计算结果记录于表 4.27.1 中。

2. PN 结不同温度下伏安特性曲线计算机自动测试

测量要求：温度范围 $t_1 \sim t_3$ °C，每隔 5 ~ 10 °C 计算机自动测定 PN 结伏安特性，测定 3 ~ 5 条曲线即可。

步骤：

（1）将温度传感器电路中 R_1、R_2、R_3 调至热敏电阻在 t_1 °C 的阻值，R_{s1}、R_{s2} 调至 R_s 值，R_{f1}、R_{f2} 调至 R_f 值，U_a 调至 3 V。

（2）按图 4.27.4 所示连接电路，将万用表接至 U_0 端，对传感器进行零点和量程校准。

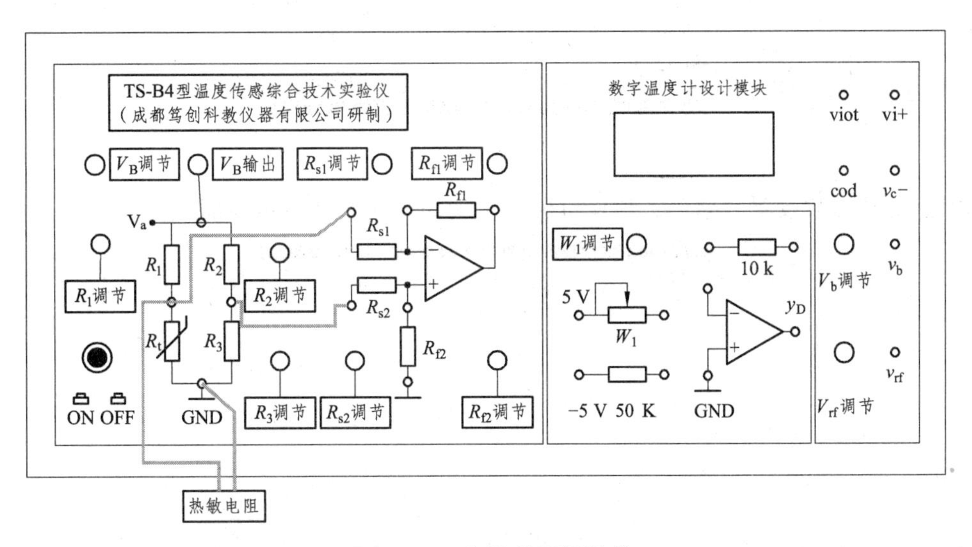

图 4.27.4　仪器前面板连接

零点校准：将电阻箱扳至热敏电阻在 t_1 °C 的阻值，用数字万用表 20 V 挡观察输出端电压是否为零。若不为零，微调 R_3 旋钮，使其为零。

量程校准：将电阻箱扳至 t_3 °C 的阻值，用万用表 20 V 挡观察输出电压是否为 3 V。若不为 3 V，微调 U_a 调节旋钮，使其为 3 V。

（3）用导线把实验仪器前、后面板按图 4.27.4 和图 4.27.5 连接，组成一个 PN 结不同温度下伏安特性曲线计算机自动测试系统。

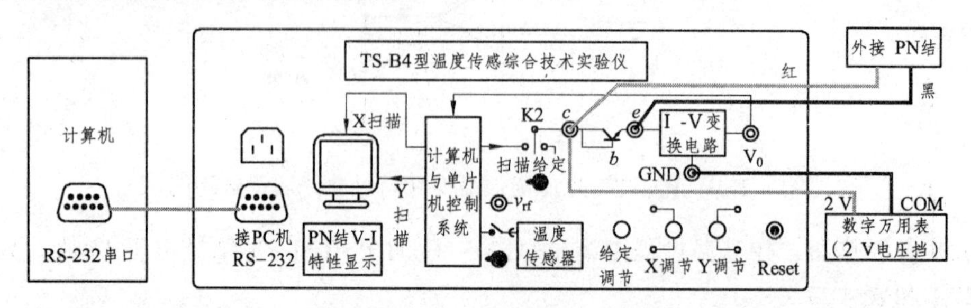

图 4.27.5　仪器后面板连接

（4）按以下步骤进行 PN 结不同温度下伏安特性曲线计算机自动测试实验：

① 开启计算机，打开本实验仪提供的配套软件 PNTest。

② 点击图标 PNTest，计算机屏幕出现如图 4.27.6 所示界面。

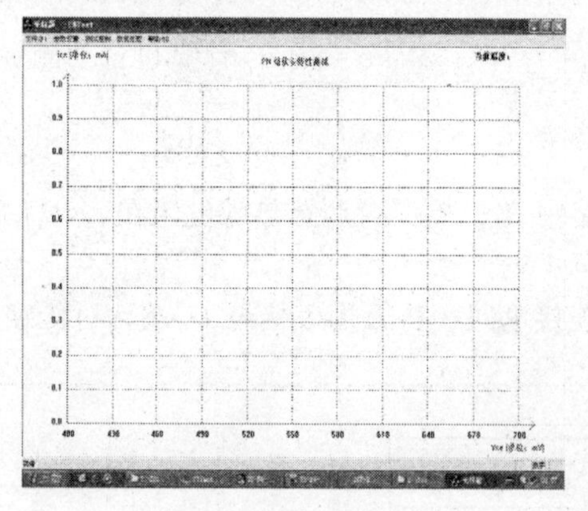

图 4.27.6　PNTest

③ 点击“参数设置”菜单，计算机屏幕出现如图 4.27.7 所示界面。

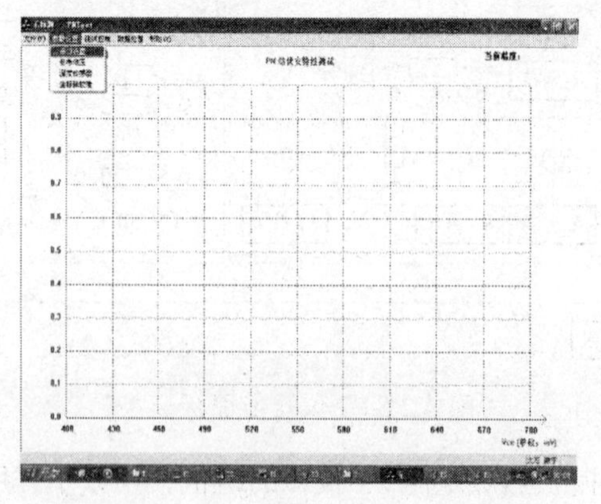

图 4.27.7　“参数设置”界面

④ 点击“参数设置”下属的“串口设置”，计算机屏幕出现如图 4.27.8 所示界面。

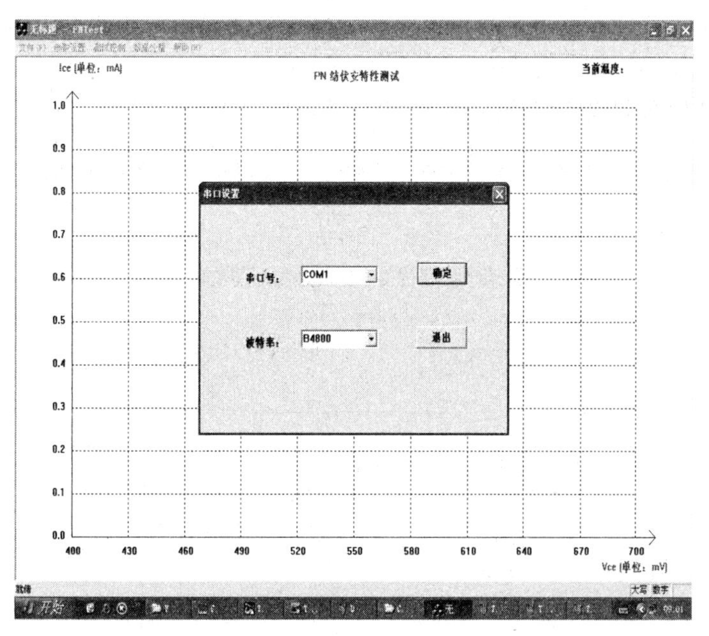

图 4.27.8 “串口设置”界面

⑤ 选好合适的串口（一般情况下是 COM1）后，点击“确定”，计算机屏幕自动退回到图 4.27.7 所示界面。

⑥ 点击图 4.27.7 所示“参考电压”按钮，计算机屏幕出现如图 4.27.9 所示界面。

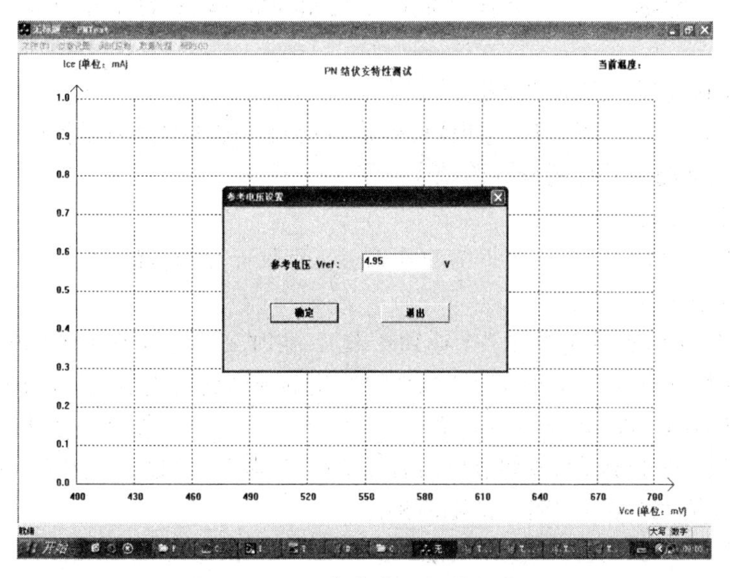

图 4.27.9 “参考电压”设置界面

用数字万用表测量仪器后面板“V_{rf}”插孔的电压值，并把读数输入到图 4.27.9 的“参考电压”栏内，然后点击“确定”，计算机屏幕会自动恢复到图 4.27.7 所示界面。

⑦ 点击图 4.27.7 中“温度传感器”按钮，计算机屏幕出现如图 4.27.10 所示界面。

把 Tempsensor 软件计算的以热敏电阻作为热探头的温度传感器电压-温度特性数据（即表 4.27.1 中数据），按以下方式输入计算机内：

a. 从 t_1 °C 开始每间隔 5 °C 输入一次。

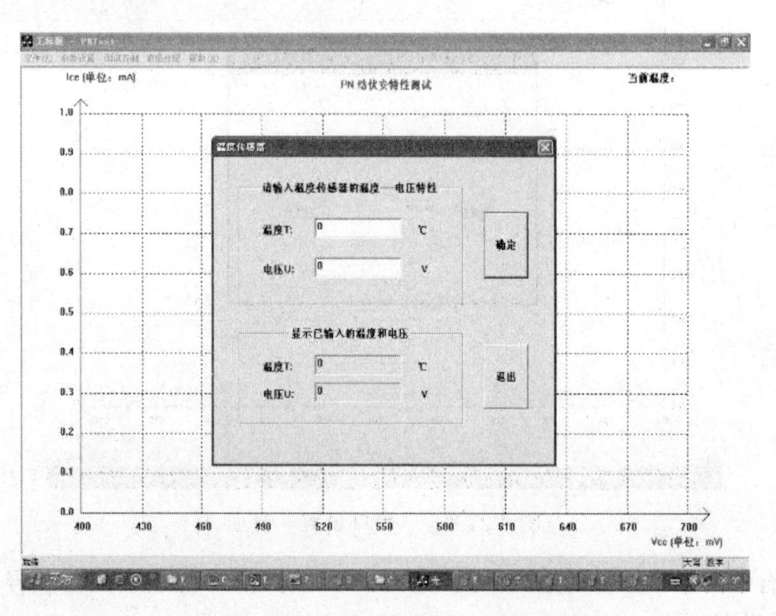

图 4.27.10 “温度传感器”设置界面

b. 每输完一组数据后，点击一次“确定”，数据的输入结果显示在图 4.27.10 界面下面的栏目内。

c. 全部数据输完后，点击“退出”按钮。

退出图 4.27.10 所示的界面后，计算机屏幕自动回到图 4.27.6 所示界面。

⑧ 计算机自动测试系统的校准调试。

a. 电压坐标轴校准。

• 在图 4.27.4、图 4.27.5 连接不变的基础上，把仪器后面板的两个钮子开关都拨向左侧（后面板正对实验操作人员）。

• 点击图 4.27.7 所示界面中的“坐标轴校准”，这时在与电压坐标轴 600 mV 处垂直的直线上出现了一些红色小点，这表示计算机系统给出的模数转换电压应该与硬件设备加在 PN 结两端的电压为 600 mV 状态对应。观察图 4.27.5 中所接的数字万用表的读数，是否为 600 mV？如果不是 600 mV，调节调节仪器后面板的“X 调节”使数字万用表的读数为 600 mV。

⑨ 任意温度下 PN 结伏安特性的随时测定。

在当前温度下，用“随时测试”功能试测一根 PN 结的伏安特性曲线。

• 图 4.27.15 是在某一温度下的测试结果。

• 点击图 4.27.11 所示计算机界面左上角“数据处理”菜单后，计算机屏幕将出现如图 4.27.12 所示“数据处理”菜单两个下属按钮：“清除坏点”和“平滑滤波”。依次点击“清除坏点”和“平滑滤波”按钮后，最后结果如图 4.27.13 所示。

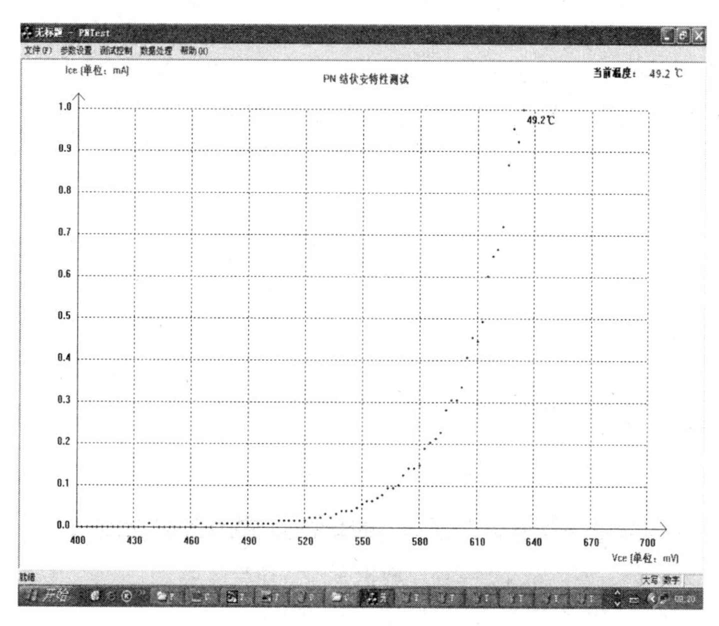

图 4.27.11　某一温度下的测试结果

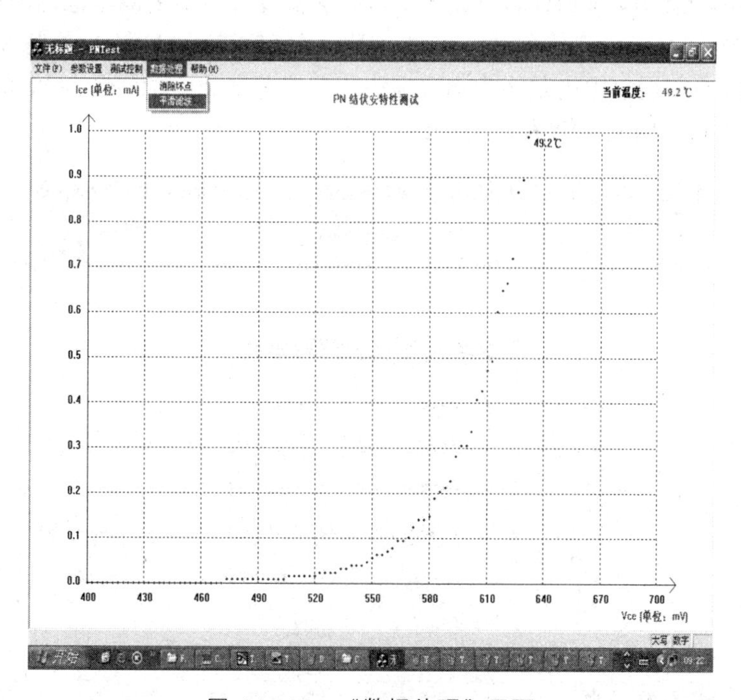

图 4.27.12　“数据处理”界面

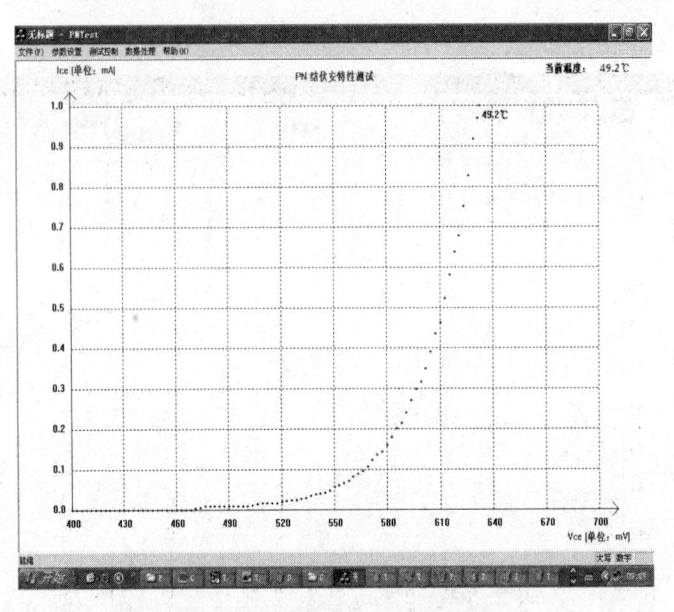

图 4.27.13 “数据处理”最后结果

⑩ 不同温度下 PN 结伏安特性的定温测定。

• 先“清除数据”，点击计算机左上角的“测试控制”菜单，然后点击下属的“区间测试”按钮，会出现如图 4.27.14 所示计算机显示屏幕。在温度传感器的测温范围内输入起始温度、终止温度和测温间隔后，点击“测试”按钮，实验系统就进入 PN 结 V-A 特性定温自动测试状态。图 4.27.15 是利用热敏电阻作为测温探头（测温范围 20 ~ 70 °C、测温间隔 10 °C 和最大输出电压 3 V）得到的实验结果。

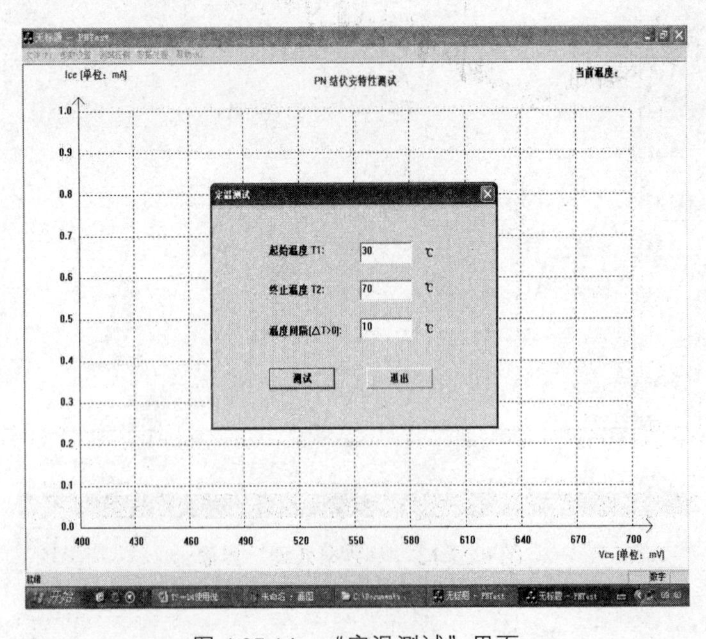

图 4.27.14 “定温测试”界面

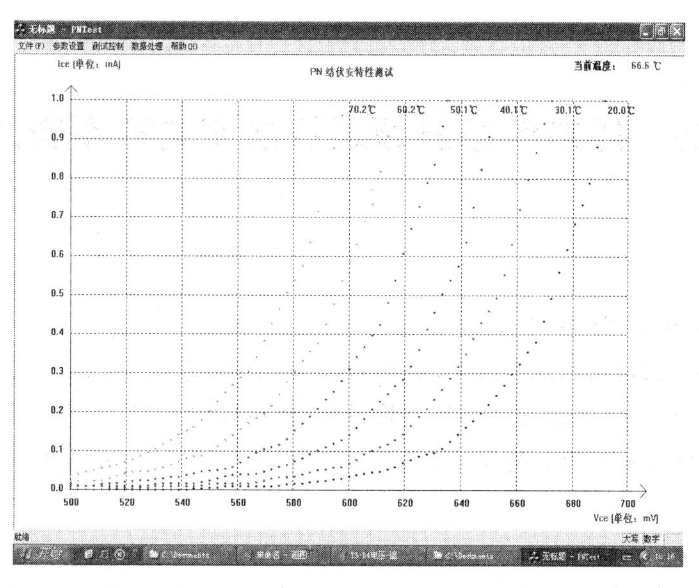

图 4.27.15 测温探头所得的实验结果

【数据记录与处理】

表 4.27.1 热敏电阻 R_t 及温度传感器电压-温度数据

环境温度 t= °C； R_k= kΩ； B_n= K； R_s= kΩ； R_f= kΩ

温度 t/°C	t_1								t_3
R_t/kΩ									
U_0/V									

表 4.27.2 PN 结电压-温度数据

温度 t/°C	t_1									t_3
PN 结结电压 U_0/mV										

数据处理要求：以表 4.27.2 数据为依据，以温度为横坐标（°C），以 U_0（mV）为纵坐标绘制 PN 结的温度-电压特性曲线。要求在 Excel 中用最小二乘法处理数据并作图。

实验 28　压力传感器原理及数字式称重衡器设计

【实验目的】

（1）了解压力传感器的基本原理。

（2）掌握分析压力传感器压力-电压变换特性的基本理论。

（3）掌握测定压力传感器压力-电压变换灵敏度的实验方法。

（4）了解 7107 模数转换电路的基本原理及其在非电量数字仪表设计中的应用。

【实验仪器】

悬臂梁应变式电阻压力传感器、差分放大电路、双斜式模数转换电路、砝码、数字万用表。

1. 压力传感器机械装置及桥式电路的结构与出线连接方式

本实验所采用的压力传感器机械装置如图 4.28.1 所示，其主要元件是贴有电阻应变片的悬臂梁。4 个应变片已按要求连接成了桥式电路。桥式电路的两个对角线，一个是电源对角线，另一个是信号对角线。

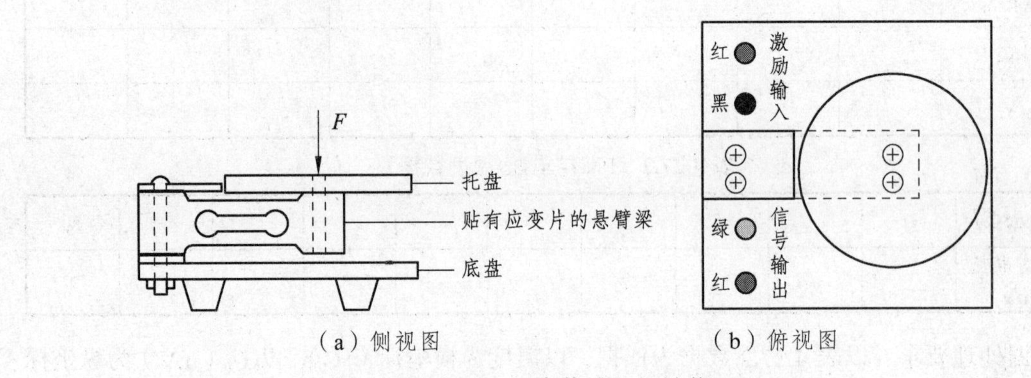

（a）侧视图　（b）俯视图

图 4.28.1　压力传感器机械装置

为了适应远距离测控需要，在电源对角线的“+”“－”出线端还接有两个电阻，这两个电阻的另一端引出两条线，形成 6 条引线，如图 4.28.2（a）所示。多数情况下，压力测量系统的电测装置离传感器机械装置距离较近，需解决反馈与补偿问题。在这种情况下，把引线“激励+”“激励－”分别与引线“反馈+”“反馈-”连在一起就形成了如图 4.28.2（b）所示压力传感器机械装置输出线的四线制连接。为了分析方便，在本实验中把图 4.28.2（b）所示的 A、B 对角线作为电源对角线接至激励电压源；把 C、D 对角线作为信号输出线接至后续的差分放大电路。这种接线方式下，图 4.28.2（b）中的 R_0 就构成了图 4.28.7 所示差分放大电路中 R_s 的一部分，在利用式（4.28.15）进行理论计算时应该注意。

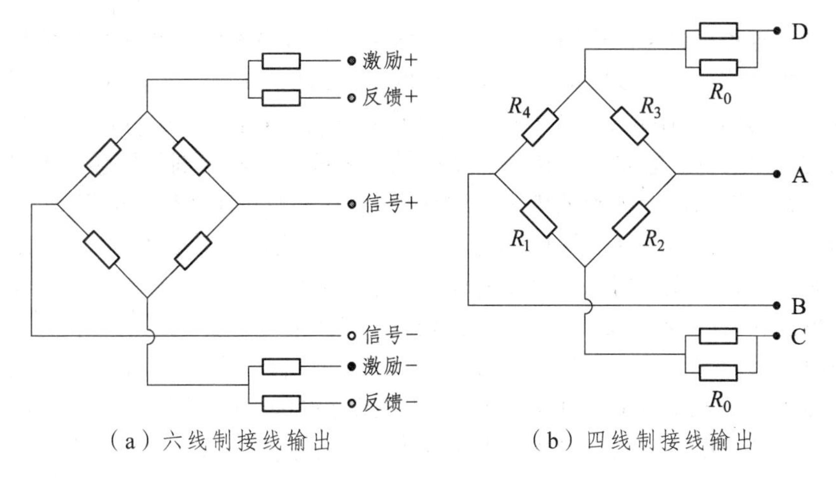

（a）六线制接线输出　　　　（b）四线制接线输出

图 4.28.2　压力传感器桥式电路的结构与出线的接线方式

DCYL-A 型压力传感器及数字式称重衡器设计实验仪的面板布局如图 4.28.3 所示，它由以下三大部分组成：

（1）压力传感器机械装置上桥式电路需要的激励电压源。

（2）差分放大电路。

（3）7107 双斜式模数转换及数显电路。

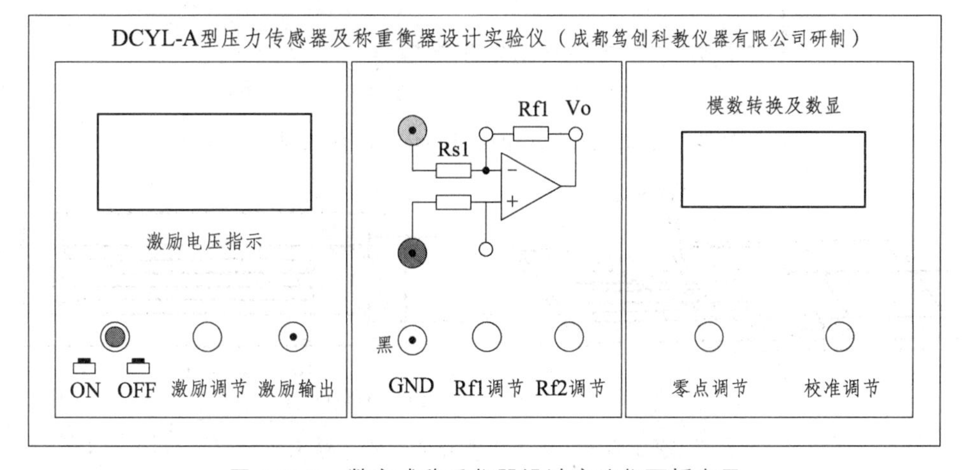

图 4.28.3　数字式称重仪器设计实验仪面板布局

【实验原理】

1. 悬臂梁应变式电阻压力传感器的结构及工作原理

悬臂梁应变式电阻压力传感器的机械结构示意图如图 4.28.4（a）所示，其中 A 是由铝合金制成的双孔悬臂梁，其一端固定，另一端处于自由状态。当悬臂梁的自由端受力 F 作用而发生弯曲时，悬臂梁的上表面受拉，发生拉伸应变；而其下表面受压，产生压缩应变。定性的分析可知，在 X 坐标相同情况下，这些应变的最大值发生在双孔上弧线顶部和下弧线底部附近表面处。在负载一定时，改变孔径可以改变最大应变值。图 4.28.4（a）中的 R_1、R_2、R_3 和 R_4 是紧贴在悬臂梁上、下表面最大应变处的电阻应变片。它们是由金属电阻敏感栅、基底、黏合剂、引线、盖片等组成的电阻元件（图 4.28.5）。图 4.28.5 中 L 称应变片的标距或称工作基长，b 称应变片的工作宽度，$b \times L$ 为应变片的使用面积。应变片的规格一般以使用面积和电阻值来表示，比如 3×10 mm^2，350 Ω。敏感栅是由直径 0.01 ~ 0.05 mm 的电阻丝按栅状形式弯曲而成的电阻元件，它是感受构件应变的敏感部分。用黏合剂把敏感栅固定在基片上。为了保证将悬臂梁上的应变准确地传递到敏感栅上，基片的底部必须做得很薄，一般为 0.03 ~ 0.06 mm。另外，基底还应有良好的绝缘性、抗潮性和耐热性。引出线一般由 0.1 ~ 0.2 mm 低阻镀锡铜丝制成，并与敏感栅两输出端相焊接，盖片起保护作用。粘贴时，应变片的标距方向（即图 4.28.5 中 L 的标注方向），应顺着悬臂梁最大应变的方向。所以，当悬臂梁受力 F 作用而弯曲时，电阻应变片也要发生机械变形。在承受机械变形过程中，其电阻率、长度和截面都要发生变化，从而导致其电阻发生变化。悬臂梁的上表面受拉，电阻应变片 R_1、R_3 的电阻值增大；悬臂梁的下表面受压，电阻应变片 R_2、R_4 电阻值减小。

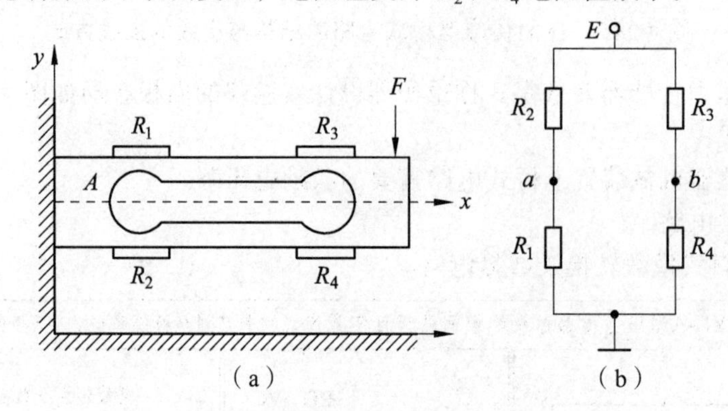

图 4.28.4　悬臂梁应变式电阻压力传感器机械结构示意图

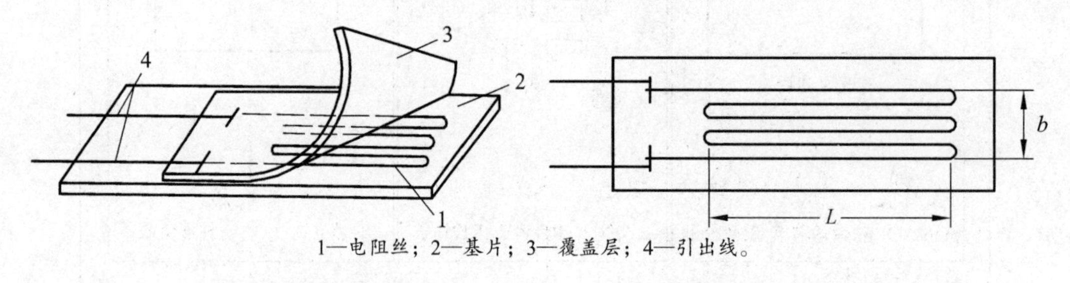

1—电阻丝；2—基片；3—覆盖层；4—引出线。

图 4.28.5　电阻应变片的结构示意图

把粘贴在悬臂梁表面上述位置的 4 个电阻应变片按图 4.28.4（b）的方式连接成一个桥式电路，其平衡条件为

$$R_1 \cdot R_3 = R_4 \cdot R_2 \tag{4.28.1}$$

加载时，阻值增加的电阻应变片应与阻值减少的电阻应变片互为电路中的相邻桥臂。在 F=0 时，如果 4 个电阻应变片的阻值相等，则电桥输出对角线的输出电压为零；当 F 在一定范围内变化时，F 不为零的输出电压就与 F 成正比。这即是悬臂梁应变式电阻压力传感器的工作原理。

假设 F=0 时，R_1 和 R_2、R_3 和 R_4 的阻值均为 R。加载时，悬臂梁的上表面受拉，电阻应变片 R_1、R_3 电阻增大；悬臂梁的下表面受压，电阻应变片 R_2、R_4 电阻减小。也即

$$R_1 = R + \Delta R_1 ,\quad R_3 = R + \Delta R_3 ,\quad R_2 = R - \Delta R_2 ,\quad R_4 = R - \Delta R_4 \tag{4.28.2}$$

由于应变片 R_1 和 R_2 离悬臂梁受力点的横向距离与应变片 R_3 和 R_4 离悬臂梁受力点的横向距离不一样，加载时悬臂梁表面的应力及其相应的应变状态也不完全一样，所以各桥臂电阻的变化量稍有不同。假设

$$\Delta R_3 = \Delta R_4 = \Delta R' ,\quad \Delta R_1 = \Delta R_2 = \Delta R'' \tag{4.28.3}$$

则图 4.28.4（b）所示电桥的输出电压

$$V_{ab} = E(\Delta R'' + \Delta R')/2R \tag{4.28.4}$$

令 $\Delta R = (\Delta R'' + \Delta R')/2$ ，则有

$$V_{ab} = E \cdot \Delta R / R = E \cdot K \cdot F \tag{4.28.5}$$

由上式可知，在 E 一定时，图 4.28.4 中压力传感器的输出电压与各桥臂电阻的平均变化率 $\Delta R/R$ 成正比。在悬臂梁的弹性变形范围内，$\Delta R/R$ 又与悬臂梁自由端的负载 F 成正比，即 $\Delta R/R = K \cdot F$ ，其中 K 是悬臂梁应变式电阻传感器的压力-电压变换灵敏度[mV/（V·kg）]。K 值表示单位负载和单位激励电压作用下，桥式电路的输出电压（mV），其值只与悬臂梁及应变片的材质、几何尺寸等传感特性参数有关。准确测定这一参数，对于压力传感器的后续设计工作具有重要意义。

2. 悬臂梁应变式电阻传感器压力-电压变换灵敏度 K 的测量方法

单位负载、单位激励电压作用下电桥的输出电压很小，因此直接测量悬臂梁应变式电阻传感器的压力-电压变换灵敏度 K 值很难，只能用差分放大电路进行间接测量，测量电路如图 4.28.6 所示。对图 4.28.6 所示测量电路的输出电压 V_o 与压力传感器负载 F、电桥激励电压 E 之间的关系进行定量的理论分析。根据戴维南电路等效变换定理（Thevenin's theorem），图 4.28.6 所示的电路可变换成图 4.28.7 右侧的两个信号源作用的等效电路。

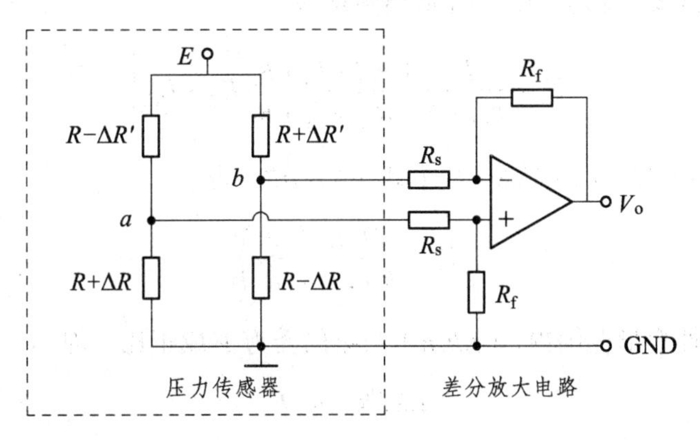

图 4.28.6　测量 K 的电路结构

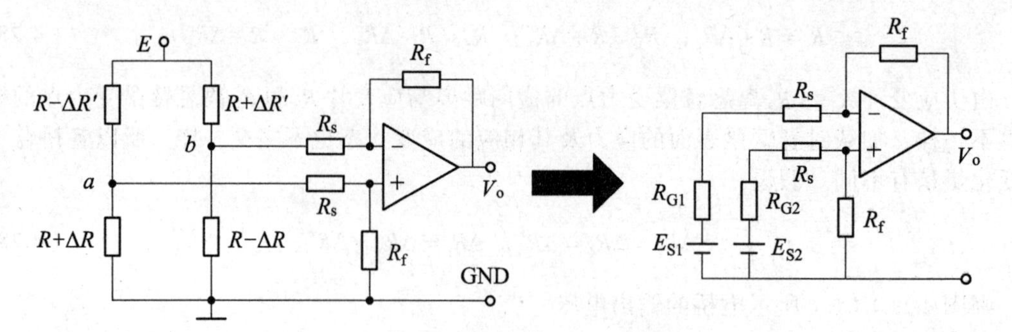

图 4.28.7　测量电路的等效变换

$$E_{s1}=\frac{R-\Delta R}{2R+\Delta R'-\Delta R}\cdot E\approx\frac{R-\Delta R}{2R}\cdot E \tag{4.28.6}$$

$$E_{s2}=\frac{R+\Delta R}{2R+\Delta R-\Delta R'}\cdot E\approx\frac{R+\Delta R}{2R}\cdot E \tag{4.28.7}$$

$$R_{G1}=R_{G2}\cong\frac{R}{2} \tag{4.28.8}$$

根据线性电路理论中的叠加原理，差分放大器输出电压 V_o 可表示为

$$V_0=V_{0-}+V_{0+} \tag{4.28.9}$$

其中，V_{0-} 和 V_{0+} 分别为图 4.28.4 右边等效电路中 E_{s1} 和 E_{s2} 单独作用时对差分放大器输出电压的贡献。由运算放大器的理论可知

$$V_{0-}=-\frac{R_f}{R_s+R_{G1}}\cdot E_{s1}\qquad V_{0+}=\left[\frac{R_f}{R_s+R_{G2}}+1\right]V_{i+} \tag{4.28.10}$$

此处的 V_{i+} 为 E_{s2} 单独作用时运放电路同相输入端的对地电压。由于运放电路同相输入端输入阻抗很大，故

$$V_{i+}=E_{s2}\cdot R_f/(R_s+R_{G2}+R_f) \tag{4.28.11}$$

把以上结果代入式（4.28.9），并经适当整理得

$$V_0=\frac{R_f}{R_{G1}+R_s}\left[\frac{R_{G1}+R_s+R_f}{R_{G2}+R_s+R_f}E_{s2}-E_{s1}\right] \tag{4.28.12}$$

把式（4.28.6）（4.28.7）（4.28.8）代入式（4.28.12）得

$$V_0=\frac{2R_fE}{R+2R_s}\left(\frac{\Delta R}{R}\right) \tag{4.28.13}$$

在悬臂梁的弹性变形范围内，（$\Delta R/R$）与梁的受力 F 成正比，即

$$\Delta R/R=K\cdot F \tag{4.28.14}$$

其中，K 就是前面所说压力传感器的压力-电压变换灵敏度，其值只与悬臂梁的材料和电阻应

变片本身的性能有关，与差分放大电路的参数无关。因此，

$$V_0 = \frac{2R_f E}{R+2R_s}\left(\frac{\Delta R}{R}\right) = \frac{2R_f E}{R+2R_s}KF \tag{4.28.15}$$

在测量电路参数（图 4.28.3）已知的情况下，在悬臂梁弹性应变的范围内测出差分放大电路输出电压 V_o 随压力 F 的线性变化关系后，利用式（4.28.15）即可间接地算出 K 值，其量纲为 mV/（V·kg）。

3. 数字式称重衡器的设计

差分放大器（图 4.28.8）可用于测量压力传感器的压力-电压变换灵敏度 K 值。在电桥激励电压 E、应变片压力-电压变换灵敏度 K 值和 F=0 时应变片的电阻值 R 已知的情况下，可利用式（4.28.15）按额定负载差分放大电路输出满量程双斜式数字电表（比如 199.9 mV）的原则选择电路参数。为实现称重衡器的调零和量程校准，在双斜式数字电表模块部分，设置了接至 V_{i-} 端的补偿电压可调的“零点调节”电位器 W_1 和参考电压 V_{ref} 可调的“量程校准”电位器 W_2，具体的电路连接如图 4.28.9 所示。7107 双斜式模数转换的工作原理可见参考文献[1]。

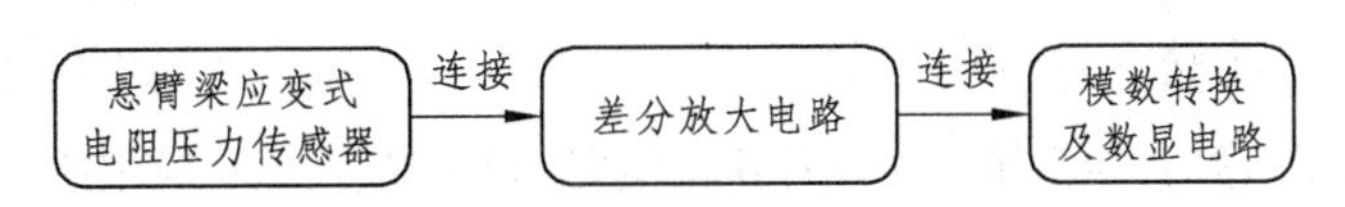

图 4.28.8　称重衡器的结构示意图

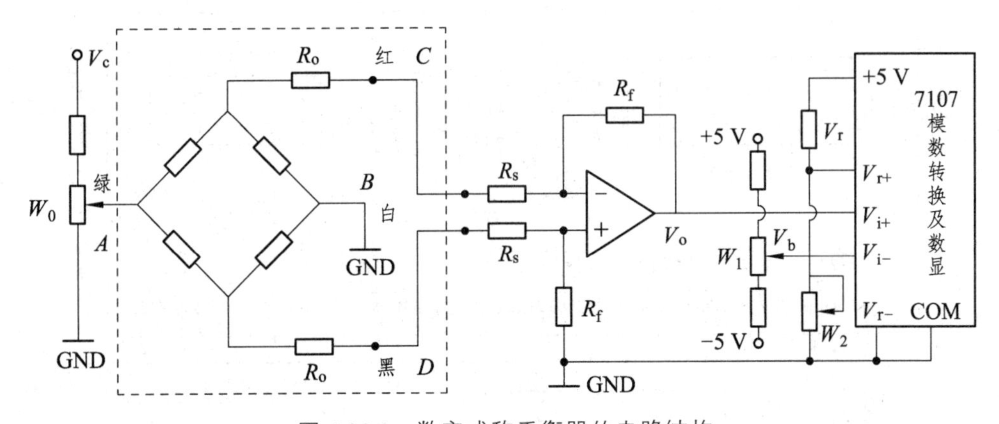

图 4.28.9　数字式称重衡器的电路结构

【实验内容与步骤】

1. 桥式电路参数测量

用数字万用表测量安装在秤盘上的桥式电路激励输入电阻和信号输出电阻，并按图 4.28.10 所示电路结构计算电路参数 R 和 R_o 的电阻值。

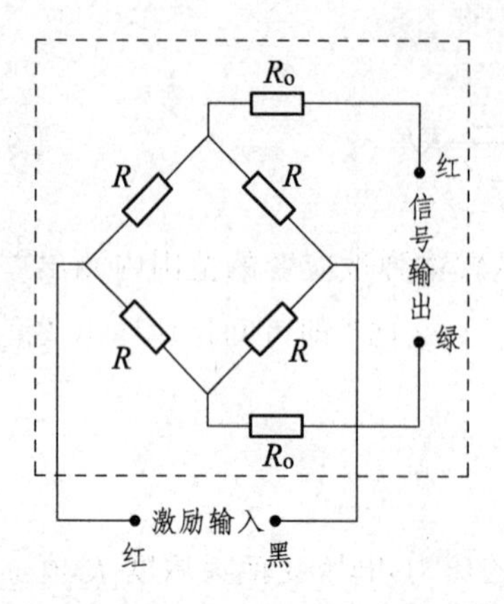

（a）应变片电阻桥式电路

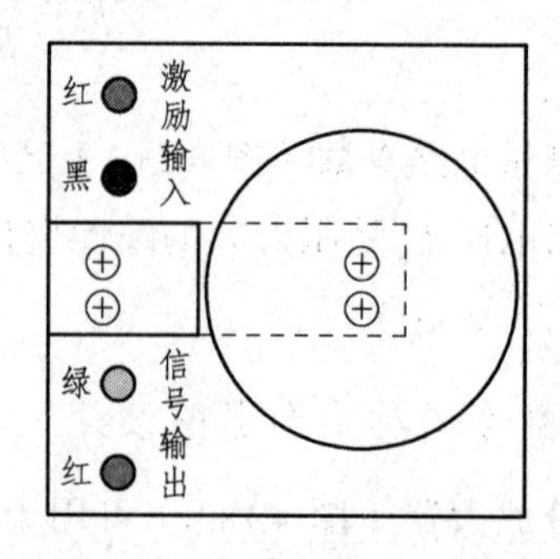

（b）压力传感器加载秤盘

图 4.28.10　桥式电路参数测量

2. 差分放大电路的参数设置与测量

（1）用数字万用表测量仪器面板上 R_{s1} 和 R_{s2} 的电阻值。

（2）把数字万用表分别接到仪器面板的 R_{f1} 和 R_{f2} 测试孔，并调节对应的电位器，使它们的电阻值均为 100 kΩ。

3. 实验系统的连接

如图 4.28.11 所示接好实验系统，应变片桥式电路和差分放大电路就组成了一个压力传感器。

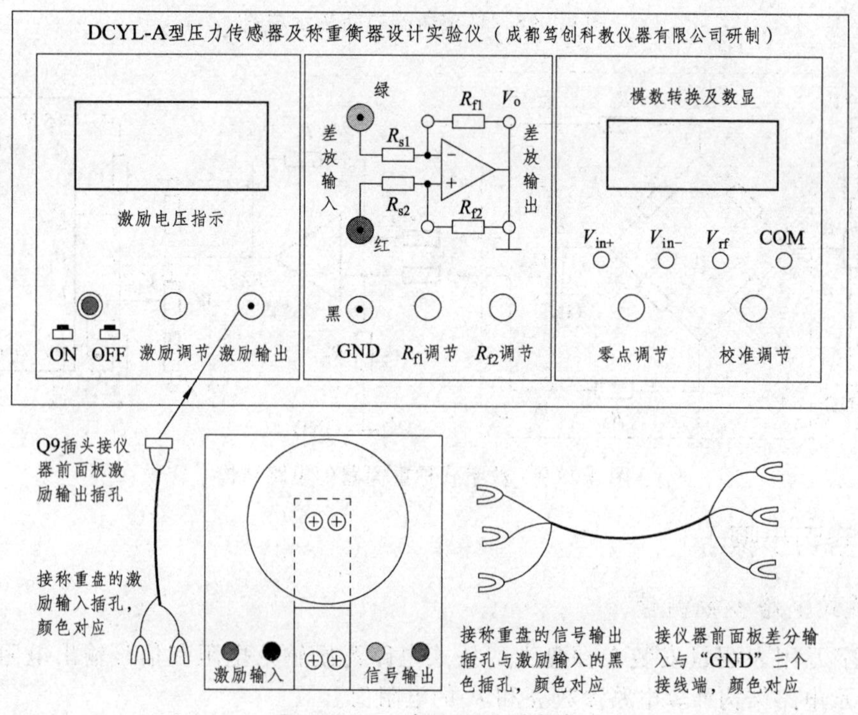

图 4.28.11　实验系统的连接

4. 应变式压力传感器压力-电压变换特性的测定及传感元件灵敏度 K 的计算

如图 4.28.12 所示，把数字万用表拨至电压挡并接到仪器面板上差分放大电路的输出端，把激励电压调到 4 V。然后，从空载开始每增加 100 g 负载读取一次万用表的读数，直到加载到 1 000 g 为止，把测量数据记录在表 4.28.1 中。根据实验数据绘制压力传感器的压力-电压变换特性曲线，经过数据处理后，求出该特性曲线的截距与斜率。最后，根据传感特性曲线的斜率和差分放大电路相关参数，由下式计算应变式桥式电路传感元件的灵敏度 K

$$K = \frac{R + 2R_s}{2R_f E} \cdot \frac{\Delta V_0}{\Delta F} \tag{4.28.16}$$

注意：上式中的 R_s 应是从仪器前面板测得的 R_s 的读数加上桥式电路参数测量结果中 R_o 的值。

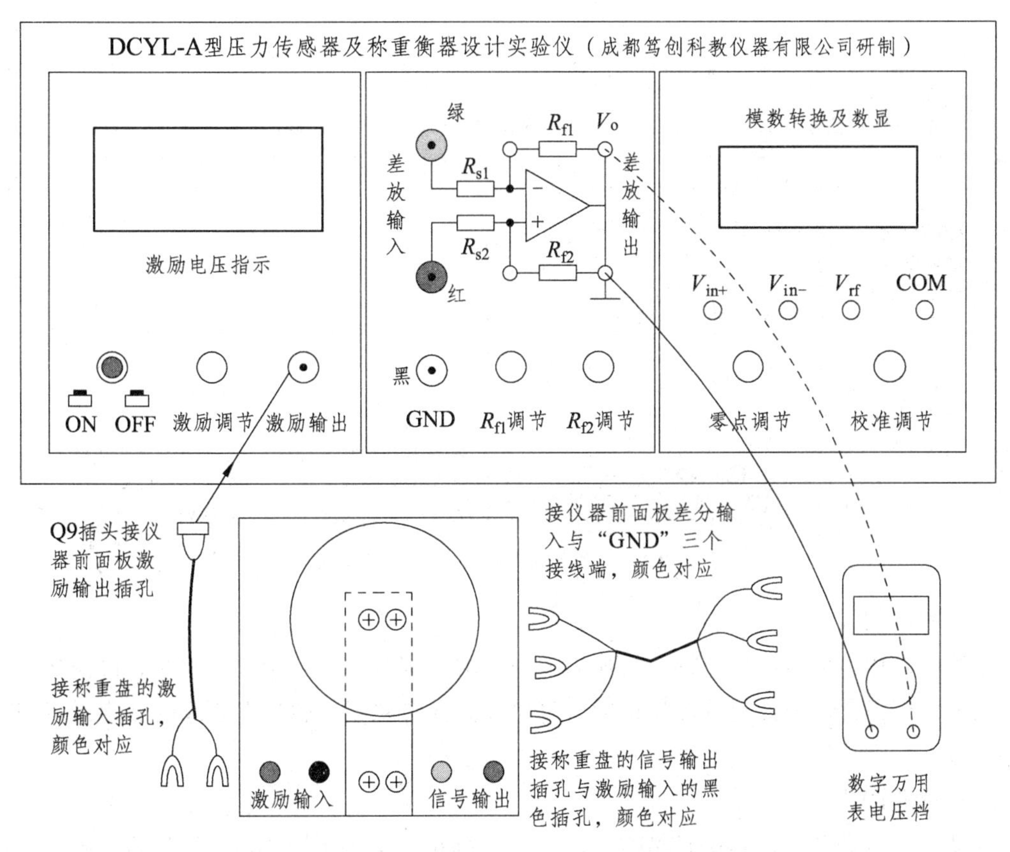

图 4.28.12 压力传感器压力-电压变换特性的测定

表 4.28.1 压力传感器压力—电压变化特性的实验测定

F/kg	0	0.1	0.2	0.3	0.4	0.5	0.6	0.7	0.8	0.9	1
V_o/mV											

5. 数字式称重衡器的组成与调节

保持压力传感器的参数和激励电压不变，如图 4.28.13 所示，用一导线把差分放大器的输出端接至仪器面板右侧 7107 双斜式模数转换器的 V_{in+}端。差分放大“地”端与模数转换器的“COM”端在仪器内已连接在一起。

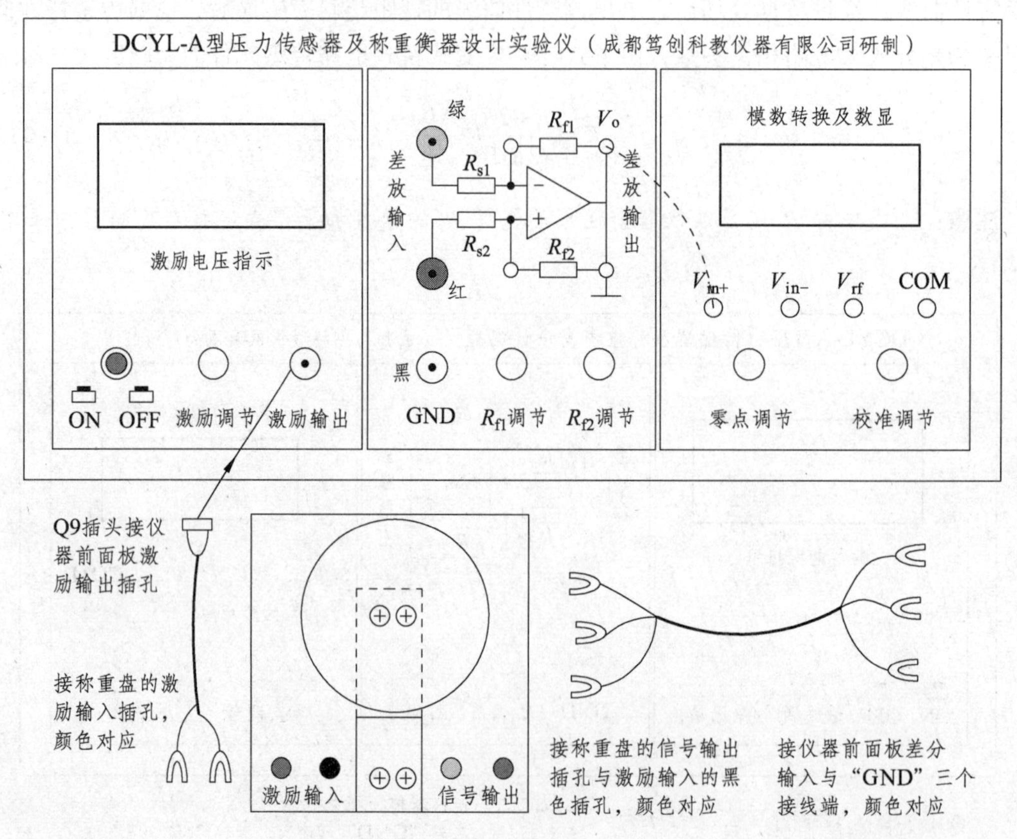

图 4.28.13　数字式称重衡器的组成与调节

（1）零点调节。

把数字万用表电压挡接到模数转换器的 V_{in-}端，调节“零点调节”旋钮，使模数转换器显示为零。记录万用表此时的电压读数，将该读数与传感器传感特性曲线的截距对应的电压值相比较。

（2）校准调节。

保持“零点调节”旋钮的调节状态不变，在称重盘上加上 1 000 g 负载后，调节“校准调节”旋钮，使模数转换器显示 1 000 的读数。用数字万用表测量模数转换器参考电压 V_{rf} 的读数。把这一读数与传感器传感特性 $F=0$ 和 $F=1\ 000$ g 时对应电压的差值相比较。

（3）校准曲线的测定。

校准范围 0 ~ 1 kg，从零开始，每隔 100 g 进行一次校准测量，并把结果记录在表 4.28.2 内。

表 4.28.2　称重衡器校准曲线的实验数据

砝码/g	0	100	200	300	400	500	600	700	800	900	1 000
称重衡器数显											

（4）称重衡器的使用。

在实验室选择 3 个重量在 0 ~ 2 kg 范围的物体放在称重衡器的托盘上，观察和记录物品名称和数显结果。

参考文献：

[1] 杨述武，等. 普通物理实验：4：综合与设计部分. 5 版. 北京：高等教育出版社，2016.

5 设计性实验

5.1 设计性实验概述

5.1.1 设计性实验的性质

设计性实验是一种介于基本教学实验和实际科学实验之间、具有对科学实验进行初步训练特点的教学实验。课题或项目需进行精心挑选，具有典型性、探索性和设计性特点，还要考虑到实验者能够在给定的时间内独立完成（即具有可行性）。要求学生自行推导有关理论，确定实验方法，选择仪器设备，开展实验操作，最后独立完成实验报告等各项内容。

设计性实验的核心是设计和选择实验方案，在实验过程中检验实验方案的准确性和合理性。设计性实验一般包括下列几个方面：根据实验的具体要求，确定实验原理，选择实验方法和测量方法，选择实验仪器和处理实验数据。

5.1.2 实验方案和实验仪器的选择

实验方案一般包括实验方法、测量条件、数据处理方法、综合分析和误差估算等。

1. 实验方法的选择

根据研究对象，收集多种可能的实验方法，即根据物理原理，确定被测量与可测量之间关系的各种可能方法，然后比较选用方法能达到的实验准确度、适用条件及实验实施的可能性，以确定最佳“实验方法”。

2. 测量条件的选择（确定最有利条件）

确定最有利条件，也就是确定在什么条件下进行测量引起的误差最小。这个条件可以由各自变量对误差函数求导并令其为0而得到。

例1 用惠斯通电桥测未知电阻 R_x 时，R_x 可按下式求出

$$R_x = R\frac{l_1}{l_2} \tag{5.0.1}$$

R 为已知电阻，l_1 和 l_2 为滑线两臂长。问滑线电阻的触头位置应如何放，方可使 R_x 的相对误差最小。

解：设其他误差甚小，R_x 误差仅与 l_1 或 l_2 的误差有关。因两臂总长 $L=l_1+l_2$ 不变，于是，

$$R_x = R\frac{L-l_2}{l_2} \tag{5.0.2}$$

故 R_x 的相对误差（$\Delta R_x / R_x$）与 l_2 的误差 Δl_2 有如下关系式

$$\frac{\Delta R_x}{R_x} = \frac{L}{l_2(L-l_2)}\Delta l_2 \tag{5.0.3}$$

即相对误差随 l_2 和 Δl_2 变化，

令
$$\frac{\mathrm{d}}{\mathrm{d}l_2}\left(\frac{\Delta R_x}{R_x}\right) = 0 \tag{5.0.4}$$

按要求，误差 Δl_2 应作为已知常量，则由上式可解得

$$l_2 = L/2 \tag{5.0.5}$$

由此可知，当 $l_1 = l_2$，即滑线电阻的触头在滑线中央时，可得到最有利的测量条件。

3. 用误差分配选择测量仪器

在进行一项测量工作前，需要按任务和准确度要求选择实验方案（即决定测量原理和选用仪器），确定方案中的误差来源，并分配每项误差的允许大小，即需要进行误差分配。这样在测量完成后，即可保证实现任务准确度指标。

误差分配一般有两个步骤：

（1）按等分原则分配。

若总准确度指标用误差$\varDelta$表示，有 n 个误差因素，则每个先分配$\varDelta/n$。

（2）按可能性调整。

每个误差分配$\varDelta/n$之后，由于技术水平和经济条件有限，有的难以完成，则可降低要求，即相应误差要求可比$\varDelta/n$大；有的容易实现，则对它的误差要求可比$\varDelta/n$小。

例 2 用伏安法测电阻，要求（$\Delta R_x / R_x$）≤1.5%，问应如何选择仪器和测量条件？

解：设伏安法测电阻中两种仪表（电压表、电流表）互相影响可能给结果带来的系统误差，由于选择了合适的测量电路而可忽略不计。

由
$$\frac{\Delta R_x}{R_x} = \frac{\Delta I}{I} + \frac{\Delta U}{U} \leqslant 1.5\% \tag{5.0.6}$$

则要求
$$\frac{\Delta I}{I} \leqslant 0.75\%,\quad \frac{\Delta U}{U} \leqslant 0.75\% \tag{5.0.7}$$

据此，可选择仪器和测量条件：为了保证$\dfrac{\Delta U}{U} \leqslant 0.75\%$，必须选用 0.5 级电压表，设实验所用电源为 9 V，电表量程根据实际选用U_{m}=7.5 V，这样就可定出电压 U 的测量条件。

由 $$\frac{\Delta U}{U_{\mathrm{m}}}\leqslant 0.5\%\text{（级别误差定义）} \tag{5.0.8}$$

故 $$\Delta U\leqslant 7.5\times 0.5\% = 0.038\ (\mathrm{V}) \tag{5.0.9}$$

因而 $$U\geqslant \frac{\Delta U}{0.75\%} = 5\ (\mathrm{V}) \tag{5.0.10}$$

即测量时必须使电压在 5 V 以上，才能保证 $\frac{\Delta U}{U}\leqslant 0.75\%$的误差要求。

同理，为了保证 $\frac{\Delta I}{I}\leqslant 0.75\%$，电流表也应选用 0.5 级。为确定测量条件，必须估计被测电阻的大约数值，以便定出 I 的限值，才能确定电流表应选用的量程。设 R_x 的估计测量值为 30 Ω，则 $I_{\max}\approx 250$ mA，故选用量程为 300 mA。至于 I 的测量条件，则仍由 $\frac{\Delta I}{I}\leqslant 0.75\%$定出，因

$$\Delta I\leqslant 300\times 0.5\% = 1.5\ (\mathrm{mA}) \tag{5.0.11}$$

故 $$I\geqslant \frac{\Delta I}{0.75\%} = 200\ (\mathrm{mA}) \tag{5.0.12}$$

即测量时必须使电流 $I\geqslant 200$ mA 才能保证误差要求。

选择测量仪器时，一般须考虑四个因素：仪器的分辨率、准确度、量程和价格。在满足测量要求的情况下，应尽量选择量程较小的仪器。在能满足分辨率和准确度要求的条件下，应尽可能选择价格较低的仪器。

4. 测量方法的选择

在实验方法确定的情况下，对某一量的测量，若有几种方法可供选择，则应选择测量结果误差最小的那种。

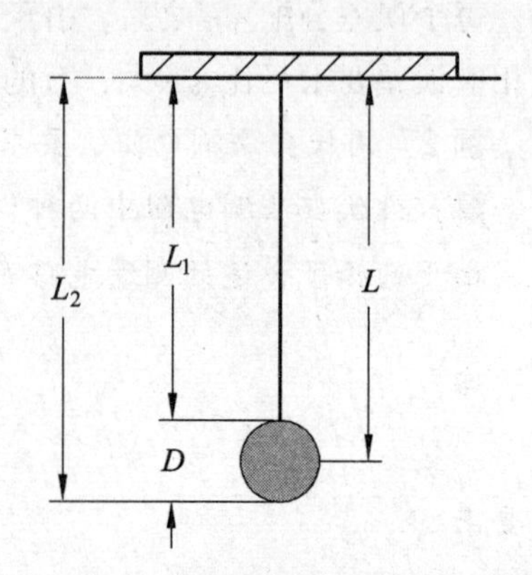

图 5.0.1 测量单摆摆长实验装置

例 3 测量如图 5.0.1 所示单摆摆长 L。

可供测量的方法有三种：

（1）$L=\frac{L_1+L_2}{2}$

（2）$L=L_1+\frac{D}{2}$

（3）$L=L_2-\frac{D}{2}$

用毫米刻度的直尺测量 L_1，L_2，其最大示值误差

$$\varDelta = 0.05\ \mathrm{cm},\quad \sigma_{L_1}=\sigma_{L_2}=\varDelta/\sqrt{3}=0.03\ (\mathrm{cm})$$

用 1/10 mm 游标卡尺测量 6 次直径 D，若 $\sigma_D = 0.02$ cm，问该选择哪种方法测量？

解： 由误差分析知

方法（1）中：$\sigma_L=\sqrt{\frac{1}{4}\sigma_{L_1}{}^2+\frac{1}{4}\sigma_{L_2}{}^2}=0.021\ (\text{cm})$

方法（2）与（3）中：$\sigma_L=\sqrt{\frac{1}{4}\sigma_{L_1}{}^2+\frac{1}{4}\sigma_D{}^2}=0.032\ (\text{cm})$

可见，第一种测量方法误差最小，应选择第一种方法进行测量。

实验 29 重力加速度的研究

【实验目的】

（1）研究比较几种测量重力加速度 g 的方法。

（2）根据实验室提供的仪器设备设计两种以上实验方案，来测定本地区的重力加速度 g。

【实验要求】

（1）测量 g 的误差 $E_{g当地} \leqslant 1.0\%$（成都地区 $g = 9.792\ \mathrm{m \cdot s^{-2}}$）。

（2）分析系统误差。

【实验仪器】

单摆、自由落体测定仪、直尺、游标卡尺、停表、光电计时系统（光电门）、物理天平、刚体转动惯量仪、三线摆。

【实验提示】

（1）摆长为 l 的单摆，其摆动周期与摆动角 θ 的关系为

$$T = 2\pi\sqrt{\frac{l}{g}\left(1+\frac{1}{4}\sin^2\frac{\theta}{2}+\cdots\right)} \tag{5.29.1}$$

取零级近似，有

$$T = 2\pi\sqrt{\frac{l}{g}} \tag{5.29.2}$$

要注意上式的条件：合理选定 l、d、m、θ、摆动次数 n 和计时位置（d 为小球的直径，m 为小球的质量）。

（2）用塔轮系统测转动惯量实验的公式为

$$I = \frac{mgr^2}{2S}t^2 \tag{5.29.3}$$

具体测量详见刚体转动实验。

（3）自由落体的高度公式为

$$h = v_0 t + \frac{1}{2} g t^2 \tag{5.29.4}$$

【问题讨论】

（1）比较分析任意两种测量重力加速度 g 的方法的优缺点。

（2）分析所用方法的系统误差产生的原因，找出修正方法。

实验 30　电阻特性的研究

【实验目的】

训练简单测量电路的设计和测量条件的选择。

【实验要求】

（1）确定测量条件，修正系统误差（电表的电阻影响）。
（2）测绘样品伏安特性曲线。
（3）对样品伏安特性曲线进行定性分析。

【实验仪器】

小电珠、直流电压表、直流电流表、稳压电源、变阻器、导线等。

【实验提示】

（1）选择测量方法粗测样品电阻，判断其属线性电阻还是非线性电阻。
（2）判定电阻特性后，根据其特性选择测量方法、仪器及其量程。
（3）根据所选仪器内阻确定仪器组合方式。
（4）根据所选仪器级别、量程，预计实验系统绝对误差。
（5）结合测量值预计实验相对误差范围，根据所选仪器灵敏度预计实验最大随机误差。

实验 31　RC 串联电路充、放电过程的研究

【实验目的】

（1）了解 RC 串联电路在暂态过程中电压、电流的变化规律，加深对电容性能的认识。

（2）进一步熟悉示波器的作用，提高分析电路的能力。

【实验要求】

（1）观察电阻、电容串联电路的充、放电过程。用数字电压表、停表测定电路的时间常数 $\tau(\tau = RC)$，数据不能少于 5 组。

（2）测绘 RC 电路的放电曲线（数据不少于 10 组）。

（3）用示波器观察 RC 串联电路的充、放电曲线，测定电路的时间常数 τ。

（4）绘出上述内容的实验电路，写出实验步骤。自拟记录表格，并考虑安排测量点的分布使实验曲线作得好些。

【实验仪器】

晶体管直流稳压电源、数字电压表、万用电表、RC 接线板、方波信号发生器、停表等。

【实验提示】

（1）用图 5.31.1 所示电路研究 RC 电路充电过程的电压（U_C、U_R）、电流随时间 t 的变化规律，即导出

电容的电压　$$U_C = E(1-\mathrm{e}^{-\frac{t}{\tau}}) \tag{5.31.1}$$

电阻的电压　$$U_R = E\mathrm{e}^{-\frac{t}{\tau}} \tag{5.31.2}$$

电流　$$i = \frac{E}{R}\mathrm{e}^{-\frac{t}{\tau}} \tag{5.31.3}$$

式中，$\tau = RC$，称为电路的时间常数，其大小反映暂态过程的快慢。

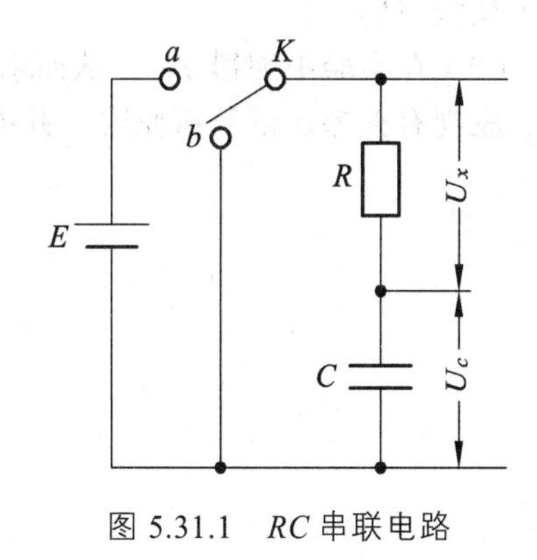

图 5.31.1　RC 串联电路

（2）研究 RC 电路放电过程的电压（U_C、U_R）、电流随时间 t 的变化规律。

$$U_C = E\mathrm{e}^{-\frac{t}{\tau}} \tag{5.31.4}$$

$$U_R = -E\mathrm{e}^{-\frac{t}{\tau}} \tag{5.31.5}$$

$$i=-\frac{E}{R}\mathrm{e}^{-\frac{t}{\tau}} \tag{5.31.6}$$

可见 RC 串联电路的充电过程和放电过程相似。U_C、U_R 和 i 都是时间的函数，并且都按指数规律变化。在充电过程中 U_C 上升到终值的一半（或放电过程中 U_C 下降到初值的一半）所需的时间 $T_{1/2}$ 为半衰期，它也可反映暂态过程的快慢，它与 τ 之间的关系是

$$T_{1/2}=0.693\,\tau=0.693RC \tag{5.31.7}$$

或

$$\tau=1.44\,T_{1/2} \tag{5.31.8}$$

实验中测量 $T_{1/2}$ 比测量 τ 容易，再由已知的其他值求得 R。

（3）放电电压曲线是指 U_C-t 关系曲线。开始时放电较快，每次可以重新开始。放电后期，可用手轻拍敲表壳，以纠正指针的滞后现象。由 U_C-t 曲线求得 $T_{1/2}$，再由 $T_{1/2}$ 求得 τ。

（4）采用曲线改直线法，即作 $\ln U_C=-\frac{t}{\tau}+\ln E$ 的关系曲线。如果是一直线，则证明 U_C-t 是指数关系，可由斜率求得 τ。

（5）利用示波器观察方波作用下 RC 串联电路的充、放电曲线，仪器连接如图 5.31.2 所示。

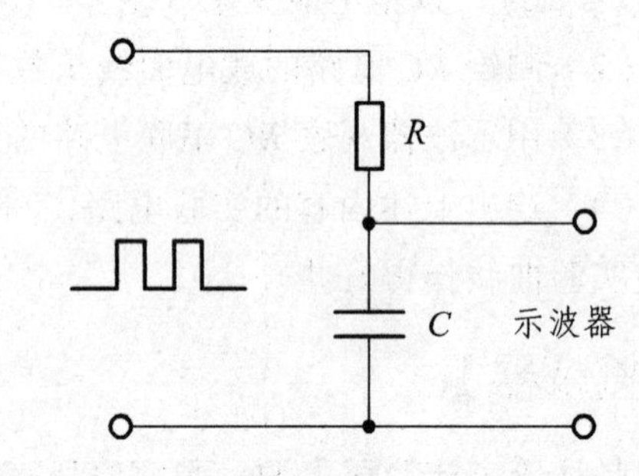

图 5.31.2　用示波器观察 RC 电路放电曲线

【问题讨论】

（1）为什么说时间常数 $\tau=RC$ 是 RC 电路充、放电快慢的标志?

（2）在实验中测得 $T_{1/2}$，从而求得 τ 的值，将此 τ 值与以 R、C 标称值求得的 τ 值进行比较，发现有误差。试分析原因，并提出解决方法。

实验 32　光栅特性的研究

【实验目的】

（1）了解衍射光栅的特性。

（2）测量衍射光栅的特性参数。

（3）进一步熟悉分光计的调节。

【实验要求】

（1）测出所给光栅的主要特性参数：光栅常数 d、光栅的分辨本领 R 和角色散率 D。

（2）利用所给光栅测出钠灯的钠双线（即 D1、D2 线）的波长，要求相对误差 $E_{\lambda} \leqslant 0.1\%$。

（3）记录光栅光谱和棱镜光谱的排列顺序，并分析比较它们的特点。

【实验仪器】

分光计、全息光栅、棱镜、钠光灯、低压汞灯。

【实验提示】

（1）根据夫琅禾费光栅衍射理论，当一束平行光垂直入射到光栅平面上时，光波将发生衍射。衍射光谱中亮条纹的位置由光栅方程决定

$$d\sin\phi = k\lambda \quad (k = 0,\ \pm 1,\ \pm 2,\ \cdots) \tag{5.32.1}$$

式中，$d=(a+b)$ 称为“光栅常数”；k 为衍射光谱的级数；λ为入射光波长。

（2）光栅能被分辨出相邻两条谱线的能力是受限制的，波长相差 $\Delta\lambda$ 的两条相邻谱线，若其中一条谱线的最亮处恰好在另一条谱线的最暗处，则两条谱线能被分辨。此时，光栅分辨本领定义为

$$R = \frac{\lambda}{\Delta\lambda} \tag{5.32.2}$$

式中，$\Delta\lambda$ 为两条刚能被分辨的谱线的波长差；λ为谱线的平均波长。

根据瑞利判据可以证明，光栅的分辨本领还可表示为

$$R = kN \tag{5.32.3}$$

式中，N 是光栅上受到光波照射的光缝总数。

若被照面的宽度为 l，则

$$N = l/d \tag{5.32.4}$$

（3）角色散率的定义为

$$D = \frac{\Delta\phi}{\Delta\lambda} \tag{5.32.5}$$

式中，$\Delta\varphi$ 为两谱线衍射角之差。

若对式（5.32.4）两边取微分，可得

$$D = \frac{k}{d\cos\phi} \tag{5.32.6}$$

【问题讨论】

（1）应用光栅方程应满足什么条件？实验时如何保证？

（2）光栅分光与棱镜分光的光谱有何区别？

（3）分光计不变，若换一块刻痕数更多的光栅（光栅常数相同），能否提高分辨本领？

实验 33　电表的改装

【实验目的】

（1）掌握把微安表头改装为电流表和电压表的原理和方法。

（2）学会电流表和电压表的校正方法。

【实验要求】

（1）表头改装为电流表。

（2）表头改装为电压表。

（3）电表的校准。

【实验仪器】

100 μA 表头、旋转式电阻箱、滑线变阻器、数字万用表、电源等。

【实验提示】

（1）“表头”——用于改装的微安表，其满偏电流 I_g 越小，灵敏度越高。将表头增大量程的方法为：在表头两端并联电阻 R_p，如图 5.33.1 所示，选不同的 R_p，可改装成不同量程的电流表。

当表头满偏时，由欧姆定律可得

$$I = I_g\left(1+\frac{R_g}{R_p}\right) \tag{5.33.1}$$

式（5.33.1）给出了改装电流表读数与表头原来读数间的对应关系。

（2）将表头改装为电压表，其方法是根据串联电阻分压的原理，用一电阻 R_s 和表头串联，如图 5.33.2 所示，选用不同的 R_s 可改装成不同量程的电压表。

当表头满偏时，由欧姆定律可得

$$R_s = \frac{U}{I_g} - R_g \tag{5.33.2}$$

式（5.33.2）给出了改装电压表量程与扩程电阻间的关系，确定了改装表与原表头刻度读数间的对应关系。

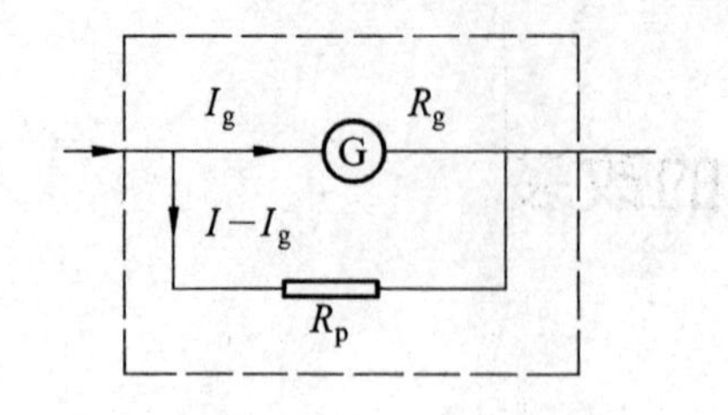

图 5.33.1　增大表头量程

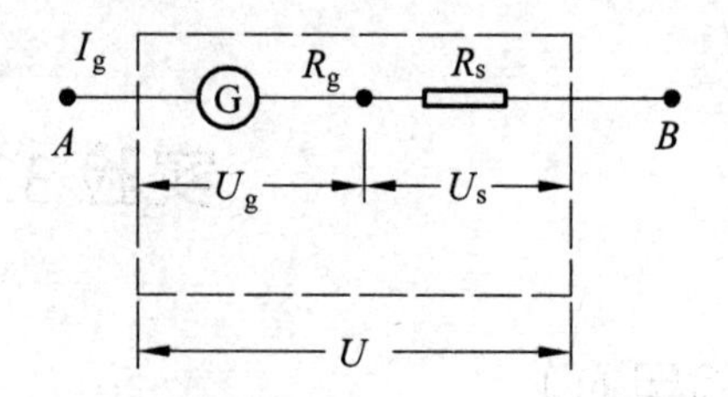

图 5.33.2　表头改装为电压表

（3）电表的校准。

将一标准表与改装电流表串联（若作电压表的校准曲线应为并联）在一电路中，通以电流，读出改装表各刻度指示值 I_x 与标准表对应的指示值 I_s，得到该刻度的修正值 $\delta I_x = I_x - I_s$。以 I_x 为横轴，δI_x 为纵轴，两校准点之间用直线连接，可得该改装表的校准曲线。根据校准曲线可修正电表的读数，得到较准确的结果。

实验 34　测微安表内阻

【实验要求】

（1）用电位差计进行测量。安排实验线路时要考虑进行测量时如何保证微安表不过载，怎样选择线路元件参数才能使系统误差最小。

（2）用自组电桥进行测量。没有另外的指示仪器。设计出实验线路，推导出被测电表内阻的计算公式，简述实验原理、步骤和注意事项。

（3）对两种方法进行比较说明。

【实验仪器】

微安表（量程 100 μA，内阻千欧量级）1 个、电阻箱 2 个、滑线变阻器 2 个、直流稳压电源 1 台、UJ36a 型电位差计 1 台、开关等。

实验 35　利用半导体元件设计、制作温度计

【实验要求】

从所给半导体元件中任选两种，根据其特性设计制作温度计，并实现计算机自动测温，要求误差在 1 K 以内，最后对两种温度计进行比较。

【实验仪器】

热敏电阻、AD590、P-N 结，TS-B4 型温度传感技术综合实验仪、电磁恒温搅拌器、温度计（0 ~ 100 °C）、烧杯、变压器油、数字万用表、计算机等。

实验 36　高电阻的测定

【实验要求】

（1）测定高电阻（10^6 Ω以上）的阻值，不确定度≤1.5%。

（2）自己设计测试线路，选择仪器。

实验 37　制作全息光栅

【实验目的】

（1）了解全息光栅的原理。

（2）学习制作全息光栅的技术。

【实验要求】

（1）设计一个拍摄全息光栅的光路。

（2）制作空间频率为 500 条 · mm^{-1} 的全息光栅。

（3）检验所制作的光栅常数，要求相对误差在 2%以内。

（4）写出实验报告。

【实验仪器】

全息台、He-Ne 激光器、全息干板、分束器、扩束镜、反光镜 2 个、准直透镜 2 个、磁性可调支架座、毛玻璃屏、直尺、暗室设备、分光计、钠光灯等。

【实验提示】

（1）两束相干的单色平行光成一定角度 θ 相交时，在两束光相交面上将形成干涉条纹。设两束平行光入射到平面上的夹角为 θ_1、θ_2，那么干涉的间距

$$d=\frac{\lambda}{2\sin\frac{\theta_1+\theta_2}{2}\cos\frac{\theta_1-\theta_2}{2}} \tag{5.37.1}$$

式中，λ 为入射光波长。

当 $\theta_1=\theta_2=\theta/2$ 时，有

$$d=\frac{\lambda}{2\sin\frac{\theta}{2}} \tag{5.37.2}$$

（2）在两束光的重合区放入焦距为 f 的透镜，两束光在透镜的后焦平面上聚成两个亮点，测出两亮点的距离，就可求出两束光的夹角 θ。

（3）若将两束平行光的相交平面换成全息干板，并把干涉条纹拍摄下来，经显影、定影处理后便是一块全息光栅。

（4）要提高光栅的衍射效率，可在定影后进行漂白处理。

（5）在分光计上检验光栅常数。

实验 38　测定透明液体的折射率

【实验要求】

自己选择一种透明液体，确定实验方案和仪器。

附　录

科技综合实验

伯努利悬浮盘

【实验目的】

了解伯努利定理的应用。

【实验原理】

18 世纪瑞士物理学家丹尼尔·伯努利发现理想流体在重力场中作稳定流动时，同一流线上各点的压强、流速和高度之间存在一定的关系。当流体通过物体表面时，流速越大，则压强越小。根据伯努利定理，当喷气口中喷出的气体遇到圆盘后，便自圆盘中心沿圆盘径向向外迅速扩散，从而使得圆盘上部的气流速度大于其下部。根据伯努利定理可知，此时圆盘底部的气压大于其上部的气压，因而圆盘悬浮在空中。

【实验内容与步骤】

（1）打开电源开关，使气流从出风口涌出。

（2）将圆盘托起到出风口处，空气沿着圆盘四周高速流出，由于圆盘上方气体的流速比下方的流速大，根据伯努利定理，下方的压强大于上方的压强，因此对圆盘产生向上的推力。

（3）调整圆盘与出风口之间的间隙，在一定情况下向上的推力等于圆盘自身的重力，圆盘就会悬浮起来。

共振演示

【实验目的】

（1）了解利用长短不同的弹性钢片在周期性外力作用下产生共振的方法。

（2）理解利用弹性钢片形成驻波的原理。

【实验原理】

一个振动系统，如果没有能量的不断补充，振动最终会停下来。因此，为了获得稳定的振动，通常对系统施加一个周期性的外力，该力称为策动力。周期性的策动力作用下的振动称为受迫振动。理论计算表明，受迫振动在稳定后的振动频率与策动力的频率相同。振幅与策动力的频率满足如下关系：

$$\omega=\sqrt{\omega_0^2-2\beta^2} \tag{1}$$

式中，ω_0为系统固有频率，β为阻尼系数。

当策动力的频率满足式（1）时，系统振幅达到最大，称为共振。

因为阻力很小，所以共振的条件可以近似写为

$$\omega=\omega_0 \tag{2}$$

即当策动力的频率与固有频率相同时发生共振现象。

系统的固有频率一般与系统的弹性模量和惯量有关。在惯量相同的情况下，弹性模量越大，固有频率越大；在弹性模量相同时，惯量越大，固有频率越小。因此，由同种材料做成的截面相同的弹性钢片，长度越长，固有频率越小。

【实验内容与步骤】

共振设备如图 1 所示，其结构原理见图 2。

图 1　共振实验仪器

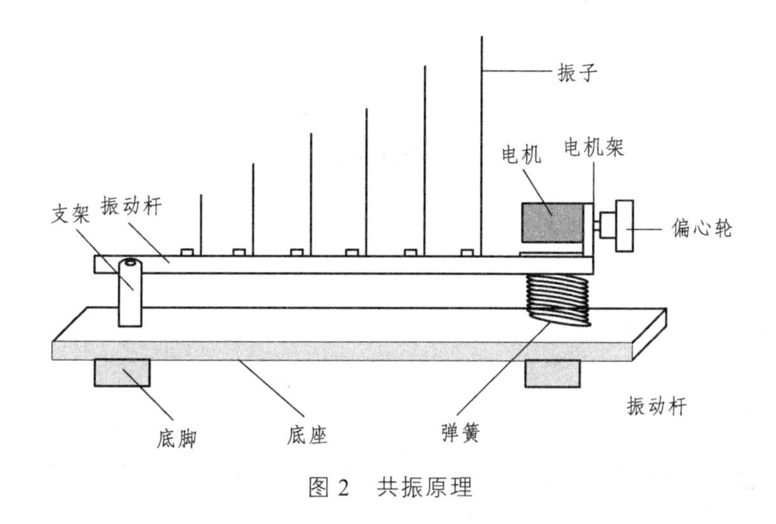

图 2　共振原理

（1）将仪器放置在水平桌面上，接通电源，仔细调节电源电压，使电机转速逐渐增快，可观察到弹性钢片从长到短逐个振动。

（2）弹性钢片从长到短逐个振动的过程中，可观察到同一弹性钢片在不同频率时，两个方向的振动情况，还可以发现一个方向上会出现两次振动并观察比较振动时的振幅。

（3）调节到一定频率时（调节电压），在较长的钢片中可观察到驻波现象。

注意事项：因电机最大额定电压为 24 V，切记调节输出电压时不要超过 24 V，以免损坏电机。

电磁炮

【实验目的】

理解电磁炮的运行原理。

【实验原理】

电磁炮是利用电磁力代替火药爆炸力来加速弹丸的电磁发射系统，它主要由电源、高速开关、加速装置和炮弹四部分组成。加速线圈固定在炮管中，当它通入瞬时强电流时，穿过闭合线圈的磁通量发生变化。由于电磁感应现象，置于线圈中的金属炮弹会产生感生电流，感生电流与通电线圈的磁场相互作用，产生洛仑兹力，使金属炮弹远离线圈，从而飞速射出。

【实验内容与步骤】

将炮弹从炮管尾部放入，按下启动按钮即可发射。

注意事项：仪器应可靠接地；由于三相交流电有相序之分，若所接相序与本仪器所要求的相序不同，则炮弹会向相反的方向运动，因此发射时请勿站在炮筒尾部；不要长时间频繁通电，防止线圈发热过度，影响使用寿命；不用时请将总电源插头拔掉，切断电源。

电影原理

【实验目的】

理解人眼的视觉暂留特性。

【实验原理】

人眼在观察景物时，光信号传入大脑神经，需经过短暂的时间，光的作用结束后，视觉形象并不立即消失，这种残留的视觉称“后像”，视觉的这种现象则被称为“视觉暂留”。其具体应用是电影的拍摄和放映。原因是由视神经的反应速度造成的，其时值是 1/24 s。这是动画、电影等视觉媒体形成和传播的根据。视觉实际上是靠眼睛的晶状体成像，感光细胞感光，并且将光信号转换为神经电流，传回大脑引起人体视觉。感光细胞的感光是靠一些感光色素完成的，感光色素的形成是需要一定时间的，这就形成了视觉暂停的机理。演示仪器利用人眼的视觉惰性即视觉暂留结合频闪灯的特殊作用，演示了电影成像的原理。

【实验内容与步骤】

将前面的转轮与后面的转轮缓慢地朝相反的方向转动，观察动物图案的变化。

光学幻影

【实验目的】

了解幻影仪的原理。

【实验原理】

隐藏在幻影仪机箱下部的地方摆放着一朵转动的花朵，此花朵（光线）被凹面镜反射回来，镜子的曲度使反射光线汇聚，故影像每一点发出的光都会被汇聚在凹面镜前空间相应的点。当影像每一点被这样汇聚时，就在凹面镜前相应位置形成影像。我们把这个影像再通过一个分光镜反射到窗口外部，在空间中就会呈现出逼真的立体像。

【实验内容与步骤】

当人们误把经凹面镜反射的影像当作屏幕上正在播放的实像而伸手去抓时，当然是什么也抓不到的。当把影像放到凹面镜二倍焦距处时，空中将呈现出等大逼真的立体像，所成影像具备较高的清晰度、立体感和真实感，但其“看得见、摸不着”。

立体观察镜

【实验目的】

了解立体观察镜原理。

【实验原理】

目前的 3D 立体显示技术其原理在于制造视觉差。由左右眼看到不同的图像，在人脑中重现，进而实现 3D 立体的感觉，比如红蓝 3D 眼镜（图 3）。我们知道，只有在两只眼睛看到物体的时候，才可以确定其位置。而当闭上一只眼睛的时候，即便可以轻松看清楚物体，但是对于物体的位置判断已经不准确了。目前的 3D 技术就是通过让左右眼看到不同的东西，在人脑中产生立体的感觉。左右眼分别看到了不同的信息，然后在脑中重组，由于接受的是不同的信号，所以重组发生异变，将原本 2D 的图像转化为 3D 图像。

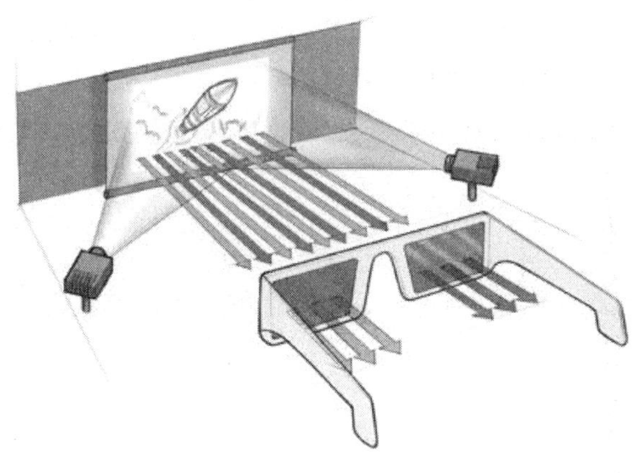

图 3　红蓝 3D 眼镜原理

如果左眼看到了稍微偏左的图像，而右眼看到了稍微偏右的图像，两个图像在人脑中重组时，就会产生图像偏移的情况，图像会离我们更远。如果左眼看到偏右的图像，而右眼看到偏左的图像，则会使我们看到的物体在显示屏的前方，图像我们更近，观察的图像便有了立体的感觉。

【实验内容与步骤】

借助 3D 眼镜，通过单眼和双眼观察经过特殊处理的图片和影像，并解释观察到的现象。

菲涅尔透镜

【实验目的】

理解菲涅尔透镜的衍射现象。

【实验原理】

菲涅尔透镜（Fresnel lens），如图 4 所示，简单地说就是在透镜的一侧有等距的齿纹。通过这些齿纹，可以达到对指定光谱范围的光带通（反射或者折射）的作用。菲涅尔透镜又称螺纹透镜，它相当于两个平凸透镜镜面相对放置组成的聚光透镜，它具有凸透镜的特点，所成的像既可以是放大的，也可以是缩小的。透镜上布满了细小的锯点型同心圆条纹，使得穿过此镜的光线弯曲并产生衍射现象，从而形成影像。衍射现象是由光的波动性产生的，法国物理学家菲涅尔对绕射理论做出突出贡献，此镜由此得名。

菲涅尔透镜是由聚烯烃材料注压而成的薄片，镜片表面一面为光面，另一面刻录了由小到大的同心圆，它的纹理是利用光的干涉及绕射原理并根据相对灵敏度和接收角度要求来设计的。制作透镜的要求很高，一片优质的透镜必须表面光洁、纹理清晰，其厚度一般在 1 mm 左右，特性为面积较大，厚度薄且侦测距离远。

图 4　菲涅尔透镜

【实验内容与步骤】

站在菲涅尔透镜前，观察透镜中物体。

注意事项：注意镜面的保护，不要用硬物与之接触，以免损坏镜子表面；不要用手接触表面，以免堵塞条纹。

【讨论与思考】

菲涅尔透镜应用领域主要有哪些？

留影板

【实验目的】

了解荧光材料，即长余辉材料的特性。

【实验原理】

本实验演示的是荧光材料即长余辉材料的特性。长余辉材料的特点是在受到激发时能够将能量储存，然后缓慢地释放。本仪器底部的荧光材料，在实验中曝光后，被手遮挡的部分未受到激发，而没被遮挡的部分在曝光时受到激发、储存能量，曝光后持续以光能的形式缓慢释放，因而未被遮挡的部分会发出绿色的光，留下手的影子。

【实验内容与步骤】

打开电源，用手挡住下方荧光材料，半分钟后将手拿开，观察被手遮挡部分的现象。

辉光盘

【实验目的】

（1）了解气体分子的激发、碰撞、电离、复合的物理过程。

（2）了解低压气体中伴有辉光出现的自激导电。

（3）探究低气压气体在高频强电场中产生辉光的放电现象和原理。

【实验原理】

实验所采用的辉光放电盘（辉光盘）如图 5 所示。辉光放电盘由许多直径为 2 ~ 3 mm 的小气泡构成，小气泡中充有低压气体。在辉光盘不同区域的小气泡中充有不同的低压气体，用以在辉光放电时发出不同颜色的光，形成彩色的放电辉光。辉光盘的中心安装有一电压高达数千伏的高频高压电极。通常由于宇宙射线、紫外线的作用，气体中少量中性分子被电离，以正负离子形式（即等离子体状态）存在于气体中。辉光盘通电以后，中心的电极电压高达数千伏，气体中的正负离子在强电场作用下产生快速定向移动，这些离子在运动中与其他气体分子碰撞产生新的离子，使离子数大增。由于电场很强而气体又比较稀薄，离子可获得足够的动能去"打碎"其他的中性分子，形成新的离子。离子、电子和分子间撞击时，常会引起原子中电子能级跃迁并激发与能级有关的美丽辉光，称为"辉光放电"。

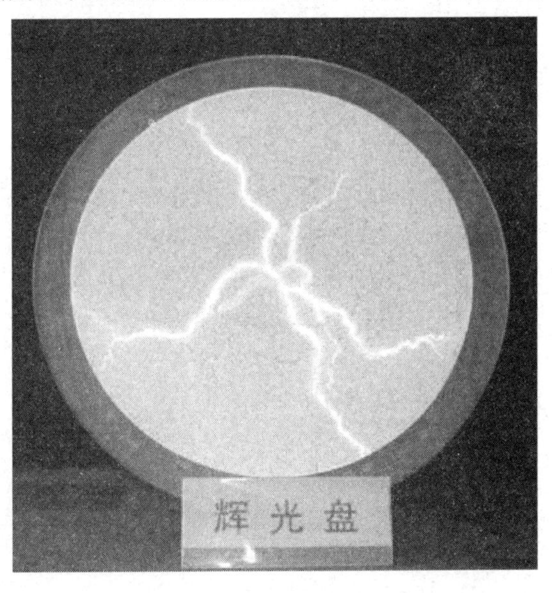

图 5　辉光放电盘

【实验内容与步骤】

（1）打开辉光放电盘的电源开关，观察辉光放电现象和放电轨迹。

（2）观察者用手触摸盘面，同时观察盘面图案的变化。

（3）手离开盘面，观察底板上留下的手影。

【讨论与思考】

为什么辉光盘不同区域发射的辉光颜色不同？

双曲面镜成像

【实验目的】

了解双曲面镜的光学成像原理。

【实验原理】

将两个曲面镜相对形成上下结合的光学碗。将实物放置于碗底部，物体的像将呈现在空中，给人以看得见、摸不着的感觉。双曲面镜成像光路图如图 6 所示。

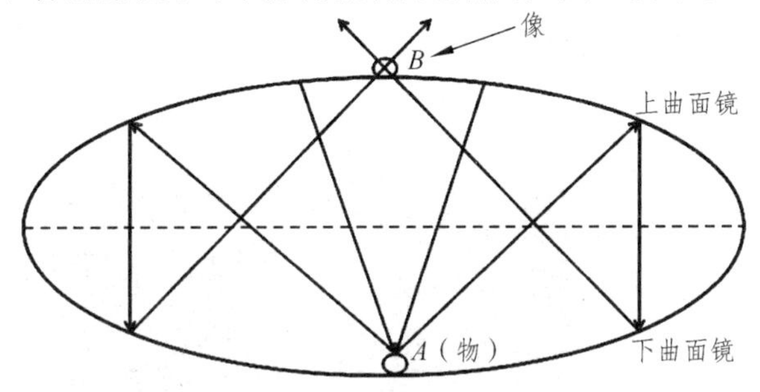

图 6　双曲面镜成像光路图

在下曲面镜曲率中心 A 的位置（球面反射镜中心轴的下方）倒置一物体，则在上曲面镜曲率中心 B 的位置（反射镜中心轴的上方）会产生一与物体相同大小的、正立的实像。这是因为曲率半径的长度为 2 倍焦距，根据几何光学原理中球面反射镜或凸透镜的成像规律，当物距为 2 倍焦距时，像距也为 2 倍焦距，像的放大倍数为 1，即物与像大小相同，但是上下左右颠倒。上述即为双曲面镜的成像原理。

【实验内容与步骤】

在下曲面镜曲率中心的位置放一个物体，观察物体的成像现象并做出解释。

注意事项：不可以将双曲面镜打开，也不可以用手触摸或用毛巾等擦拭反射镜表面。

【讨论与思考】

双曲面反射镜用焦平面成像，通常运用于天文望远镜以及其他需要带宽反射和照相效应良好的光学系统，请解释之。

投币不见

【实验目的】

了解光反射成像的应用。

【实验原理】

投币不见演示箱用于演示光反射成像原理。该演示箱内部装有一块 45°平面镜，由于光的反射原理，人们看上去好像是一个方形空间，如图 7 所示。当把一个金币从上面缝口投入时，金币实际在平面镜的后面，而从前面观察，投入的金币却魔术般不见了。因此，本实验称为“投币不见”。

图 7 “投币不见”演示箱

【实验内容与步骤】

用纸箱和平面镜制作简易的“投币不见”演示箱。

万花筒

【实验目的】

了解万花筒的工作原理。

【实验原理】

万花筒是一种光学玩具，只要往筒眼里一看，就会出现一朵美丽的“花”。将它稍微转一下，又会出现另一种花的图案。不断地转，图案也在不断变化，因此叫“万花筒”。万花筒诞生于 19 世纪的苏格兰，由一名研究光学的物理学家发明。2 ~ 3 年后，几乎同一时期传到了中国和日本。19 世纪初，中国的很多玩具进入日本，其中也包括了万花筒。当时，作为利用光学的游戏，万花筒新鲜而有趣，成为糖果店吸引孩子的招牌玩具。

万花筒的图案实际上是靠玻璃镜子反射而成的。它是由三面玻璃镜子组成一个三棱镜，再在一头放上一些各色玻璃碎片，这些碎片经过三面玻璃镜子的反射，就会出现对称的图案，看上去就像一朵朵盛开的花。万花筒的原理在于光的反射，而镜子就是利用光的反射成像的。这种成像原理我国古代人就已掌握。《庄子》里就有“鉴止于水”的说法，即用静止的水当镜子。据说真正的万花筒玩具是英国物理学家大卫·布尔斯答于 1816 年发明的，而我国民间也很早就有了这种玩具，并且加以创新，生产出了许多新型的万花筒。

【实验内容与步骤】

转动万花筒，观察不断变换的图案。

真实的镜子

【实验目的】

理解“真实的镜子”的成像原理。

【实验原理】

光线遇到平面镜后将遵守反射定律而被平面镜反射，反射光线进入眼睛后即可在视网膜中形成视觉。由于光束碰到镜子后，整体会以平行的模式改变前进方向，此时的成像和眼睛所看到的像相同但与真实的物体刚好相反，比如物体的左边将出现在平面镜的右边。但是，如果进行两次反射，那么第二次反射后镜子里的物体又会与真实物体的左右方位相同，这就是“真实的镜子”的成像原理。真实的镜子（图 8），又称为“别人眼中的你”，主要是应用平面镜反射的原理，通过两面相互垂直的平面镜，使观察者看到自己的正像。

图 8　真实的镜子实验仪器

【实验内容与步骤】

观察者站或坐在镜子正前方，举起右手或左手，分别观察镜子里的像和一般平面镜成像的差别。

透光铜镜

【实验目的】

理解透光铜镜的“透光”原理。

【实验原理】

古人在日常生活中使用铜镜时发现铜镜还有“透光”的功能，即当镜面对着阳光向物体上反光时，可将镜背的纹饰图案映射到白色的物体上，古人称之为“透光镜”。从宋代的科学家沈括到现代的科学家及诸多学者，都注意到镜面“透光”的功能是来自镜面凹凸不平的曲率，但对镜面如何产生的曲率，各家却众说纷纭，至今也没有定论。

【实验内容与步骤】

观察透光铜镜的成像现象。

无源之水

【实验目的】

了解“无源之水”现象的产生原理。

【实验原理】

在下泄的水柱中有一根水管，水管的透视率和水相近。水管下面的水泵通过这根水管将水压上顶端的水嘴后，再反向流出。由于反向的水流包裹着水管且两者间的透视率相近，所以肉眼不容易发现水管，误以为这水是“从天而降”。

【实验内容与步骤】

接通电源，就会看见水源源不断地从悬空的水龙头中流出。

环驻波

【实验目的】

了解环驻波的形成原理。

【实验原理】

驻波是一种干涉的叠加现象，它广泛存在于各种振动现象中，在声学、无线电学和光学等学科中都有重要的应用。管、弦、膜、板的振动，都是驻波振动。通过 SW-1 驻波演示仪可以演示环驻波。仪器的振动频率和振动幅度可调，振动频率由 5 位数码管显示，实验内容直观且重复性好。实验由驱动膜的振动来驱动环形软性圆环、弹簧和金属片，通过频率调节可以观察到稳定的振动图像。应用上述原理可以测定材料的共振频率和杨氏模量，也可以研究波的传播规律，如波长与张力、频率、刚度和几何尺寸的关系。

【实验内容与步骤】

（1）关闭电源，调小振幅输出电位器。

（2）打开电源，从 10 Hz 开始缓慢调节频率输出，观察圆环驻波波节的形成。

（3）精细调节振动频率，得到可见振幅最大且稳定的驻波。

注意事项：因振动的破坏性强，实验中仪器必须有人照看；听到连接不牢固等杂音时，应关小振幅输出，关闭电源，固定妥当后再实验；频率输出过大会引起失真且波形不稳定，此时可适当减小频率输出。

辉光球

【实验目的】

（1）了解低压气体在高频强电场中产生辉光的放电现象和原理。

（2）理解气体分子激发、碰撞、复合的物理过程。

【实验原理】

辉光球发光是低压气体（或叫稀疏气体）在高频强电场中的放电现象。玻璃球中央有一个黑色球状电极，球的底部有一块振荡电路板。通电后，振荡电路产生高频电压电场，由于球内稀薄气体受到高频电场的电离作用而光芒四射。辉光球工作时，会在球中央的电极周围形成一个类似于点电荷的场。当用手触及球时，由于人与大地相连，球周围的电场、电势分布不再均匀对称，故辉光在手指的周围处变得更为明亮。

【实验内容与步骤】

（1）打开电源开关，辉光球发光。

（2）用指尖触及辉光球，辉光在手指的周围处变得更为明亮，产生的弧线顺着手的触摸移动而游动扭曲，随手指移动起舞。

注意事项：不可敲击辉光球体，以免打破玻璃。

【讨论与思考】

（1）日光灯的灯管用圆柱形玻璃管制成，实际上是一种低气压放电管，内壁涂有荧光物质。那么，辉光球可否点亮日光灯？

（2）辉光球内的气体压强与外界一样吗？

（3）如果换种气体充入辉光球内会有怎样的变化？

激光琴

【实验目的】

了解激光琴的工作原理。

【实验原理】

这里的“琴弦”是激光束，对应着光敏电阻。手指“轻弹”光束，遮断光路，改变了光敏电阻的电阻值，从而产生跳变的电压信号，这个电压信号就触发相应的电路开始工作。这样，就产生了一个具有固定频率的电信号，电信号经电子合成器处理放大后，由扬声器发出声音。

【实验内容与步骤】

（1）轻轻地用手遮住光束，琴内就会发出悦耳的声音。

（2）遮住不同的光束，琴会发出不同的音符，从而按照乐曲韵律，弹奏出美妙的音乐。

注意事项：仪器若超过 36 s 无触发信号则自动进入待机状态，此时将电源开关重新开启一次即可让仪器重新工作；若某个光路无声音发出，请将对应激光器的聚焦镜头微调，使之与下面光敏电阻对应即可。

尖端放电组合——静电摆球

【实验目的】

了解尖端放电组合的原理。

【实验原理】

尖端放电现象是由于静电感应引起的。导体小球在静电场中，两边分别感应出与邻近极板异号的电荷。球上感应电荷又反过来使极板上电荷分布改变，从而使两极板间电场分布发生变化。球与极板相距较近的这一侧空间场强较强，因而球受电场力较大；而另一侧与极板距离较远，空间场强较弱，受电场力较小。这样球就摆向距小球近的一侧极板。当球与极板相接触时，其电荷与极板上面的异号电荷中和，小球与极板之间的电场吸引力消失，小球在重力的作用下摆回来。如此往复，小球不断左右摆动。不断摇动起电机，球就在两板间往复摆动，并发出乒乓声。起电机放电后，导体小球会因惯性，在一段时间内做微小摆动，最后停止在平衡位置。

【实验内容与步骤】

（1）将两极板分别与静电起电机正、负两极相接。

（2）调节有机玻璃支架，使球略偏向一侧极板。

（3）摇动起电机，使两极分别带正、负电荷，此时小球便会在两极板之间来回跳动。

（4）调节小球到两极板间的距离相等，小球受电场力几乎相等，故球不动。

注意事项：起电机每次用完后或要调整带电系统时，都要将放电球做多次短路，使其充分放电，以防发生触电。

尖端放电组合——电吹蜡烛

【实验目的】

理解尖端放电形成的电风吹灭蜡烛的现象。

【实验原理】

由于导体尖端处电荷密度最大，所以附近场强最强。强电场的作用使尖端附近空气中残存的离子发生加速运动，这些被加速的离子与空气分子碰撞时，使空气分子电离，从而产生大量新的离子。与尖端上电荷异号的离子受到吸引趋向尖端而与尖端上电荷中和，与尖端上电荷同号的离子受到排斥而飞向远方形成“电风”，把靠近的蜡烛火焰吹向一边，甚至吹灭。

【实验内容与步骤】

（1）把蜡烛放在演示仪的蜡烛台上，点燃蜡烛。

（2）将放电尖端对准火焰，高压电源的一极接在放电尖端的另一边，开启高压电源，注意观察蜡烛火焰。

（3）演示结束后，关闭电源。

注意事项：火焰能否吹灭，与外接高压高低有关，可视“电风”情况，逐渐加大高压直至吹灭蜡烛火焰；演示时注意蜡烛与尖端的相对位置；由于电源电压较高，关闭电源后，应取下电源任一极接头，与另一极接头相碰触人工进行放电，以确保仪器设备和操作者的安全；晴天演示电源电压应降低些，阴天演示电源电压应提高些。

尖端放电组合——静电滚桶

【实验目的】

理解尖端放电形成的电风吹动转筒旋转的现象。

【实验原理】

导体接通高压电源后将在导体表面聚集电荷。导体上聚集电荷的密度与其表面曲率半径有关，曲率半径越大，电荷分布越少，反之越多。所以导体尖端处电荷密度最大，附近场强最强。强电场的作用使尖端附近的空气中残存的离子发生加速运动，被加速的离子与空气分子相碰撞时，使空气分子电离，从而产生大量新的离子。与尖端上电荷异号的离子受到吸引而趋向尖端，最后与尖端上电荷中和；与尖端上电荷同号的离子受到排斥而飞向远方形成“电风”，即电离的气体流，从而推动转筒快速旋转。

【实验内容与步骤】

通过电风转筒仪进行实验演示，仪器采用直流高压电源。

（1）演示前将放电排针杆错开，对着圆筒的边缘部分。

（2）把电源正、负极分别接在放电排针杆上端或下端处，接通高压电源，看到转筒由慢到快地旋转。

（3）演示结束后，关闭电源。

注意事项：转筒旋转的起动电压约几千伏，转速快慢与外接电压高低成正比，但电压不能超过 4 万伏；放电排针杆与旋转圆筒保持相切并靠近，但不能接触；由于电源电压较高，关闭电源后，不能完全充分放电，故应取下电源任一极接头，与另一极接头相碰触人工进行放电，以确保仪器设备和操作者的安全；晴天演示电源电压应降低些，阴天演示电源电压应提高些。

尖端放电组合——避雷针放电

【实验目的】

理解避雷针的工作原理。

【实验原理】

当避雷针演示仪接通静电高压电源后绝缘支架上的两个金属板带电。在极板间电压超过1万伏时，导体尖端处电荷密度大于金属球，所以金属尖端附近形成了强电场，在强电场的作用下，空气分子被电离，致使极板和金属尖端之间处于连续的电晕放电状态，即产生尖端放电现象。而金属球与极板间的电场不能达到火花放电的数值，故金属球不放电。在实际应用中，尖端导体与大地相连接，云层中的电荷通过导体与大地中和，因而避免了人身和物体遭到雷电等静电的伤害，如高层建筑物顶端都安装有高于屋顶物体的金属避雷针。

【实验内容与步骤】

演示一：

（1）将静电高压电源正、负极分别接在避雷针演示仪的上下金属板上，把带支架的金属球放在金属板两极之间。

（2）接通电压，金属球与上极板间形成火花放电，可听到“噼啪”声并看到火花。

（3）若看不到火花，可将电源电压逐渐加大。

（4）演示完毕后，关闭电源。

演示二：

（1）用带绝缘柄的电工钳将带支架的顶端呈圆锥状（尖端）的金属物体也放在金属板两极之间，此时金属球和尖端的高度一致。

（2）接通静电高压电源，金属球火花放电现象停止，但可听到“嘶嘶”的电晕放电声，看到尖端与上极板之间形成连续的一条放电火花细线。

（3）若看不到放电火花细线，则将电源电压提高。

（4）演示完毕后，关闭电源。

注意事项：由于电源电压较高，关闭电源后，不能完全充分放电，故每一步演示后都应取下电源任一极与另一极接头相碰触人工进行放电，以确保仪器设备和操作者的安全；晴天演示电源电压应降低些，阴天演示电源电压应提高些。

科里奥利力

【实验目的】

了解科里奥利力的产生原理。

【实验原理】

科里奥利力垂直于盘的角速度和物体相对于盘的速度所确定的面 $\boldsymbol{F}=2m\boldsymbol{\omega}\times\boldsymbol{v}$ $(\boldsymbol{F}\perp\boldsymbol{v}, \boldsymbol{F}\perp\boldsymbol{\omega})$。

科里奥利力是一种惯性力。当考虑地球自转的作用时，地球就是一个非惯性系统，地球上的物体沿着其圆周运动的半径方向运动（或者在半径方向上有分速度）时，运动物体就受到垂直于半径方向的惯性力的作用，这种惯性力就叫作科里奥利力。此外，对于单向运行的铁轨，北半球右轨磨损严重，南半球左轨磨损严重；对于河流，北半球右岸冲刷较严重，南半球则相反；另外季风和龙卷风旋转的方向，都是地球自转形成的科里奥利力作用引起的。

【实验内容与步骤】

图 9 为科里奥利力演示仪示意图，其中：①为转盘，它可以绕支承轴④自由转动；②为导轨；③为小球；④为演示仪支承轴；⑤为支撑座。

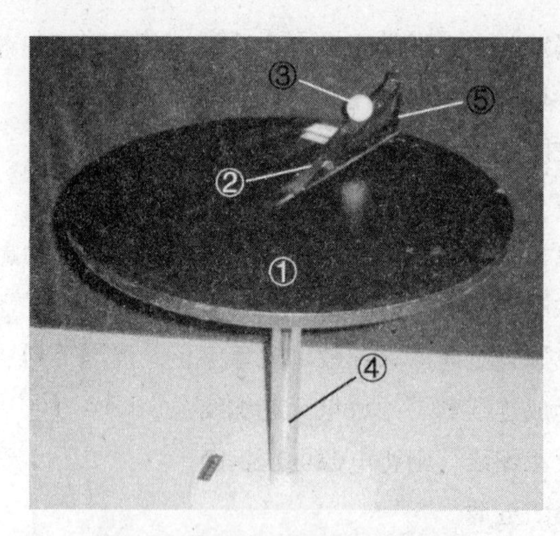

图 9　科里奥利力实验演示装置

（1）当圆盘静止时，质量为 m 的小球③沿导轨②下滚，其轨迹沿圆盘的直径方向不发生任何偏离。

（2）使圆盘以角速度$\boldsymbol{\omega}$转动的同时释放小球，沿导轨滚动。当落到圆盘时，小球将偏离直径方向运动。

（3）如果从上向下看圆盘逆时针方向旋转，即$\boldsymbol{\omega}$方向向上，则当小球向下滚动到圆盘时，小球将偏离原来的直径方向，而向前进方向的右侧偏离；如果转动方向相反，从上向下看，圆盘顺时针方向旋转，即$\boldsymbol{\omega}$向下，则当小球向下滚到圆盘时，小球向前进方向的左侧偏离。科里奥利力的表达式为

$$\boldsymbol{F} = 2m\boldsymbol{\omega} \times \boldsymbol{v} \tag{1}$$

其中，m为小球的质量。

龙卷风模拟

【实验目的】

了解自然界龙卷风现象背后的空气动力学知识。

【实验原理】

当有外部条件（如降温或水蒸气自动凝结）促使高湿度空气中的水分凝聚时，空气的压强会急剧下降，造成相对于周围空间的大气负压。这种负压一旦形成，周围的空气就会立即进行补充。由于负压往往是从低温度的高空开始形成的，因而也就形成了自下而上且由周围向中心旋转的空气大旋涡，这就是龙卷风。

【实验内容与步骤】

通电后，打开电源开关即可。

注意事项：保持仪器的稳定性，严禁在水箱注水后移动，以免水箱内水溢出发生危险；仪器内水是自动循环的，若发现无雾产生，请检查水是否已经消耗完；每天检查一次水箱内的水，若发现低于水位线应及时补充；注意保持通风，以防止其他展品返潮；如需移动，4根支撑柱不要纵向提起，可以横向拉动。

拍合成演示仪

【实验目的】

理解两个振幅相同、振动方向相同、频率相近的分振动合成产生的拍振动现象。

【实验原理】

拍合成演示仪，由完全相同的 X、Y 两组机械振动，通过激光扫描将单个振动、拍振动曲线反射至墙壁或屏幕，供几十人观看研究。采用电磁驱动的机械振动，可选取相近的 3 个频率，并由数码管显示振动频率，以加深实验者的印象。显而易见的机械振动、反映振动现象的激光光迹曲线、忽强忽弱的拍振动声响，让实验者在视觉、听觉多方面感受振动和拍振动现象的特点，令人难忘、富于渲染力。

【实验内容与步骤】

（1）打开仪器箱盖，小心右移箱盖，并卸下仪器箱盖。

（2）接上电源插座以接通电源，右旋水平扫描速度电位器（位于仪器面板右上角），可见电机转动，同时激光发出亮暗相间的激光束。

（3）向下关闭 X、Y 振动，调节激光器高度和射出方向，使激光束射向 Y 振动上的反面镜后，射向 X 振动上的反面镜，再射向水平扫描驱动的反面镜，然后射向墙壁或屏幕，微量调节激光器端部的螺纹，以改善激光束的聚焦效果。上述调整中，以激光斑点位于反面镜中心为佳。

（4）向上开启 Y 振动开关，调节对应电位器，配合一定的水平扫描速度，可观察到振动的正弦图形。

（5）向下关闭 Y 振动开关，向上开启 X 振动开关，调节对应电位器，可观察到振动的正弦图形。留意 X 振动幅度，最好调到与 Y 振动幅度相近。

（6）同时向上开启 X、Y 振动开关，可听到忽强忽弱的嗡嗡声，这种强弱变化的声音就是拍，强弱变化的频率叫拍频，因为拍频比 X、Y 振动频率低得多，故须左旋水平扫描电位器，降低扫描速度，直至可观察一、二个周期的拍振动光迹扫描图像。

（7）按 Fx+ 或 Fx- 按钮改变 X 振动频率为 112.3 Hz、114.9 Hz、119.0 Hz，适当调节 X 振动幅度，可观察到不同拍频的拍振动图像，聆听到拍频声音的变化。

（8）按 Fx+ 或 Fx- 按钮改变 X 振动频率为 121.9 Hz（即与 Y 振动频率相同），适当调节 X、

Y 振动幅度，可观察同频振动合成。此时，提高水平扫描速度，观察 4 ~ 6 周期的振动合成图像，按 F 相位按钮，可观察到因相位，两列同频波振幅叠加现象，聆听到不同相位下的叠加声响效果。

注意事项：振动具有意想不到的破坏性，开机后应有人看管；不可直视激光束，为了保护视力，不宜长时间近距离观察激光扫描图案；不要用手碰触振动的反面镜片及其边缘，以免伤手。

燃料电池演示装置

【实验目的】

理解电解水过程和其逆过程（氢氧反应）产生电能的原理。

【实验原理】

电解电池模块是一种把电能转化为化学能的装置。化学反应在质子交换膜的两侧发生。通过在电解电池模块两端加直流电压，在负极侧产生氢气（负极化学反应式为：$2H^+ + 2e^- \rightarrow H_2$），在正极侧产生氧气（正极化学反应式为：$H_2O \rightarrow 2H^+ + \frac{1}{2}O_2 + 2e^-$）。产生的气体被收集在储罐中。质子交换膜燃料电池是一种将燃料氢气作为还原剂与空气中作为氧化剂的氧气进行的电化反应，同时将化学能直接转换成电能的高效发电装置（化学反应式为：$H_2 + \frac{1}{2}O_2 \rightarrow H_2O$）。燃料电池可以作为发电站或车辆的动力源。燃料电池与内燃机相比，最突出的优点是高的能量转化效率和低的环境污染。

【实验内容与步骤】

燃料电池装置利用电能作用在电解电池模块上，使水发生电解以产生氢气和氧气。氢气和氧气进入发电模块产生电能，带动风扇转动。

（1）把电解模块与储罐间的接口用透明塑料管进行连接。

（2）向储罐中加入纯净水，直至两个储罐下半部充满水为止。

（3）电解几分钟后，把风扇的正负极与发电电池的正负极连接，电池产生电能使风扇转动。

（4）完成实验后，把水清理干净。

三球仪

【实验目的】

理解地球、月球、太阳在宇宙中的运行原理。

【实验原理】

三球仪运行模型用来供人们了解与我们人类关系最密切的地球、月球、太阳在宇宙中的运行状况以及与它们相关的主要天文知识。三球仪是由仪器底座、运行传动机械、解说词录音电子集成芯片及音箱、二十四节气彩色面板、低压电线路装置、三球及运转支架、透明有机玻璃罩等部件组成。模型依据三球在宇宙中的以下天文参数精制而成：地球、月球、太阳的公转或自转均是自西向东方向；月球公转与自转同步；地球的黄赤交角为 23°26′；月球的黄白交角约 6°；地球球心与太阳中心连线平行于面板，即面板平面与地轴成 66.5°交角；三球的自转与公转周期接近天文参数。

【实验内容与步骤】

（1）打开包装箱，轻取轻放，按水平位置摆放好仪器。

（2）接通 220 V 电源（注意在接通电源前，检查手动开关是否处于关闭状态）。

（3）按下手动开关，使仪器处于待命状态，延时 5 s 后会自行启动运转；按下太阳键，中央的太阳灯被点亮。

（4）按下连续运转键，地球和月亮开始连续运转；若按点动键，则可实现地球和月亮的手控运转。

（5）使用完毕后断开 220 V 电源。

注意事项：播放解说词时，曲目 01 ~ 07 为纯语言解说，11 ~ 17 为有音乐的语音解说；注意防潮、防尘。

神奇的普氏摆

【实验目的】

了解普氏摆的运行原理。

【实验原理】

柔性摆（普氏摆）在开关电路产生的电磁力作用下，作往复的单摆运动（即摆球在一平面内作往复的摆动）。当观察者通过光衰减镜，同时用双目观看摆球时，会发现此时的单摆轨迹变成了圆锥摆，摆球的运动轨迹为椭圆形。将光衰减镜反转到 180°时，摆动的运动轨迹发生了改变。我们之所以能够看到立体的景物，是因为双眼可以各自独立看东西，两眼有间距，造成左眼与右眼图像的差异，这种差异称为视差。人类的大脑很巧妙地将两眼的图像融合，在大脑中产生出有空间感的立体视觉效果。在这个实验中，所用的光衰减镜引起相位延迟，使分别进入两只眼睛的物光产生光程差，从而感觉出物体的立体感。

【实验内容与步骤】

（1）拿起悬挂的小球，使小球左右摆动。

（2）观察摆球摆动的轨迹。

（3）站在与摆球轨迹相垂直位置上，拿起光衰减镜，双目通过镜片观察摆球，看它的轨迹有什么变化。

手触式蓄电池

【实验目的】

了解蓄电池的工作原理。

【实验原理】

人手上带有汗液，而汗液是一种电介质，里面含有一定量的正负离子。铝板比铜板活泼，铝板与汗液中的负离子发生化学反应，把外层电子留在铝板上，使铝板集聚大量负电荷，铜板上集聚大量正电荷。当双手分别按住铝板和铜板时，电流计指针偏转表明电路中产生了电流。

【实验内容与步骤】

将两手分别放在铜质手印和铝制手印上，可以观察到电流表发生偏转。双手越潮湿，指针偏转得越多。

轻功漫步

【实验目的】

了解法拉第电磁感应原理的应用。

【实验原理】

轻功漫步实验台由绝缘踏板、栏杆、灯泡等组成。当您沿着踏板向前走，踏板下线圈和磁铁间的相对运动会使线圈切割磁力线，从而产生感应电流，经放大和转换就可使灯泡发亮，以亮灯的多少来表现产生电流的大小。

【实验内容与步骤】

通过手扶围栏来控制自己的脚步轻重，脚步轻，亮起的灯就少；脚步重，亮起的灯就多。

听话的小球

【实验目的】

了解气体压强和流速的关系。

【实验原理】

展示伯努利原理这一流体力学的基本原理，让观众了解气体压强和流速的关系。展品为一个玻璃管道，其中有一个竖直向上的喷气口，上面有一个水平的进气口。有一个纸球在玻璃管道内。该装置是利用物理学中的伯努利原理设计的。在该装置右下方 T 字形有机玻璃管下方连有一台鼓风机，当鼓风机工作时，其气流方向垂直于台面向上喷出，此时气流将塑料小球正好送至上端横列管的入口处。在鼓风机工作的同时，垂直方向的气流将下端 T 字形横列管内的空气带出，整个 C 字形管内形成相对负压，此时塑料小球就以 C 字形顺时针方向不断地运行，变成了听话小球。

【实验内容与步骤】

伯努利原理演示仪如图 10 所示。启动电源开关，风机开始工作，调节风速，观察小球的运动。

图 10　伯努利原理演示仪

雅各布天梯

【实验目的】

理解电弧在自身产生的电动力作用下的运行规律。

【实验原理】

雅各布天梯模型是一对上宽下窄、顶部呈羊角形的电极。在 2 万 ~ 5 万伏高压下，两电极最近处的空气首先被击穿，形成大量的正负等离子体，即产生电弧放电效应。空气对流加上电动力的驱使，使电弧向上升。随着电弧被拉长，电弧通过的电阻加大，当电流送给电弧的能量小于由弧道向周围空气散出的热量时，电弧就会自行熄灭。在高压下，电极间距最小处的空气还会再次击穿，发生第二次电弧放电，如此周而复始。

【实验内容与步骤】

（1）打开电源开关，红灯亮后，按动操作开关。

（2）观察电弧沿羊角形电极向上爬升的过程。

注意事项：该仪器操作过程中带有高压，所以不要用手触摸，演示完毕后用金属棒对其放电。

鱼 洗

【实验目的】

了解一种固体（铜盆）中的驻波通过液体（水）的喷射而显示的趣味物理现象。

【实验原理】

鱼洗是一个由青铜铸造的具有一对提把的盆，大小和一般脸盆差不多。在盆内盛有半盆水，用双手轻搓两个把手，盆就“翁嗡”地振动起来，盆中的水在盆的振动中可从水面与盆壁相交的圆周上的4个点喷射出水花。若操作得当，激起的水花可高达400～500 mm。

【实验内容与步骤】

将双手洗净，轻搓鱼洗（图11）的两个把手，待水面出现细密的波纹，同时听到盆发出“嗡嗡”的振动声时，即可见美丽四溅的水花从盆壁的四个点喷射而出。

图11　鱼洗实物图

【讨论与思考】

（1）为什么水花总是从固定的4个点出现？

（2）在许多景点宣传的“若能使得盆中出现水花即会带来好运”的说法有科学依据吗？

转动惯量演示仪

【实验目的】

理解刚体质量分布和转动惯量的关系。

【实验原理】

本仪器用于演示刚体的滚动。两个圆柱质量相同，其中一个圆柱的质量分布集中在四周，另一个圆柱的质量集中分布在中部。由于质量分布不同，圆柱相对质心的转动惯量也不同，且质量分布离轴越远，转动惯量就越大。另外，由于两个圆柱与轨道的接触位置不同，相应的转动力矩也不同。

【实验内容与步骤】

转动惯量演示仪的结构包括底台、框架、4 排轨道和两个相同质量的圆柱形刚体。不锈钢材质的圆柱形刚体质量分布在边上，塑料材质的圆柱形刚体质量均匀分布。

（1）用两组不同的轨道（1、2 层和 3、4 层）作对比实验。

（2）将框架低端抬起，此时两个圆柱形刚体从高处滚向低处，可以看出 1、2 层之间和 3、4 层之间的快慢不一致，从而验证刚体质量分布和转动惯量的关系。

（3）整体比较，综合考虑转动惯量、转动力矩与转动加速度的关系。

参考文献

[1] 陆平济，等. 物理实验教材. 上海：同济大学出版社，2000.
[2] 国际标准化组织. 测量不确定度表达指南. 肖明耀，康金玉，译. 北京：中国计量出版社，1994.
[3] 刘智敏，等. 测量不确定度手册. 北京：中国计量出版社，1997.
[4] 郝智明. 物理实验. 成都：电子科技大学出版社，2001.
[5] 姜长来，等. 大学物理实验. 北京：机械工业出版社，1995.
[6] 丁慎训，张孔时. 大学物理实验. 北京：清华大学出版社，1993.
[7] 杨述武. 普通物理实验. 北京：高等教育出版社，2000.